Ivan D. Rožanskij

Geschichte der antiken Wissenschaft

SERIE PIPER
Band 292

Zu diesem Buch

Die Frage nach der Entstehung und der Ordnung dieser Welt bewegte schon in den ältesten Kulturen das Denken der Menschen. Aber erst im alten Griechenland trennten sich Mythos und Logos. Es entstand eine frühe Form von Wissenschaft, die rationale, systematische und erkenntnisgerichtete Denkformen entwickelte und der die reine Erkenntnis Selbstzweck war. Naturbeobachtung, Naturphilosophie und spekulatives Denken der Anfänge entließen nach und nach einzelne Disziplinen, die uns als Wissenschaften heute vertraut sind: Philosophie, Mathematik, Astronomie, Mechanik, Optik, Biologie und Medizin.

Die vorliegende Studie des russischen Wissenschaftshistorikers gliedert sich in fünf Kapitel: Das erste behandelt die Ursprünge der griechischen Wissenschaft vom Moment ihrer Lösung aus den Vorstellungen der Mythologie und die Einflüsse der ägyptischen, babylonischen und persischen Kultur auf die Anfänge des wissenschaftlichen Denkens. Das zweite Kapitel beschreibt die Entwicklung der »Naturphilosophie« von der Milesischen Schule bis zu den Anfängen der atomistischen Lehre sowie den Fortschritt der einzelnen wissenschaftlichen Disziplinen (historisch-geographische Beschreibung, Mathematik, Astronomie, Medizin) im Verlauf des 6. und 5. Jahrhunderts v. Chr. Das zentrale Kapitel des Werkes ist der griechischen Wissenschaft in der Epoche Platons und Aristoteles' gewidmet. Das 4. Kapitel gilt der hellenistischen Zeit; das letzte schließlich beschreibt das in Einzelleistungen bedeutende, als Gesamtbewegung jedoch verebbende wissenschaftliche Denken im römischen Imperium, das als originäre wissenschaftliche Leistung allein die Jurisprudenz hervorbrachte.

Ivan D. Rožanskij, geboren 1913 in Charkow. 1923–1940 Besuch des Polytechnischen Instituts, Fachrichtung Theoretische Physik, in Leningrad. Ab 1940 Physiker in Moskau, nebenher Studium der klassischen Sprachen, der antiken Philosophie und Literatur. Dr. phil. 1955–1958 wissenschaftlicher Sekretär der ersten Genfer Konferenz über die friedliche Nutzung der Atomenergie. Seither wissenschaftlicher Mitarbeiter am Institut der Geschichte der Naturwissenschaft und Technik der Akademie der Wissenschaften der UdSSR.

Ivan D. Rožanskij

Geschichte der antiken Wissenschaft

Aus dem Russischen von
Christoph Koch

R. Piper & Co. Verlag
München Zürich

Der Übersetzer widmet die deutsche Fassung des Buches seinen Kindern Judith, Jan, Agnieszka und Bartek.

Die griechischen Eigennamen sind im allgemeinen in der originalen Schreibweise angeführt. Ausgenommen sind die geläufigen Namen, wie Homer (statt: Homeros) und Euklid (statt: Eukleides). In diesen Fällen findet man im Register die griechische Namensform.

Die Originalausgabe erschien 1980 unter dem Titel »Antičnaja Nauka« bei Izdatel'stvo Nauka, Moskau.

ISBN 3-492-00592-6
Deutsche Erstausgabe
Januar 1984

Umschlag: Disegno
Gesamtherstellung: Clausen & Bosse, Leck
Printed in Germany

Inhalt

Einführung

Jeder, der darangeht, eine Geschichte der antiken Wissenschaft zu schreiben, muß sich zunächst Rechenschaft über Wesen und Abgrenzung seines Gegenstandes geben. Der Begriff »antike Wissenschaft« wirft eine Reihe prinzipieller Fragen auf, die vorab, und sei es in allgemeiner und vorläufiger Form, beantwortet sein wollen.

Zunächst ist zu klären, was überhaupt Wissenschaft und welches die grundlegenden Merkmale sind, die sie von allen anderen Erscheinungsformen der materiellen und geistigen Tätigkeit des Menschen – dem Handwerk, der Kunst, der Religion – unterscheiden. Darauf ist zu prüfen, ob das kulturhistorische Phänomen, das wir als »antike Wissenschaft« bezeichnen, diesen Kriterien genügt. Ist dies der Fall, so ist zu entscheiden, ob die antike, speziell die frühgriechische Wissenschaft die erste Erscheinungsform der Wissenschaft in der Geschichte der Menschheit darstellt oder ob sie Vorläufer in den Ländern mit älteren kulturellen Traditionen, etwa Ägypten, Mesopotamien usw., hat. Im ersten Fall stellt sich die Frage nach den »vorwissenschaftlichen« Quellen der griechischen Wissenschaft, im zweiten die Frage nach den Beziehungen zwischen der griechischen Wissenschaft und den Wissenschaften ihrer östlichen Nachbarn. Endlich ist zu untersuchen, ob die antike Wissenschaft durch ein spezifisches Wesensmerkmal von der Wissenschaft der Neuzeit unterschieden ist.

Wir wollen uns bemühen, diese Fragen wenigstens in gewissem Umfang bereits in der Einführung zu beantworten, doch werden sich die Antworten zum Teil erst im Verlauf der weiteren Ausführungen ergeben.

Über den Wissenschaftsbegriff selbst bestehen unter den Gelehrten, die sich mit der Theorie der Wissenschaft beschäftigen, außerordentlich große Meinungsverschiedenheiten. Wir können an dieser Stelle allein die extremen Standpunkte aufzeigen, die einander am radikalsten entgegengesetzt sind.

Der eine dieser Standpunkte vertritt die Ansicht, daß die Wissenschaft im eigentlichen Sinne des Wortes erst im 16.–17. Jahrhundert in Europa geboren wurde, also zu der Zeit, die man gemeinhin als die »große wissenschaftliche Revolution« bezeichnet. Ihre Entstehung ist mit der Tätigkeit von Gelehrten wie Galilei, Kepler, Descartes und Newton verbunden. Eben dieser Zeit ist die Geburt der eigentlich wissenschaftlichen Methode zuzuschreiben, für die die spezifische Wechselwirkung von Theorie und Experiment charakteristisch ist. In der gleichen Zeit wurde die Bedeutung der Mathematisierung der Naturwissenschaften erkannt, eines Prozesses, der sich bis in unsere Tage hinein fortsetzt und sich heute bereits auf eine Reihe von Wissensgebieten erstreckt, die den Menschen und die menschliche Gesellschaft zum Gegenstand haben. Die antiken Denker besaßen, strenggenommen, noch keine Kenntnis des Experiments und verfügten folglich über keine im eigentlichen Sinne wissenschaftliche Methode. Ihre Schlußfolgerungen waren weitgehend das Produkt unbegründeter Spekulationen, die keiner praktischen Überprüfung unterzogen werden konnten. Eine Ausnahme ist allenfalls für die Mathematik zu machen, die ihrem Wesen nach rein spekulativen Charakter hat und daher des Experiments nicht bedarf. Die wissenschaftliche Naturkunde dagegen existierte in der Antike faktisch nicht. Es gab lediglich schwache Ansätze der späteren wissenschaftlichen Disziplinen, die unausgereifte Verallgemeinerungen zufälliger Beobachtungen und Gegebenheiten der Praxis darstellten. Die globalen Vorstellungen der Alten über die Entstehung und die Ordnung der Welt können keinesfalls als wissenschaftlich angesehen werden. Bestenfalls kann man sie dem zurechnen, was man später als Naturphilosophie bezeichnete, eine Bezeichnung, die im Munde der Vertreter der exakten Naturwissenschaft einen deutlich herabsetzenden Beiklang hatte.

Der zweite Standpunkt, der dem soeben dargelegten diametral entgegengesetzt ist, erlegt dem Wissenschaftsbegriff keinerlei rigorose Beschränkungen auf. Nach dieser Auffassung kann als Wissenschaft im weitesten Sinne jeder Wissenskomplex bezeichnet werden, der sich auf die reale Umwelt des Menschen bezieht: Danach ist die Geburt der mathematischen Wissenschaft in jene Zeit zu setzen, in der der Mensch die ersten, allerelementarsten Zahlenoperationen vornahm. Die Astronomie trat mit den ältesten Beobachtungen der Bewegung der Himmelskörper ins Leben, und das Vorhandensein eines gewissen Wissensquantums über die Tier- und Pflanzenwelt eines bestimmten geographischen Gebiets bezeugt bereits die ersten Schritte der Zoologie und der Botanik. Unter dieser Voraussetzung aber kann weder die griechische noch irgendeine andere der uns bekannten historischen Zivilisationen den Anspruch erheben, die Geburtsstätte der Wissenschaft zu sein, da ihre Entstehung in die grauen Anfänge der Zeitalter hinaufgerückt wird.

Strenggenommen verwandelt der zweite Standpunkt die Wissenschaft in ein gleichsam außergeschichtliches Phänomen. Denn jedes Handwerk – die Metallverarbeitung, die Töpferkunst, nicht zuletzt die Landwirtschaft, die bereits Jahrtausende vor unserer Zeitrechnung bestand – zeichnet sich nicht allein durch rein praktische Verrichtungen und Gewohnheiten aus, sondern erfordert zugleich den Besitz eines beträchtlichen Wissensfundus über den einen oder anderen Aspekt der natürlichen Umwelt des Menschen. Das gilt bereits für die ältesten Erscheinungsformen menschlicher Tätigkeit, wie die Jagd und den Fischfang. Muß man doch, um etwa erfolgreich bestimmte Tiere zu jagen, ihren Aufenthaltsort, ihre Gewohnheiten, ihre Verteidigungsmittel und vieles andere mehr kennen. Zweifellos standen Kenntnisse dieser Art dem primitiven Jäger nicht allein zu Gebote, sondern übertrafen an Umfang, Genauigkeit und Detailliertheit alles, was man heutzutage an einem exemplarischen »zivilisierten« Menschen beobachten kann. Daß dies keine unbegründete Behauptung ist, geht aus der Tatsache hervor, daß sie von den Daten der modernen Anthropologie vollauf bestätigt wird. Der französische Anthropologe Claude Lévi-Strauss führt als Beispiel einen Stamm auf den philippinischen Inseln an, der, gemessen an den Normen des europäischen Menschen, auf einer sehr niedrigen Entwicklungsstufe steht. In der Sprache dieses Stammes gibt es Wörter zur Bezeichnung von 461 Tierarten, darunter 60 verschiedenen Fischarten, 85 Mollusken usw. Die Kenntnisse, über die die Vertreter des Stammes verfügen, betreffen im vorliegenden Fall das Gebiet der Zoologie, aber bedeutet das, daß sie eine zoologische Wissenschaft besäßen?

Die dargelegten Standpunkte stellen offenkundig Extreme dar, und die Wahrheit wird irgendwo dazwischen liegen. Ohne uns auf weitere Überlegungen zu diesem Thema einzulassen, wollen wir die grundlegenden Kriterien aufzählen, die unseres Erachtens jede Wissenschaft aufweisen muß, um diesen Namen zu verdienen.

1. Jede Wissenschaft stellt einen bestimmten Komplex von Kenntnissen dar, doch ist dies keineswegs ihr hauptsächliches und bestimmendes Merkmal. Weitaus wichtiger ist der Umstand, daß Wissenschaft eine Tätigkeit besonderer Art ist, nämlich eine Tätigkeit, die auf den Erwerb *neuer* Kenntnisse gerichtet ist. Diese Tätigkeit setzt vor allem anderen die Existenz einer bestimmten Kategorie von Menschen voraus, die sich mit ihr beschäftigen. Vor noch nicht allzulanger Zeit gehörten dieser Kategorie allein die Gelehrten

im engeren Sinne des Wortes an, die zugleich Bewahrer des bereits angesammelten Wissens und Produzenten neuer Kenntnisse waren. Heutzutage umfaßt die Tätigkeit, die auf die Erlangung neuer Erkenntnisse abzielt, ein ganzes Spektrum verschiedenartiger Berufe. Dazu zählen nicht allein die Leiter wissenschaftlicher Kollektive, Institute oder Laboratorien sowie die wissenschaftlichen Mitarbeiter unterschiedlicher Grade, sondern auch Ingenieure, Techniker, Laboranten, Programmierer usw. Zum anderen setzt diese Tätigkeit Mittel für ihre Durchführung voraus. Dazu gehören nicht allein die materiellen Mittel in Gestalt von Instrumenten, Vorrichtungen und Versuchsanordnungen der unterschiedlichsten Art, sondern auch die ganze Vielzahl theoretischer und empirischer Methoden, die für die Erlangung neuer Kenntnisse ausgearbeitet und in Gebrauch sind. Notwendige Bedingung einer derartigen Tätigkeit ist endlich die Möglichkeit einer Fixierung sowohl der bereits vorhandenen als auch der neu hinzukommenden Information, d. h. vor allem die Existenz eines entwickelten Schriftwesens. Eine Gesellschaft ohne Schrift kann keine Wissenschaft besitzen. Bis in die jüngste Zeit ist die im Ergebnis wissenschaftlicher Tätigkeit gewonnene Information in erster Linie in Gestalt von Schriftdokumenten (Bücher, Artikel, Briefe, wissenschaftliche Berichte) aufgezeichnet worden. In unseren Tagen treten zu dieser traditionellen Form der Fixierung neue Aufzeichnungsmittel: Photographie, Tonbandaufzeichnung, Elektronenrechner und vieles andere mehr.

Daraus folgt, daß vor allem die traditionell als solche betrachteten Zivilisationen, die über einen geregelten Mechanismus zur Bewahrung und zur Weitergabe der vorhandenen Information verfügten, dagegen keine deutlich ausgeprägte Tätigkeit zur Erlangung neuen Wissens kannten, keine Wissenschaft im eigentlichen Sinne des Wortes besaßen. Zu diesen Zivilisationen gehörte etwa die altägyptische. Die soziale Schicht, die im Alten Ägypten für die Bewahrung des Wissens vornehmlich verantwortlich war, war die der Priester. In ihrem Milieu wurden die Kenntnisse von Generation zu Generation weitergegeben, ohne wesentlichen Veränderungen zu unterliegen. Die Fortentwicklung und die Bereicherung des vorhandenen Wissens gehörten offenbar nicht zu den vorrangigen Aufgaben der Priester. Zu diesem Bild stimmen auch die Nachrichten, die uns über die Form des Unterrichts im Alten Ägypten überkommen sind. Der Unterrichtsvorgang beschränkte sich auf die passive Aneignung bereits erarbeiteter Rezepte und Regeln. Dabei blieb die Frage, auf welche Weise diese Rezepte und Regeln gewonnen waren oder ob man sie etwa durch andere, vollkommenere ersetzen könnte, gänzlich außer Betracht. Eine solche Form des Unterrichts konnte keine schöpferische Tätigkeit zur Aneignung neuen Wissens anregen. Wenn sich dennoch im Laufe vieler Jahrhunderte eine langsame Veränderung von Umfang und Inhalt der von den Ägyptern angesammelten Kenntnisse vollzog, so geschah dies in erster Linie unwillkürlich und besaß nicht den Charakter einer bewußt gesteuerten Tätigkeit.

Weitaus dynamischer war in dieser Beziehung die babylonische Zivilisation. So erzielten die Babylonier im ersten Jahrtausend vor unserer Zeitrechnung beachtliche Erfolge bei der Beobachtung der Bewegung der Himmelskörper. Die Daten, die sie über viele Jahrhunderte hinweg zusammentrugen und sorgfältig auf Tontäfelchen festhielten, erlaubten den babylonischen Astrologen die exakte Voraussage des Eintrittes verschiedener Himmelserscheinungen (z. B. der Mondfinsternisse). Mit Nachdruck hat diesen Fortschritt der bekannte Erforscher der babylonischen Wissenschaft O. Neugebauer hervorgehoben, der die komplizierten Berechnungsmethoden, deren sich die babylonischen Gelehrten bedienten, entzifferte und mit Hilfe der modernen mathematischen Symbolik erläuterte.

Aber die Erfolge, die die Babylonier auf dem Gebiet der astronomischen Beobachtungen und Berechnungen erzielten, verblassen im Vergleich mit der stürmischen Aktivität, welche die Griechen seit dem 6. Jahrhundert v. u. Z. zur Erlangung neuer Kenntnisse entwikkelten. Um sich das Ausmaß dieser Tätigkeit, und dies allein in ihrer Anfangsphase, vor Augen zu führen, genügt es, darauf zu verweisen, daß der Weg, den die griechische Astronomie von Thales bis zu Eudoxos, die griechische Mathematik von Pythagoras bis zu Euklid und die griechische Naturwissenschaft etwa von Anaximandros bis zu Aristoteles und Theophrastos zurücklegten, weniger als drei Jahrhunderte umfaßt. Ein solches Entwicklungstempo erscheint um so erstaunlicher, wenn man die Beschränktheit der Mittel in Rechnung stellt, über die die griechischen Gelehrten verfügten. Alles, was ihnen zu Gebote stand, waren die Gegebenheiten der unmittelbaren Beobachtung, die sie einer rein gedanklichen Auswertung unterzogen. Daß sie dabei zu spekulativen Schlußfolgerungen gelangten, die auf keine Weise erhärtet oder bewiesen werden konnten, schmälert die Leistung der griechischen Denker in keiner Weise.

2. Das zweite Kriterium der Wissenschaft im eigentlichen Sinne des Wortes oder, wie man früher sagte, der »reinen« Wissenschaft, ist ihr Selbstzweckcharakter. Ziel einer solchen Wissenschaft ist die Erkenntnis um der Erkenntnis willen oder, mit anderen Worten, das Erfassen der Wahrheit. Wissenschaftliche Tätigkeit, die auf den Er-

werb neuer Kenntnisse abzielt, kann nicht allein auf die Lösung praktischer Aufgaben gerichtet sein. In diesem Falle hört sie auf, Wissenschaft im eigentlichen Sinne zu sein, und gerät in die Sphäre der angewandten Disziplinen. Dem steht nicht entgegen, daß die Mehrzahl der bedeutenden wissenschaftlichen Entdeckungen im weiteren Verlauf praktische Anwendung findet, wie es insbesondere für die Wissenschaft unserer Tage charakteristisch ist: Die Physik, die Chemie, die Biologie, die Geologie usw. haben im Leben des modernen Menschen eine solche Bedeutung erlangt, daß es schwerfällt, sie der Kategorie der »reinen« Wissenschaft zuzuzählen. Deshalb zieht man es heute vor, die Grenze innerhalb der Wissenschaften selbst zu ziehen, indem man zwischen »fundamentalen« und »praktischen« Untersuchungen unterscheidet. Gleichwohl spielen für die angeführten Disziplinen und überhaupt für die Wissenschaften im eigentlichen Sinne des Wortes die fundamentalen Untersuchungen die führende Rolle. Auf der anderen Seite kann die Durchführung praktischer Untersuchungen zu Resultaten führen, die fundamentale Bedeutung haben. In einer Reihe von Fällen haben fundamentale und praktische Disziplinen ein und dasselbe Untersuchungsgebiet und unterscheiden sich allein in ihren Aufgaben. Hierzu zählen etwa die Thermodynamik und die Wärmetechnik, die Theorie des Elektromagnetismus und die Elektrotechnik, die Kernphysik und die atomare Energetik.

Wenden wir uns den Anfangszeiten der Entwicklung der Wissenschaft zu, so sehen wir, daß dort unterschiedliche Ausgangsbedingungen herrschten. So ist die babylonische Astronomie der Kategorie der angewandten Disziplinen zuzurechnen, da sie sich rein praktische Ziele setzte. Bei ihren Beobachtungen interessierten sich die babylonischen Sterndeuter am allerwenigsten für den Aufbau des Weltalls, die tatsächliche (und nicht allein die sichtbare) Bewegung der Planeten, die Ursachen von Himmelserscheinungen wie Sonnen- und Mondfinsternissen usw. Fragen dieser Art stellten sich ihnen offenbar überhaupt nicht. Ihre Aufgabe bestand darin, den Eintritt von Ereignissen vorauszuberechnen, die nach den Anschauungen der Zeit einen günstigen oder verderbenbringenden Einfluß auf die Schicksale der Menschen und ganzer Königreiche ausübten. Daher kann man ungeachtet der ungeheuren Menge von Beobachtungen und der durchaus komplizierten mathematischen Methoden, mit deren Hilfe dieses Material ausgewertet wurde, die babylonische Astronomie nicht als Wissenschaft im eigentlichen Sinne des Wortes betrachten.

Das gerade entgegengesetzte Bild finden wir in Griechenland.

Die griechischen Gelehrten, die in der Kenntnis dessen, *was* am Himmel vor sich geht, hinter den Babyloniern weit zurückstanden, warfen von allem Anfang an die Frage nach der Ordnung der Welt als Ganzes auf. Diese Frage beschäftigte die Griechen nicht aus irgendwelchen praktischen Gründen, sondern um der Erkenntnis willen. Daß sie gestellt wurde, beruhte auf reiner Wißbegierde, wie sie den Bewohnern des damaligen Hellas in solch hohem Maße zu eigen war. Die Versuche, eine Antwort auf diese Frage zu finden, führte zum Entwurf von Modellen des Kosmos, die zunächst spekulativen Charakter hatten. Wie phantastisch diese Modelle jedoch von unserem gegenwärtigen Standpunkt auch anmuten mögen, so bestand ihre Bedeutung darin, daß sie das wichtigste Merkmal der späteren Naturwissenschaft vorwegnahmen – die Deutung des Mechanismus der Naturerscheinungen in Gestalt eines Modells.

Etwas Ähnliches geschah in der Mathematik. Weder die Babylonier noch die Ägypter machten einen Unterschied zwischen genauen und näherungsweisen Lösungen mathematischer Aufgaben. Jede Lösung, die praktisch annehmbare Ergebnisse erbrachte, galt als gut. Umgekehrt war für die Griechen, die an die Mathematik rein theoretisch herangingen, vor allem die exakte, aufgrund rein logischer Überlegungen gewonnene Lösung von Bedeutung. Das führte zur Ausbildung der mathematischen Deduktion, die den Charakter der gesamten anschließenden Mathematik bestimmen sollte. Die östliche Mathematik gelangte selbst in ihren fortgeschrittensten Errungenschaften, die den Griechen lange Zeit unerreichbar blieben, nicht zur Ausbildung der deduktiven Methode.

So war vom Moment ihrer Entstehung an das unterscheidende Merkmal der griechischen Wissenschaft ihr theoretischer Charakter, das Streben nach Wissen um des Wissens und nicht um der praktischen Anwendung willen. In der Anfangsphase der Wissenschaft spielte dieses Merkmal zweifellos eine fortschrittliche Rolle und übte einen nachhaltig stimulierenden Einfluß auf die Entwicklung des wissenschaftlichen Denkens aus.

3. Das dritte Wesensmerkmal wirklicher Wissenschaft ist ihr rationaler Charakter. Heutzutage sind wir gewohnt, diese Forderung an die Wissenschaft für selbstverständlich zu halten. Das war aber durchaus nicht immer der Fall. Man darf nicht vergessen, daß der Wissenschaft die Mythologie, die Magie, der Glaube an die Existenz übernatürlicher Mächte vorangingen. Denken wir an die »Ilias« Homers, in der nahezu alle Handlungen, Entscheidungen und selbst die inneren Regungen der Helden durch das Eingreifen der Götter erklärt werden. Der Übergang zu einer rationalen Erklärung

der Erscheinungen oder, wie man es genannt hat, der Übergang »vom Mythos zum Logos« bedeutete einen Schritt von ungeheurer Wichtigkeit in der Entwicklung des menschlichen Denkens und der menschlichen Zivilisation überhaupt. Dieser Übergang vollzog sich nicht mit einem Male und nicht überall in gleicher Weise. So gründete sich etwa die babylonische Astronomie, die in ihren Methoden vollkommen rational war, auf den Glauben an einen geheimnisvollen, irrationalen Zusammenhang, der die Konstellationen der Sterne am Himmelsgewölbe mit den menschlichen Schicksalen verband. Dieser Glaube hat offenbar tiefe Wurzeln, wie es das Fortwirken der Astrologie bezeugt, die bis in unsere Tage ihre Macht über das Denken vieler Menschen bewahrt. In unserem Zeitalter der Atomspaltung wird man kaum mehr einen Menschen finden, der sich ernsthaft mit der Alchimie befaßt, und dennoch lebt der Glaube an bestimmte besondere Eigenschaften verschiedener Minerale, vor allem von Edel- und Halbedelsteinen, fort, die imstande sein sollen, einen bald wohltätigen, bald unheilvollen Einfluß auf den Menschen auszuüben, der mit ihnen in Berührung kommt. Der Ursprung dieses Vorurteils reicht ebenfalls weit zurück, und der Aberglaube begleitete die ersten Schritte der Mineralogie.

Im weiteren Verlauf werden wir sehen, daß die Ansätze der frühgriechischen Wissenschaft in der Mythologie, speziell in den kosmogonischen Mythen – und zwar sowohl den einheimischen als auch den von den benachbarten Völkern des Ostens entlehnten –, zu suchen sind. Als die frühgriechischen Denker ihre kosmogonischen Konzeptionen ausbildeten, gestalteten sie diese Mythen um, indem sie sie von früheren Motivationen und Bildern befreiten, ihre innere Struktur jedoch im wesentlichen bewahrten. So entstanden die Theorien von der Entstehung der Welt, die wir in den Werken vieler vorsokratischer Gelehrter von Anaximandros bis zu Demokrit finden. Diese Theorien hatten einen vollkommen rationalen Charakter. Hand in Hand mit ihnen entstanden jedoch andere Konzeptionen, die auf der weitgehenden Nutzung mythologischer Bilder, sowohl überkommener als auch neu geschaffener, beruhten. Hierzu zählen etwa die wunderlichen Kosmogonien des Pherekydes aus Syros, der Orphiker und anderer, über die wir weniger gut unterrichtet sind. Das Verdienst der griechischen Wissenschaft bestand darin, daß sie sich von Anfang an von derartigen mythenbildenden Konstruktionen abgrenzte. Aristoteles trifft eine klare Scheidung zwischen den »Theologen« auf der einen, den »Physiologen« oder »Physikern« auf der anderen Seite, wobei für ihn allein die letzteren von Interesse sind.

Der Rationalismus der frühgriechischen Wissenschaft kam in den unterschiedlichsten Formen zur Geltung, dabei nicht allein auf dem Gebiet der kosmogonischen Konzeptionen. Herodot in seinen historischen Werken und Hippokrates in seinem Traktat »Über Luft, Wasser und Ortslagen« erklären die nationalen Eigenheiten verschiedener Völkerschaften aus den Eigenschaften der natürlichen Umgebung, in der sie beheimatet sind. Als überzeugendes Beispiel für den Rationalismus der griechischen Medizin kann der Traktat »Über die heilige Krankheit« angeführt werden, dessen Autor sich entschieden gegen die Erklärung von Krankheiten aus der Einwirkung übernatürlicher Ursachen wendet. Wir können ferner auf die zutiefst rationale Ethik des Sokrates verweisen, der die Auffassung vertrat, daß der Mensch allein aus Unkenntnis des Guten und des Bösen schlecht handele.

Es ist bezeichnend, daß der Verfall der griechischen Wissenschaften zur Zeit des römischen Imperiums mit einem jähen Aufschwung antirationaler Strömungen einherging. In den philosophischen Lehren der Spätantike – dem Neupythagoreismus und dem Neuplatonismus – beginnt die Zahlenmystik eine zunehmende Rolle zu spielen. Zugleich erlebt die Mythenbildung eine Renaissance, wird die Offenbarung als eine Quelle der Erkenntnis anerkannt. Aus dem Osten dringen okkulte Disziplinen, die Alchimie und die Magie, ein. Die Wissenschaft verliert allmählich ihren rationalen Charakter, bis man sie schließlich nicht mehr als Wissenschaft im eigentlichen Sinne des Wortes bezeichnen kann.

4. Zu den Kriterien eigentlicher Wissenschaft gehört endlich ihr systematischer Charakter. Ein Konglomerat durch keine innere Einheit verbundener, isolierter Kenntnisse, seien sie auch auf ein und dasselbe Gebiet der realen Wirklichkeit bezogen, bildet noch keine Wissenschaft. Unter diesem Gesichtspunkt kann etwa die babylonische oder die ägyptische Mathematik dem Anspruch echter Wissenschaftlichkeit nicht genügen, da sie sich auf eine Ansammlung von Algorithmen oder Regeln zur Lösung isolierter Aufgaben beschränkte. Dabei ist es von untergeordneter Bedeutung, daß einige dieser Aufgaben durchaus kompliziert waren (so hatten etwa die Babylonier Rechenmethoden zur Lösung quadratischer und kubischer algebraischer Gleichungen entwickelt) und an einem gewissen Punkt der Entwicklung alles übertrafen, was anderen Völkern der Zeit, darunter den Griechen, auf diesem Gebiet bekannt war. In Lehrbüchern über die Geschichte der Mathematik werden die Aufgaben, die in den babylonischen Texten zu finden sind, gewöhnlich unter Benutzung der algebraischen Symbolik unserer Tage ange-

führt. Dadurch erhalten sie einen moderneren Anschein und erlangen eine Allgemeingültigkeit, die ihnen im Grunde genommen nicht zukommt. Um die Spezifik der babylonischen Mathematik deutlich zu machen, empfiehlt es sich daher, eine der Aufgaben, die auf den babylonischen Keilschrifttäfelchen aufgezeichnet sind, unter Beibehaltung ihrer ursprünglichen Formulierung zu lösen.

Vom Augenblick ihrer Entstehung an ging die griechische Mathematik einen anderen Weg – den Weg des strikten Beweises der mathematischen Theoreme, die in größtmöglicher Allgemeinheit formuliert wurden. Bereits im 5. Jahrhundert v. u. Z. schrieb der Mathematiker Hippokrates von Chios ein Buch, das die deduktive Darstellung der Grundlagen der Planimetrie (Flächenlehre) enthielt. Den Höhepunkt der Anwendung der deduktiven Methode auf die Mathematik aber stellten die »Elemente« des Euklid dar, die in den nachfolgenden zwei Jahrtausenden das Ideal wissenschaftlicher Stringenz bleiben sollten. In diesem Werk nahmen die Grundlagen der den Griechen zu jener Zeit bekannten Mathematik die Gestalt eines harmonischen Systems logisch verknüpfter Axiome, Postulate und Theoreme an. Erinnern wir uns daran, daß Newton, als er seine »Philosophiae naturalis principia mathematica« schrieb, sich die »Elemente« des Euklid zum Vorbild nahm. Auch in den Schulbüchern wurde die Geometrie bis in die jüngste Vergangenheit »nach Euklid« dargestellt, und in manchen Bereichen wird sie es bis auf den heutigen Tag.

Ähnliches geschah in der Astronomie: Die babylonischen Sterndeuter beobachteten die Bewegungen der Himmelskörper, studierten ihre Wiederkehr und folgerten daraus rein empirische Gesetzmäßigkeiten, die es ihnen erlaubten, das Eintreten dieser oder jener astronomischen Erscheinung vorauszusagen. In gewissem Sinne entsprach die babylonische Astronomie etwa dem Wissenschaftsideal, das die positivistische Philosophie des 19. Jahrhunderts vertrat. Die Positivisten ließen jedoch eines der wichtigsten Kriterien wirklicher Wissenschaft, eben ihren systematischen Charakter, außer acht. Auch in dieser Hinsicht sollte die griechische Astronomie die babylonische rasch überflügeln.

Tatsächlich enthält bereits die Idee des Kosmos als eines in sich geschlossenen Ganzen die Bedingungen für die Systematisierung der verschiedenartigsten empirischen Kenntnisse. In den Anfangszeiten der griechischen Wissenschaft waren diese Daten noch durchaus spärlich und unpräzise. Als aber die griechischen Astronomen gelernt hatten, die Bewegungen nicht nur der Sonne und des Mondes, sondern auch von fünf Planeten zu verfolgen, half ihnen die Idee des Kosmos, bereits rein wissenschaftliche Modelle des Weltalls zu erstellen, deren erstes von Eudoxos geschaffen wurde. Mit Hilfe dieser Modelle war es möglich, die unterschiedlichen astronomischen Phänomene in einem einheitlichen, konsistenten Vorstellungssystem zu vereinen.

Und endlich die biologischen Wissenschaften. Im Osten interessierte man sich für die lebendige Natur ausschließlich aus rein praktischen Beweggründen (etwa zum Zwecke der Wahrsagung oder der Herstellung medizinischer Heilmittel). Als Begründer der biologischen Wissenschaften, speziell der Zoologie, gilt zu Recht Aristoteles. Und dies nicht allein deshalb, weil er in seinen Traktaten (insbesondere seiner »Tiergeschichte«) ein kolossales, von ihm selbst gesammeltes Material über einige Hunderte von Arten verschiedener Lebewesen ausbreitete, sondern mehr noch, weil er diesem Material durch seine Klassifikation der Tierwelt, seiner Konzeption der sogenannten »Stufenleiter der Natur«, wissenschaftliche Systematik verlieh – eine Systematik, die, nebenbei gesagt, in den Werken der spätantiken Naturforscher großenteils verlorenging.

Aus alledem wird offenbar, daß die griechische Wissenschaft die erste war, die alle aufgezählten Merkmale einer exakten Wissenschaft aufwies. Das, was man gemeinhin ägyptische oder babylonische Wissenschaft nennt, verdient diese Bezeichnung strenggenommen noch nicht. Zwar haben wir an dieser Stelle mit keinem Wort der wissenschaftlichen Vorstellung der Länder des ferneren Ostens – Indiens und Chinas – gedacht, doch mag uns der Leser vertrauen, daß eine entsprechende Beurteilung auch für sie Gültigkeit hat, zumindest soweit von der Epoche die Rede ist, die der Zeit der Entstehung und Herausbildung der frühgriechischen Wissenschaft entspricht.

Das bedeutet in keiner Weise eine Herabsetzung oder Unterbewertung der wissenschaftlichen Leistungen der Völker des Nahen oder Fernen Ostens. Diese Leistungen sind unbestritten, und ohne ihre Berücksichtigung kann keine allgemeine Geschichte der Wissenschaft vollständig genannt werden. Es handelt sich vielmehr darum, daß im Vergleich mit den wissenschaftlichen Kenntnissen der alten Ägypter, Babylonier, Inder und Chinesen die griechische Wissenschaft, zumindest in ihren fortgeschrittensten Formen, eine qualitativ neue Stufe der Entwicklung darstellt, der als erster die Bezeichnung »Wissenschaft« im heutigen Sinne zuzuerkennen ist.

Prüfen wir nun, ob es prinzipielle Unterschiede zwischen der antiken Wissenschaft und der Wissenschaft unserer Tage gibt und worin diese Unterschiede gegebenenfalls bestehen. Diese Frage kann nicht vollkommen eindeutig beantwortet werden. Das hat seinen Grund darin, daß die antike Wissenschaft im Verlauf ihrer tausendjährigen Geschichte überaus tiefgreifende Veränderungen erfuhr. Vor allen Dingen muß man innerhalb dieser Geschichte die Anfangsperiode, die Periode der frühgriechischen Wissenschaft, ausgliedern, die bei den antiken Autoren selbst die Bezeichnung der Wissenschaft »von der Natur« erhielt. Ohne uns weiter auf die Bedeutung des griechischen Terminus »Natur« einzulassen (wir werden darauf im weiteren Verlauf zurückkommen), wollen wir an dieser Stelle lediglich bemerken, daß die Wissenschaft »von der Natur« im Unterschied zur Wissenschaft der späteren Zeit eine ungegliederte, spekulative Disziplin war, deren Grundproblem die Frage der Entstehung und der Ordnung des Kosmos darstellte, der als ein einheitliches Ganzes angesehen wurde. Sowohl in inhaltlicher als auch in methodischer Hinsicht hatte diese Disziplin mit der Naturwissenschaft im heutigen Sinne wenig gemein. Bis zum Ende des 5. Jahrhunderts v. u. Z. war sie überdies untrennbar mit der Philosophie verbunden, weshalb man sie zuweilen – unseres Erachtens unangemessen – auch als Naturphilosophie bezeichnet. Bei Engels finden wir eine äußerst genaue Charakteristik der frühgriechischen Wissenschaft:

»Bei den Griechen – eben weil sie noch nicht zur Zergliederung, zur Analyse der Natur fortgeschritten waren – wird die Natur noch als Ganzes, im ganzen und großen angeschaut. Der Gesamtzusammenhang der Naturerscheinungen wird nicht im einzelnen nachgewiesen, er ist den Griechen Resultat der unmittelbaren Anschauung.« (»Dialektik der Natur«)

Den Höhepunkt und zugleich den Abschluß der Wissenschaft »von der Natur« bildet das allumfassende wissenschaftlich-philosophische System des Aristoteles. Zu seiner Zeit machte sich bereits der Zerfall dieser einheitlichen Wissenschaft in getrennte Disziplinen geltend, deren jede ihren eigenen Gegenstand und ihre spezifischen Untersuchungsmethoden hat. Noch im 5. Jahrhundert v. u. Z. vollzieht sich, Hand in Hand mit der Ausbildung der deduktiven Methode, die Emanzipation der Mathematik, die bei den frühen Pythagoreern untrennbarer Bestandteil ihrer allgemeinen Lehre von der Welt war. Ergebnis der Tätigkeit des Eudoxos, der in der Mitte des 4. Jahrhunderts v. u. Z. lebte, war die Entstehung der wissenschaftlichen Astronomie. In den Werken des Aristoteles und seiner Schüler ist bereits die Aussonderung der Logik, der Zoologie, der Embryologie, der Psychologie, der Botanik, der Mineralogie, der Geographie und der musikalischen Akustik zu erkennen, ganz abgesehen von den humanen Disziplinen wie der Ethik, der Poetik usw., die niemals Bestandteil der Wissenschaft »von der Natur« waren.

Die Differenzierung der Wissenschaften setzte sich auch in der hellenistischen Epoche fort. Im 3.–2. Jahrhundert v. u. Z. verselbständigen sich neue Disziplinen: die geometrische Optik (speziell die Katoptrik, d. h. die Spiegellehre), die Mechanik (die Statik und ihre Anwendungen) und die Hydrostatik. In dieser Zeit vollzieht sich auch die strikte Abgrenzung der Philosophie und der Einzeldisziplinen, die das Ende der früheren synkretistischen Wissenschaft »von der Natur« bedeutet. Die Blüte der hellenistischen Kultur ist durch die wissenschaftliche Leistung hervorragender Gelehrter wie Euklid, Archimedes, Eratosthenes, Apollonios von Perge und Hipparchos gekennzeichnet. Eben damals, im 3.–2. Jahrhundert v. u. Z., kam die antike Wissenschaft in Geist und Bestreben der Wissenschaft der Neuzeit am nächsten. In der Folgezeit beginnt ein langsamer Verfall. Und wenngleich sich die Wissenschaft der Spätantike auf Namen wie Ptolemaios, Diophantos oder Galenos berufen kann, so ist in den ersten Jahrhunderten unserer Zeitrechnung eine allmähliche Zunahme regressiver Tendenzen zu beobachten. Diese Tendenzen sind mit dem Erstarken des Irrationalismus, dem Aufkommen okkulter Disziplinen und der Renaissance von Versuchen einer synkretistischen Vereinigung von Wissenschaft und Philosophie verbunden. Von alledem wird in den folgenden Kapiteln ausführlicher die Rede sein.

Kehren wir jedoch zur antiken Wissenschaft in der Zeit ihrer höchsten Entfaltung zurück. Können wir darin einen Zug entdekken, der sie grundlegend von der Wissenschaft der Neuzeit unterscheidet? Das können wir in der Tat. Ungeachtet der blendenden Erfolge der antiken Wissenschaft zur Zeit eines Euklid oder Archimedes fehlte ihr das wesentliche Ingrediens, ohne das wir uns heute Wissenschaften wie die Physik oder die Chemie, zum Teil auch die Biologie nicht vorstellen können. Dieses Ingrediens ist die experimentelle Methode in der Gestalt, in der sie von den Begründern der neuzeitlichen Wissenschaft, einem Galilei, Boyle, Newton oder Huygens, geschaffen wurde. Die antike Wissenschaft verstand die Bedeutung der empirischen Erkenntnis, wie es Aristoteles und vor ihm Demokrit bezeugen. Die antiken Gelehrten wußten ihre natürliche Umgebung genau zu beobachten. Sie erzielten ein hohes Niveau in der Technik der Messung von Längen und Winkeln, wie wir anhand der Prozeduren beurteilen können, die sie etwa für die Berechnung der Ausmaße der Erdkugel (Eratosthenes), für die Messung der sichtbaren Sonnenscheibe (Archimedes) oder für die Bestimmung der Distanz von Erde und Mond (Hipparchos, Poseidonios, Ptolemaios) entwickelten. Aber das Experiment als künstliche Erzeugung natürlicher Erscheinungen, bei dem sekundäre Einflüsse und unwesentliche Effekte ausgeschaltet werden und das die Bestätigung oder Widerlegung theoretischer Annahmen zum Ziele hat – ein solches Experiment kannte die Antike noch nicht. Dabei bildet diese Form des Experiments die Grundlage der Physik und der Chemie, also derjenigen Wissenschaften, denen in der Naturwissenschaft der Neuzeit die führende Rolle zukommt. Daraus erklärt es sich, warum das weite Feld der physikalisch-chemischen Erscheinungen in der Antike ganz im Banne rein qualitativer Spekulationen verblieb, die nie zur Ausbildung einer adäquaten wissenschaftlichen Methode fanden.

Aus welchem Grunde aber gelangte die antike Wissenschaft nicht zur Entdeckung der experimentellen Methode im genannten Sinne? Diese Frage können wir nicht beantworten, ohne die Grenzen der Wissenschaft als solcher zu überschreiten und ohne die sozialen Bedingungen zu betrachten, in denen die antike Wissenschaft entstand und sich entwickelte.

Wir haben bereits gesagt, daß eines der Kriterien wirklicher Wissenschaft ihr Selbstzweckcharakter ist, das Streben nach Wissen um des Wissens willen. Dieses Merkmal schließt die Möglichkeit der praktischen Nutzung wissenschaftlicher Entdeckungen keineswegs aus. Die große wissenschaftliche Revolution des 16. und 17. Jahrhunderts schuf die theoretischen Grundlagen für die anschließende Entwicklung der industriellen Produktion, die auf die Nutzung der Naturkräfte im Interesse des Menschen gerichtet ist. Auf der anderen Seite erwiesen sich in der Neuzeit die Bedürfnisse der Technik als ein mächtiges Stimulans des wissenschaftlichen Fortschritts. Diese Wechselwirkung von Wissenschaft und Praxis wird im Laufe der Zeit zunehmend enger und effektiver. In unseren Tagen hat sich die Wissenschaft zur wichtigsten Produktivkraft der Gesellschaft entwickelt.

In der Antike gab es keine vergleichbare Wechselwirkung von Wissenschaft und Praxis. Die antike Wirtschaft, die auf der Nutzung der körperlichen Arbeit von Sklaven beruhte, bedurfte keiner Entwicklung der Technik. Daher hatte die griechisch-römische Wissenschaft mit wenigen Ausnahmen – zu denen speziell die Ingenieurtätigkeit des Archimedes zählt – keine praktischen Auswirkungen. Auf der anderen Seite standen die technischen Errungenschaften der antiken Welt auf den Gebieten der Architektur, des

Schiffbaus, der Kriegstechnik u. a. in keinerlei Zusammenhang mit der Entwicklung der Wissenschaft. Das Fehlen einer solchen Wechselwirkung sollte sich für die antike Wissenschaft letzten Endes als verhängnisvoll erweisen.

Mit diesen allgemeinen Bemerkungen über die besonderen Merkmale der antiken Wissenschaft wollen wir uns zunächst begnügen. Im Verlauf der weiteren Ausführungen werden die angeschnittenen Fragen eine detailliertere Erörterung anhand des konkreten historisch-wissenschaftlichen Materials erfahren.

I. Die Ursprünge der frühgriechischen Wissenschaft

Bereits in der Einleitung war davon die Rede, daß das Grundproblem der frühgriechischen Wissenschaft »von der Natur« (περὶ φύσεως) die Frage nach der Entstehung und der inneren Ordnung der Welt war, die als ein einheitliches Ganzes betrachtet wurde. Die unterschiedlichen Antworten der frühgriechischen Autoren auf diese Frage waren, den Bedingungen der Zeit entsprechend, rein spekulativer Natur. Die vornehmlichste Quelle dieser Spekulationen war die Mythologie, an erster Stelle die kosmogonischen Mythen, die auf einer bestimmten Stufe der kulturellen Entwicklung von allen Völkern der Erde und so auch von den Griechen geschaffen wurden. Selbstverständlich berücksichtigten die frühesten griechischen Gelehrten in ihren spekulativen Gedankengebäuden überdies sowohl die Gegebenheiten der unmittelbaren Anschauung als auch die Erfahrung der jahrhundertealten menschlichen Praxis. Für die Bewältigung dieses umfangreichen Materials benutzten sie Methoden, die unter heutigen Gesichtspunkten noch nicht als wissenschaftlich bezeichnet werden können. Zu diesen Methoden zählte einerseits die Ordnung des überlieferten und des empirischen Materials mit Hilfe eines Satzes von Oppositonen wie hoch–tief, rechts–links, warm–kalt und vieler anderer, die sich dem menschlichen Denken seit undenklichen Zeiten eingeprägt hatten, andererseits die Methode der Analogieschlüsse, die in der Frühzeit der Wissenschaft als das wichtigste Verfahren zur Gewinnung von Schlußfolgerungen diente.

Die literarischen Denkmäler der alten Völker wie die Daten der zeitgenössischen Ethnographie enthalten ungewöhnlich reichhaltige Zeugnisse der mythenbildenden Tätigkeit zahlreicher Völker der Erde. Dabei ist zu beobachten, daß sich die kosmogonischen Mythen in Gruppen gliedern, die den unterschiedlichen Entwicklungsstufen der menschlichen Gesellschaft entsprechen. Bei den am wenigsten entwickelten Völkerschaften, etwa den australischen Ureinwohnern, finden wir lediglich Ansätze eines kosmogonischen Denkens. Sie treten in den mythischen Gestalten der sogenannten Heilbringer zutage, die noch nicht als Schöpfer, sondern lediglich als Ordner der Welt auftreten, indem sie etwa die eine oder andere Sitte einführen, die Menschen anleiten usw. In den Legenden der vergleichsweise entwickelteren Völkerschaften Asiens, Afrikas oder Amerikas sind diese Heilbringer zu den eigentlichen Schöpfern des Weltalls, zu Demiurgen umgestaltet. Ein solcher Demiurg stellt sich dem primitiven Bewußtsein in Gestalt eines durchaus konkreten Wesens dar. In manchen Fällen handelt es sich um einen großen und starken Menschen der Vergangenheit, in anderen um legendäre Zwillingsbrüder. Sehr verbreitet erscheint als Schöpfer der Welt auch das ein oder andere Tier: solche zoomorphe Mythen sind insbesondere bei den Indianern Nordamerikas verbreitet. Die Erschaffung der Welt wird von dem Demiurgen in der Regel in einem einzigen Schöpfungsakt vollbracht, der der Fertigung eines Gerätes oder dem Bau einer Behausung gleicht. In der wissenschaftlichen Literatur bezeichnet man Mythen dieses Typs als »kreative« Mythen. In der griechischen Mythologie haben sich Züge des archaischen Heilbringers in der Gestalt des Prometheus erhalten, die jedoch um das Motiv des Kampfes gegen die Götter angereichert ist.

Der Zerfall der ursprünglichen Stammesordnung und die Herausbildung von Klassen und Klassenbeziehungen innerhalb der menschlichen Gesellschaft gehen Hand in Hand mit dem Übergang von den primitiven religiösen Glaubensvorstellungen zu entwickelteren Formen des Polytheismus. Die Erforschung dieser Formen des Mythos kann sich bereits auf die schriftlichen Zeugnisse der Völker des Alten Orients und der antiken Welt stützen, die klassische Beispiele der neuen Entwicklungsstufe des mythenbildenden Bewußtseins enthalten. Die Götter, die die Ägypter, die Babylonier und die Griechen verehrten, waren von Hause Stammesgottheiten, die untereinander nicht in Verbindung standen. Die Vereinigung der lokalen Kulte führte jedoch bei jedem der genannten Völker zur Herausbildung eines Pantheon, das neben der obersten Gottheit (Ammon-Ra, Marduk, Zeus) eine große Anzahl anderer Götter umfaßte, unter denen genealogische Beziehungen hergestellt wurden. In den Mythen, die vom Ursprung der Götter, von ihren Kämpfen untereinander und von der Abfolge unterschiedlicher Göttergeschlechter erzählen, spiegeln sich die Vorstellungen der Menschen von der Entstehung und der Entwicklung der Welt. In der Phase der Herausbildung der polytheistischen Religionen nimmt die Kosmogonie in der Regel die Gestalt der Theogonie an. Eine solche Theogonie, angereichert durch eine Anzahl spekulativer Gedankengänge des Autors, ist in dem gleichnamigen Epos des Hesiod dargestellt.

Unter dem Einfluß der »Theogonia« (Götterabstammung) des Hesiod entstanden im 6. und 5. Jahrhundert v. u. Z. weitere Theogonien, die bereits ausschließlich Produkte individuellen Mythenschaffens waren. Hierzu gehören die Theogonien der Orphiker, des Pherekydes aus Syros, des Epimenides aus Kreta und des Akusilaos aus Argos. Außer den traditionellen Gestalten der griechischen Mythologie übernahmen die Autoren dieser Theogonien umfangreiches Material aus den religiös-mythologischen Vorstellungen der Völker des Nahen Ostens. Aristoteles nennt sie die »Theologen« im Unterschied zu den »Physikern«, den Schöpfern der frühgriechischen Wissenschaft »von der Natur«. Der Beitrag der »Theologen« zur Entwicklung der Wissenschaft war minimal, so daß wir uns mit ihnen nicht weiter zu befassen brauchen.

Auch die »Physiker« standen in weitestem Umfang unter dem Einfluß der griechischen wie der östlichen Mythen über den Ursprung der Welt. Im Unterschied zu den »Theologen« zeichneten sie sich jedoch durch die entschiedene Absage an die mythologischen Gestalten und durch den Übergang zu rein rationalen Begründungen aus. Gleichwohl bedienten sich die ersten griechischen Gelehrten auch nach der Überwindung des äußerlichen Anthropomorphismus und Zoomorphimus der kosmogonischen Mythen einer Anzahl von Motiven, die sie in eben diesen Mythen vorfanden. Derartige Motive erscheinen verschiedentlich in den kosmogonischen (und kosmologischen) Konzeptionen der vorsokratischen Denker von Thales bis Demokrit.

Wir wollen diese Motive kurz aufzählen, da ohne ihre Berücksichtigung der Ursprung einer Reihe von Gedanken, die für die frühgriechische Wissenschaft charakteristisch sind, unverständlich bleibt.

1. In fast allen kosmogonischen Mythen begegnet die Vorstellung eines ursprünglichen, amorphen Zustands des Weltalls, der meist (doch nicht immer) in der Gestalt einer grenzenlosen Wasserfläche gedacht wird. Die Vorstellung des grenzenlosen Wassers finden wir in den sumerisch-babylonischen, den ägyptischen und den indischen kosmogonischen Mythen sowie in der Kosmogonie der Bibel. Für die griechische Mythologie spielt diese Vorstellung dagegen nicht die gleiche Rolle (bei Hesiod wird die ursprüngliche Verfassung der Welt durch die Gestalt des Chaos verkörpert), wenngleich wir eine deutliche Anspielung darauf an einer Stelle der »Ilias« finden. Der Einfluß der östlichen »Wasserkosmogonien« macht sich auch in der Lehre des Thales geltend,

von der im folgenden die Rede sein wird, während in den kosmogonischen Konzeptionen des Anaximandros, des Anaxagoras, der Atomisten und selbst des Platon (im Dialog »Timaios«) allgemeinere Vorstellungen der ursprünglichen Form- und Ordnungslosigkeit der Welt ihren Niederschlag finden.

2. Das wichtigste Moment der Entstehung der Welt ist in einer Reihe kosmogonischer Mythen die (in der Regel gewaltsame) Scheidung von Himmel und Erde, welche das männliche und das weibliche Prinzip der Weltschöpfung verkörpern. Dieses Motiv tritt im polynesischen Mythos von Rangu und Papa, im Dualismus der beiden Prinzipien Yin und Yang der Chinesen, im ägyptischen Mythos von Šu und Tefnut und in dem griechischen Mythos von Gaia und Uranos zutage. In abgewandelter und rationalisierter Form kehrt das Motiv der Scheidung von Himmel und Erde in den kosmogonischen Lehren des Anaximandros, des Anaxagoras, des Empedokles und der Atomisten wieder.
3. Nahezu alle kosmogonischen Mythen kennzeichnet die Vorstellung einer Entwicklung zu größerer Ordnung und besserer Einrichtung der Welt. In der Regel wird diese Vorstellung in der Form des Kampfes einander ablösender Göttergeschlechter verwirklicht, der in der Inthronisation eines lichten, weisen und gerechten Gottes gipfelt. In der indogermanischen Mythologie ist dies gewöhnlich der Gott des Windes, des Unwetters oder des Donners (Indra, Perun, Wotan, Zeus). Dieses Motiv, das mit dem vorangehenden aufs engste verbunden ist, begegnet in allen kosmogonischen Lehren der Vorsokratiker, die die Vorstellung einer ursprünglich ungeordneten Verfassung der Welt enthalten.
4. In den mythologischen Vorstellungen mancher Völker wird das vorangehende Motiv durch das Motiv des periodischen Untergangs und der periodischen Wiedergeburt des Weltalls ausgestaltet. So im Mythos vom Untergang der Götter der germanisch-skandinavischen Legenden oder in der Vorstellung des »großen Jahres« der altiranischen religiösen Texte. In der griechischen Mythologie ist dieses Motiv nicht deutlich ausgeformt, doch klingt es in den Andeutungen der Instabilität der Herrschaft des Zeus und der Möglichkeit seines Sturzes durch neue Weltenherrscher an. Unter den Vorsokratikern findet dieses Motiv bei Anaximandros und möglicherweise bei Anaximenes, ferner bei Heraklit und in besonders ausgeprägter Form bei Empedokles Verwendung.

Aus dem Gesagten erhellt, daß die kosmogonischen Konzeptionen der Vorsokratiker den kosmogonischen Mythen der vorangehenden Epoche, dabei sowohl den griechischen als auch den östlichen, in überaus mannigfacher Weise verpflichtet sind. Die einheimische Quelle, aus der die frühgriechischen Autoren ihre kosmogonischen Motive schöpften, war in erster Linie die »Theogonia« des Hesiod. Entlehnungen aus dem Osten konnten direkt und unmittelbar (wie dies dem Anschein nach für Thales gilt) oder mittelbar sein, da die griechische Mythologie selbst Sujets östlicher Herkunft enthielt. Dies gilt speziell für den Mythos des Titanen Kronos, der seinen Vater Uranos entmannte. Vor verhältnismäßig kurzer Zeit erst wurde unter anderen archäologischen Funden eine Keilschriftaufzeichnung der erheblich älteren hethitisch-hurritischen Version dieses Mythos gefunden, in der als genaue Entsprechung des Kronos der Gott Kumarbi auftritt. Die Übertragung dieser Legende auf griechischen Boden erfolgte offenbar lange vor Hesiod, möglicherweise bereits in der kretisch-mykenischen Epoche.

Die »Theogonia« des *Hesiod* ist ein Werk der epischen Poesie. Beschränkt man sich nicht allein auf die kosmogonische Problematik, sondern betrachtet man die Bedeutung dieser Dichtung in allgemeinerem Rahmen, so gelangt man zu der Feststellung, daß nicht allein die »Theogonia« des Hesiod, sondern das griechische Epos im ganzen eine kaum zu überschätzende Rolle für die Herausbildung des rationalen und folglich auch des wissenschaftlichen Denkens der Griechen spielte. Von Bedeutung ist dabei nicht nur, daß die epische Poesie, die wir allein anhand der unter den Namen Hesiods und Homers überlieferten Werke kennen, der griechischen Wissenschaft das ein oder andere Motiv oder die ein oder andere Erkenntnis vermittelte, sondern vor allem, daß sie zur Überwindung des religiös-mythologischen Weltverständnisses beitrug, indem sie einerseits die überkommenen Mythen einer rationalen Bearbeitung unterzog und sie andererseits ästhetisierte. Im einen wie im anderen Falle wurde die unmittelbare Beziehung zum Mythos als einer lebendigen Realität aufgehoben.

Das Moment der Rationalisierung tritt besonders deutlich bei Hesiod hervor. Bereits in der Gestalt des Chaos, der offenbar nicht der Gestaltenreihe der traditionellen Mythologie angehörte, sondern ein Produkt der schöpferischen Phantasie des Autors war, ist das religiös-mythologische Moment auf ein Minimum reduziert. Chaos, der gähnende Abgrund, das primitive Urbild der künftigen Vorstellung des Raumes, zeigt faktisch keine Spuren einer Personifikation. Nach Chaos, nicht aus ihm, entstehen drei Gottheiten oder eher drei kosmische Wesen: zum einen die »breitbrüstige Gaia«, die Erde, der ewig unerschütterliche Grund alles Seienden, zum anderen Eros, die Liebe, die wonnevolle Ursache aller Empfängnis und Geburt, und endlich der finstere Tartaros, der in der allgemeinen Ordnung der Weltschöpfung die natürliche Antithese des von Gaia ohne Zutun eines männlichen Partners geborenen sternenbedeckten Himmels (Uranos) darstellt. Auf gleichermaßen ungeschlechtliche Weise gebiert Gaia die Berge und das wüste, rauschende Meer, den Pontos. Der natürliche Prozeß der Entstehung des Kosmos ist durch eine nur oberflächliche Personifikation der kosmischen Begriffe verschleiert. In diesem Teil des Epos liegt keine Nacherzählung überkommener Mythen vor. Hier wirkt allein die eigene Vorstellungskraft des Autors, der sich so als unmittelbarer Vorläufer der frühgriechischen »Physiker« erweist.

Im zweiten Epos des Hesiod, den »Werken und Tagen«, kommt die Rationalisierung des mythologischen Materials darin zum Ausdruck, daß es auf die Ebene des moralisch-didaktisch gefärbten Gleichnisses herabgeführt wird. Eine bekannte Gestalt der griechischen Mythologie ist beispielsweise Eris, die Göttin des Streites. (Erinnern wir uns, daß Eris, als sie nicht zum Göttermahl geladen wurde, ungebeten erschien und den Apfel warf, der zum Streit der drei Göttinnen führte und damit letztlich zur Ursache des trojanischen Krieges wurde.) Zum Zwecke der moralischen Belehrung spricht Hesiod von zwei Eriden, einer guten und einer schlechten. Darauf werden zwei Mythen erzählt, die deutlich moralisierende Färbung haben: der Mythos von Prometheus, Epimetheus und Pandora und der Mythos von den fünf Generationen, der nicht allein in Griechenland, sondern auch im Osten bekannt war. Hieran schließt sich bereits kein Mythos, sondern eine typische Fabel, die Geschichte vom Habicht und der Nachtigall, an. Der Entwicklungsprozeß vom Mythos zur erbaulichen Fabel tritt in diesem Epos des Hesiod mit aller Deutlichkeit hervor.

Ein anderes Bild finden wir bei *Homer*. Im Unterschied zu Hesiod vor allem ein großer Künstler, ästhetisiert Homer die mythologischen Sujets, indem er sie einer über alle Kritik erhabenen künstlerischen Bearbeitung unterzieht, durch die seine Epen bis auf den heutigen Tag die Geltung »unerreichbarer Vorbilder« haben. Die Götter sind bei Homer ebenso scharf und individuell gezeichnet wie die sterblichen Helden. Gewiß sind sie mächtig, herrlich und unsterblich und können unsichtbar werden oder nach Wunsch beliebige Gestalt annehmen, doch verraten sie im übrigen rein menschliche Eigenschaften. Wie den Menschen sind ihnen Gefühle der Freude, der Bosheit, des Neides, der geschlechtlichen Begehrlichkeit zu eigen, und sie sind imstande, sich ausgelassen zu vergnügen und körperliche Leiden zu empfinden. Der Dichter selbst verhält sich zu den von ihm beschriebenen Göttern mit deutlicher Ironie. Es ist nicht verwunderlich, daß spätere Kritiker Homers von Xenophanes bis Platon dem Dichter die Profanation der göttlichen Sujets und die Untergrabung der religiösen Gefühle zum Vorwurf machten. Wurde in den »Werken und Tagen« des Hesiod der Mythos zur erbaulichen Fabel, so wandelt er sich in den Epen des Homer zum anregenden literarischen Vorwurf.

Neben alledem aber enthielt das griechische Epos auch ein positives Bild der Welt, das als das Urbild der anschließenden Modelle des Kosmos anzusehen ist. Schematisch dargestellt sieht dieses Bild folgendermaßen aus:

Die Oberfläche der Erde gleicht einer flachen Scheibe, die von den Wassern eines riesigen, kreisförmigen Flusses, des Okeanos, bespült wird. Von oben ist die Welt durch die feste Halbkugel des Himmels begrenzt. Der Raum darunter scheidet sich in zwei Bereiche. Der obere, Aufenthaltsort der Götter, ist mit hellem, leuchtendem Äther gefüllt, während in dem unteren Wolken, Winde und andere atmosphärische Erscheinungen entstehen. Die Luft im späteren Sinne des Wortes kannte das griechische Epos noch nicht. Der Terminus ἀ ήϱ bezeichnete zu jener Zeit nicht die atmosphärische Luft, sondern Nebel und Dunst. Die unterirdische Welt gliederte sich ihrerseits in zwei Sphären. Die obere, der Hades, das Reich der Toten, befindet sich in geringer Tiefe unter der Erdoberfläche, während die untere, der Tartaros, von der Erdoberfläche ebenso weit entfernt ist, wie von der anderen Seite der Himmel. Die »Theogonia« des Hesiod enthält eine genaue Beschreibung des Tartaros: Er stellt einen leeren, dunklen Abgrund dar, der von Sturmwinden durchbraust wird; sein Eingang gleicht einem engen Flaschenhals, über dem sich die »Wurzeln« oder »Ursprünge« der Erde, des Himmels und des Meeres verzweigen.

Eine ähnliche »vertikale« Struktur des Weltalls kennzeichnet die mythologischen Vorstellungen nahezu aller Völker der Erde. Sie steht in unmittelbarer Beziehung zu dem universalen Mythologem des »Weltenbaumes«.

Die Griechen der Zeit Homers und Hesiods, also etwa des 9. bis 7. Jahrhunderts v. u. Z., besaßen einen gewissen Fundus astrologischer und meteorologischer Kenntnisse. Diese Kenntnisse waren nicht das Ergebnis spezieller wissenschaftlicher Forschungen, sondern gehörten dem jahrhundertealten Erfahrungsschatz des Volkes an.

So ist anzunehmen, daß bereits damals die Bezeichnungen einer ganzen Anzahl von Sternbildern und der hellsten Sterne existierten. Von ihnen werden in den Werken Homers und Hesiods der Bär, der Orion, der Bootes, der Sirius und einige andere erwähnt. Anhand des Auf- und Untergangs der Plejaden bestimmten die Griechen (wie im übrigen auch andere Völker) die Zeiten für die Ausführung der Feldarbeiten. Von den Planeten wurden allein der Morgenstern (Ἑωσφόρος, d. h. »die Morgenröte bringend«) und der Abendstern (Ἕσπερος) unterschieden, wobei man damals noch nicht wußte, daß es sich dabei lediglich um verschiedene Positionen ein und desselben Planten (der Venus) handelt. Nach Homer »baden« alle Himmelskörper mit Ausnahme des Bären im Okeanos, d. h. sie verschwinden hinter dem Horizont. Dabei sind natürlich nur diejenigen Sterne berücksichtigt, die eigene Namen trugen. Wie es dazu kommt, daß sie sich beim Aufgang auf der anderen Seite der Erdscheibe befinden, blieb ungeklärt. Davon, daß sie sich unter der Erde hindurch bewegen, konnte damals noch keine Rede sein, da man ja davon ausging, daß in der unterirdischen Welt ewige Finsternis herrsche, so daß sich dort keine leuchtenden Gestirne befinden konnten.

Östliche und westliche Himmelsrichtung werden in der »Odyssee« nach dem Auf- und Untergang der Sonne bestimmt. Hinweise darauf, wie (und ob überhaupt) man Norden und Süden bestimmte, fehlen. Allerdings werden im gleichen Epos vier Winde erwähnt – der Euros, der Notos, der Zephyros und der Boreas –, die offenbar den vier Himmelsrichtungen entsprachen.

Die geographischen Kenntnisse, die in der »Ilias« mitgeteilt werden, sind auf die Balkanhalbinsel, das Ägäische Meer einschließlich der kleinasiatischen Küste und die Insel Kreta beschränkt. In der »Odyssee« wird Ägypten erwähnt, das an einigen Stellen des Epos mit dem Nil gleichgesetzt wird. Die Identifizierung der Mehrzahl der Orte, an denen Odysseus während seiner Irrfahrten weilte, mit bekannten geographischen Örtlichkeiten bereitet große Schwierigkeiten. Über weiterreichende geographische Kenntnisse verfügte offenbar Hesiod. So kennt er den feuerspeienden Berg Ätna, der bei Homer nirgends erwähnt ist, und auch sein Verzeichnis der Flüsse enthält Namen, die in den homerischen Epen nicht begegnen (Eridanos, Phasis).

So also sah die Welt im Bewußtsein eines gewöhnlichen Griechen der vorwissenschaftlichen Epoche aus. Es ist natürlich denkbar, daß einzelne gesellschaftliche Gruppen, etwa die Seefahrer oder die Kaufleute, reichhaltigere und genauere Kenntnisse des damaligen Mittelmeerraumes besaßen, doch haben wir keine schriftlichen Zeugnisse, in denen diese Kenntnisse ihren Niederschlag gefunden hätten.

Vielschichtig und strittig ist die Frage der östlichen Einflüsse auf die frühgriechische Wissenschaft im ganzen (d. h. über die kosmogonischen Vorstellungen der vorsokratischen Philosophen hinaus). Die ersten zögernden Schritte dieser Wissenschaft gehören, wie wir bereits wissen, erst dem 6. Jahrhundert v. u. Z. an. Es wäre verwunderlich, wenn diese Schritte gänzlich unabhängig und ohne jede Anleihe bei den Ägyptern, den Babyloniern, den Persern und anderen Völkern erfolgt wären, die Kleinasien und den Mittelmeerraum bewohnten. Dies um so mehr, als gerade zu jener Zeit, d. h. im 7. bis 6. Jahrhundert v. u. Z., die Handelsbeziehungen zwischen zahlreichen griechischen Städten und den Ländern des Nahen Ostens besonders rege werden. An der syrischen und der ägyptischen Küste werden griechische Ansiedlungen gegründet, die als Mittler zwischen der griechischen Welt und den östlichen Zivilisationen fungieren. In Kleinasien übernahmen diese Vermittlerrolle die nichtgriechischen Staatswesen, die auf den Trümmern des hethitischen Reiches entstanden waren (Lydien, Kilikien, Phrygien u. a.). Zahlreiche junge Griechen wanderten aus, um im medischen, persischen oder sogar babylonischen Heer zu dienen, was zu jener Zeit nicht als verwerflich oder unpatriotisch galt. Alle diese Kontakte mußten mit Notwendigkeit dazu führen, daß die Griechen gewisse Elemente der Kulturen der Länder übernahmen, in denen sie Aufnahme fanden. Offen sind dagegen der Charakter und das Ausmaß dieser Anleihen.

In erster Linie handelte es sich jedenfalls um Übernahmen der allgemeinen Kultur der Gastländer, die keinen unmittelbaren Bezug zu wissenschaftlicher Tätigkeit hatten, nichtsdestoweniger jedoch einen mittelbaren Einfluß auf die Entwicklung der griechischen Wissenschaft ausübten. So hatte etwa die Buchstabenschrift, die zuerst in Syrien entstand und von den Griechen in leicht abgewandelter Gestalt allem Anschein nach von den Phöniziern übernommen wurde, unabsehbare Bedeutung für das Schicksal der griechischen Kultur im ganzen. Die Übernahme der Buchstabenschrift ist etwa dem 10. bis 9. Jahrhundert v. u. Z. zuzuweisen, da die ältesten archäologischen Funde, die griechische Aufschriften tragen, dem Anfang des 8. Jahrhunderts v. u. Z. angehören. Von den Hethitern oder ihren Nachbarvölkern lernten die Griechen die Gewinnung von Eisen, das bereits in der »Ilias« des Homer erwähnt wird. Ursprünglich galt das Eisen als seltenes und kostbares Metall, doch bürgerte es sich allmählich ein und diente zur Herstellung nicht allein von Waffen, sondern auch von Geräten der handwerklichen Produktion, wie Scheren, Sägen, Zangen, Hämmern u. a.

Von den Ägyptern konnten die Griechen einige Errungenschaften der ägyptischen Mathematik übernehmen, die, wie wir bereits gesehen haben, rein praktischen Charakter hatte. Dazu zählten die einfachsten geometrischen Verhältnisse, die annähernde Bestimmung von Flächeninhalten, Volumina und Entfernungen sowie die Grundrechnungsarten einschließlich der Operation mit den einfachsten Brüchen. Dabei ist festzuhalten, daß alles, was mit der Kunst des Rechnens zusammenhing, bei den Griechen die Bezeichnung »Logistik« trug. Darunter ist eine spezielle Sparte der beruflichen Tätigkeiten zu verstehen. Sie wurde als Aufgabe etwa der Kaufleute, der Steuereinnehmer und der Geldwechsler angesehen und hatte keine unmittelbare Beziehung zur theoretischen Mathematik, die sich eigenständig und unabhängig von praktischen Bedürfnissen zu entwickeln begann. Von den Verfahrensweisen der griechischen »Logistik« besitzen wir so gut wie keine Kenntnis, da uns keine Texte in der Art der ägyptischen Papyri oder der Keilschrifttäfelchen vorliegen, in denen die betreffenden Verfahrensweisen dargestellt wären. Es ist jedoch sehr wahrscheinlich, daß die griechische »Logistik« auf den ägyptischen Rechenmethoden fußte, mit denen die Griechen ohne Zweifel wohlvertraut waren.

Die Griechen der klassischen Zeit begegneten der ägyptischen Kultur mit großer Hochachtung. Verschiedentlich heben die griechischen Autoren die jahrhundertealte Weisheit der ägyptischen Priester hervor, neben der die wissenschaftlichen Errungenschaften der Griechen als unreife Versuche von Neulingen erschienen. Entsprechende Äußerungen finden sich etwa in den Platonischen Dialogen. In Wirklichkeit verfügten die ägyptischen Priester, soweit wir heute urteilen können, zumindest auf dem Gebiet wissenschaftlicher Erkenntnisse über keine besondere »Weisheit«. Dabei ist keineswegs ausgeschlossen, daß sie selbst die Gerüchte nährten, sie seien im Besitz einer esoterischen, vor Nichteingeweihten geheimgehaltenen Wissenschaft. Da die Griechen aufgrund der Sprachbarriere und der Schwierigkeiten der Aneignung der ägyptischen Hieroglyphenschrift nicht die Möglichkeit hatten, sich von der Richtigkeit oder Falschheit dieser Gerüchte zu überzeugen, glaubten sie den ägyptischen Priestern bereitwillig, und dieser Glaube sollte über viele nachfolgende Jahrhunderte lebendig bleiben. So behauptete der Historiker Diodoros aus Agyrion, der im 1. Jahrhundert v. u. Z. schrieb, daß sowohl die ältesten Dichter und Gesetzgeber – Orpheus, Musaios, Homer, Lykurgos und Solon – als auch die Gelehrten – Platon, Pythagoras, Eudoxos, Demokrit und Oinopides von Chios – in Ägypten gewesen seien und Gespräche mit den ägyptischen Priestern geführt hätten. Eben von den Ägyptern hätten sie ihre Lehren, staatlichen Verordnungen und Künste übernommen und nach Griechenland gebracht. Dies gälte insbesondere von der Geometrie, der pythagoreischen Lehre von den Zahlen und der Seelenwanderung, von den astronomischen Kenntnissen des Demokrit, den gesetzgeberischen Entwürfen Platons usw. Solche Behauptungen gehören selbstverständlich ins Reich der historischen Legenden, die nur geringe Beziehung zur Wirklichkeit haben.

Wenden wir uns den griechisch-babylonischen Beziehungen zu. Gerade von den Babyloniern konnten die Griechen vieles lernen, wovon sie selbst keine Vorstellung hatten. Die lebhaftesten Kontakte der Griechen mit den Babyloniern gehören der Periode des sogenannten Neubabylonischen Reiches an, das mehr als siebzig Jahre – vom Fall der assyrischen Herrschaft (612 v. u. Z.) bis zur Eroberung Babylons durch den Perserkönig Dareios (538 v. u. Z.) – währte. In eben diese Zeit fallen die Anfänge der griechischen Wissenschaft. Unter dem Oberbefehl der babylonischen Herrscher kämpften zu jener Zeit zahlreiche Griechen, darunter etwa der Bruder des berühmten Dichters Alkaios. Zugleich blühte zwischen den Städten des kleinasiatischen Jonien und Babylon ein lebhafter Handel. Es ist jedoch bezeichnend, daß den Griechen die größten Leistungen der Babylonier auf dem Gebiet der Algebra und der astronomischen Beobachtung bis in die hellenistische Zeit, deren Beginn die Feldzüge Alexanders des Großen bezeichnen, unbekannt blieben. Offenbar hatten die Griechen, die im 7. und 6. Jahrhundert v. u. Z. mit den Babyloniern Handel trieben oder in ihren Diensten standen, keinen Kontakt zu den babylonischen Mathematikern und Astrologen, die über die betreffenden Kenntnisse verfügten. Statt dessen konnten die Griechen von den Babyloniern zahlreiche konkrete Gegenstände von praktischer Bedeutung übernehmen. Zu diesen zählt Herodot zwei Arten von Sonnenuhren – den Gnomon und den Polos – und die Einteilung des Tages in zwölf Stunden. Letztere hing offenbar mit der Anzahl der Tierkreiszeichen zusammen, deren Namen ebenfalls aus Babylonien stammen und in Griechenland in der Mitte des 6. Jahrhunderts v. u. Z. bekannt wurden.

Auch die ältesten geographischen Karten wurden bei den Babyloniern entdeckt. Später begannen griechische Gelehrte, ähnliche Karten zu erstellen.

Die dritte Großmacht, mit der die Griechen in dieser Zeit in unmittelbarer Verbindung standen, war Persien. Im Unterschied zu den babylonischen »Chaldäern« waren die persischen »Magier« in geringerem Maße an Mathematik und Astronomie interessiert. Jedenfalls wissen wir nichts davon, daß sie über Einsichten auf diesen Gebieten verfügten. Statt dessen besaßen sie eine äußerst interessante religiös-philosophische Tradition, deren ältestes Zeugnis, die Hymnen des Avesta, des heiligen Buches der alten Iraner, darstellen. Im Gefolge der reformatorischen Predigertätigkeit des Zoroaster (Zarathuštra) war die iranische Religion, der Mazdaismus, von ihren archaischen Elementen gereinigt worden und hatte einen für jene Zeit ungewöhnlich abstrakten und erhabenen Charakter angenommen. Als oberste Gottheit erscheint darin Ahuramazda (Ormazd), der Gott des Guten und des Lichts, dem Angra Mainyu (Ariman), der Geist des Bösen, gegenübersteht. Der Kampf des guten und des bösen Prinzips stellte nach Ansicht der Mazdaisten das Wesen des Weltprozesses dar. Das Fehlen eines ausgeprägten Anthropo- oder Zoomorphismus stellte den Mazdaismus in scharfen Kontrast zu den religiösen Vorstellungen der Mehrzahl der übrigen Völker der Zeit und mußte auch die Aufmerksamkeit der Griechen auf sich lenken. So schrieb beispielsweise Herodot:

»Was die Gebräuche der Perser angeht, so kann ich von ihnen folgendes mitteilen. Die Errichtung von Götterbildern, Tempeln und Altären ist bei den Persern nicht üblich. Diejenigen aber, die solches tun, halten sie für Dummköpfe, und zwar, wie mir scheint, weil sie die Götter überhaupt nicht für menschenähnliche Wesen halten, wie es die Hellenen tun. So bringen sie dem Zeus Opfer auf den Gipfeln der Berge und nennen das ganze Himmelsgewölbe Zeus. Sie opfern auch der Sonne, dem Mond, der Erde, dem Wasser und den Winden.«

Nach seiner Gewohnheit nennt Herodot Ahuramazda mit griechischem Namen. Auffallend ist, daß er bei der Gegenüberstellung der persischen und der griechischen Glaubensvorstellungen offen mit den ersteren sympathisiert. Der Anthropomorphismus der überkommenen griechischen Religion war für den denkenden Griechen der Zeit bereits unbefriedigend geworden. Lange vor Herodot waren zahlreiche Elemente der religiösen (und kosmologischen) Vorstellungen der Iraner in Griechenland von den Orphikern, von Pherekydes aus Syros und von Autoren des 6. Jahrhunderts wie Anaximandros, Heraklit und möglicherweise Xenophanes übernommen worden.

Alle bisher genannten Vorstellungen und Entlehnungen beeinflußten die Herausbildung der frühgriechischen Wissenschaft. Der Leser mag über ihren heterogenen Charakter erstaunt sein: Was haben etwa die überkommenen kosmogonischen Mythen mit Sonnenuhren und der Berechnung von Flächen gemein? In Wirklichkeit entsprach jedoch der Synkretismus der frühen Wissenschaft eben der Vielfalt der in sie eingeflossenen Elemente.

Schließlich müssen wir bei einem weiteren Faktor verweilen, der einen wenn nicht direkten, so doch erheblichen mittelbaren Einfluß auf die Anfänge des wissenschaftlichen Denkens der Griechen ausübte.

In der Einleitung haben wir darauf hingewiesen, daß zwischen der Sphäre der materiellen Produktion und den Leistungen der antiken Wissenschaft nicht jene Wechselwirkung bestand, die wir in unseren Tagen beobachten können und die zum charakteristischen Merkmal des wissenschaftlich-technischen Fortschritts der letzten Jahrhunderte geworden ist. Diese Feststellung ist zweifellos zutreffend. Gleichwohl hätte die griechische Wissenschaft kaum Wissenschaft werden können, wenn die handwerkliche Produktion und die Ingenieurtätigkeit der Griechen nicht das Niveau erreicht hätten, auf dem wir sie zu Beginn des 4. Jahrhunderts v. u. Z. antreffen.

Während des vierten und dritten Jahrtausends vor unserer Zeitrechnung vollzog sich in einigen Gebieten der Erde – vor allem in den Tälern des Nils und des Indus, in Mesopotamien, in Kleinasien und in China – eine Reihe von Veränderungen auf dem Gebiet der materiellen Produktion, die zusammengenommen zu Recht als die erste technische Revolution in der Geschichte der Menschheit bezeichnet werden können. Diese Veränderungen vollzogen sich im Gefolge des Übergangs der Stämme, welche die genannten Gebiete bewohnten, von der nomadischen zur seßhaften Lebensweise, der mit der Konsolidierung des Ackerbaus als der grundlegenden Form der Produktionstätigkeit verbunden war. Diese ging mit der Entwicklung von Verfahrensweisen der Landbestellung und -bewässerung, mit der Aneignung neuer Feldkulturen usw. einher, die ihrerseits ortsfeste Ansiedlungen erforderten. Zu den bedeutendsten Erfindungen, die diese Revolution auszeichneten, ist die Entdeckung des Prinzips des Rades zu zählen, die einerseits zur Erfindung der Töpferscheibe, andererseits zum Aufkommen neuer Fortbewegungsmittel führte, ferner die Erfindung des Webstuhls, dessen Prinzip bis in unsere Tage unverändert blieb, und endlich das Aufkommen der metallurgischen Produktion, die die Verfahrensweisen der Gewinnung und der Bearbeitung von Metallen (anfangs Bronze, später Eisen) umfaßte.

Die Stämme, die im dritten und zweiten Jahrtausend v. u. Z. das Gebiet der Ägäis und der Balkanhalbinsel besiedelten, übernahmen die genannten Errungenschaften von ihren östlichen Nachbarn und entwickelten sie, wie die archäologischen Ausgrabungen zeigen, zu hoher Vollkommenheit. Es war dies die Epoche der kretisch-mykenischen Zivilisation, die man heute häufiger die ägäische nennt und die ihre retrospektive und daher in mancher Beziehung verzerrte Widerspiegelung in den homerischen Epen fand. Ungeachtet mehrfacher Einfälle primitiver kriegerischer Stämme aus dem Norden, deren bedeutendster und verheerendster der Einfall der Dorer gegen Ende des 11. Jahrhunderts v. u. Z. war, blieben die tieferen Grundlagen der ägäischen Zivilisation unangetastet. Im Anschluß an die sogenannte »dunkle Zeit«, die die Historiker auf das 10. und 9. Jahrhundert v. u. Z. datieren, vollzog sich in einer Reihe von Städten der Balkanhalbinsel und insbesondere an der Westküste Kleinasiens eine allmähliche Wiedergeburt der städtischen Kultur, die allerdings im Vergleich zu der für die kretisch-mykenische Epoche charakteristischen Ausprägung eine wesentlich andere Gestalt annahm. Die bedeutsamsten Veränderungen vollzogen sich auf sozialpolitischem Gebiet. Anstelle der absoluten Monarchien der ägäischen Welt, die in vielem an die entsprechenden Herrschaftsgebilde in den Ländern des Nahen Ostens erinnern, bildet sich die Form des Stadtstaates (der Polis) heraus, die sich rasch entwickelt und in der Folgezeit zu einer spezifischen Besonderheit der griechischen Welt wird.

Nach der Zerstörung der Staatsformen der kretisch-mykenischen Epoche und während des gesamten Verlaufs der »dunklen Zeit« bleibt die Landwirtschaft in Griechenland die grundlegende Form der materiellen Produktion. Über den Charakter der landwirtschaftlichen Tätigkeit der Zeit, über die Probleme und Schwierigkeiten, vor die sich der griechische Bauer gestellt sah, und über die Klassenbeziehungen, die allerdings erst für das Ende dieser Periode charakteristisch sind, gibt Hesiod in seinem Epos »Werke und Tage« ausführliche und wertvolle Auskunft. Im Verlauf der Zeit erwiesen sich jedoch die örtlichen landwirtschaftlichen Ressourcen in zahlreichen griechischen Staaten als unzureichend für die Ernährung der rasch anwachsenden Stadtbevölkerung. In Zusammenhang damit sind zwei Erscheinungen zu beobachten, die in mancher Hinsicht den Gang der griechischen Geschichte der Folgezeit bestimmt haben.

Die erste dieser Erscheinungen ist die Kolonisation. In großer Zahl verließen die Griechen ihre Heimat und begaben sich auf der

Suche nach besseren Lebensbedingungen in fremde Länder, vorab nach Süditalien und an die Küsten des Schwarzen Meeres, wo weite Flächen fruchtbaren unbebauten Landes offenstanden. Die neuen Ansiedlungen, die dort gegründet wurden, entwickelten sich zu eigenständigen Stadtstaaten, die jedoch enge wirtschaftliche und kulturelle Beziehungen mit der heimatlichen Polis unterhielten. Die größte Anzahl derartiger Kolonien (der Begriff ist nicht im heutigen Sinne, sondern in der spezifischen Bedeutung der Zeit zu verstehen) gründete Milet, das im 8. bis 6. Jahrhundert v. u. Z. die bedeutendste und blühendste Stadt des jonischen Kleinasien war. Die Kolonien lieferten den heimatlichen Poleis landwirtschaftliche Produkte, in erster Linie Weizen. Im Austausch erhielten die Einwohner der neuen Ansiedlungen aus Griechenland Erzeugnisse der handwerklichen Produktion, die sie sowohl für den eigenen Bedarf als auch für den Handel mit der örtlichen Urbevölkerung verwendeten.

Die zweite, mit der vorangehenden aufs engste verbundene Erscheinung bestand in der beschleunigten Entwicklung der Produktion von Waren, die für den Export bestimmt waren. Produkte der Töpferkunst (die berühmten »griechischen Vasen«), Textilerzeugnisse (für die vor allem Milet bekannt war), Metallarbeiten jeglicher Art, Schmiedestücke aus Gold und Silber wurden nicht allein in die Kolonien, sondern auch in andere Länder exportiert, die mit den griechischen Städten in Handelsbeziehungen standen. Und wenngleich das Handwerk in Griechenland niemals zu den geschätztesten Berufen zählte, nahm die Schicht der Handwerker beständig zu und erlangte in den höchstentwickelten Poleis (etwa in Athen) im Zuge ihrer Demokratisierung bedeutenden Einfluß auf das politische und gesellschaftliche Leben.

Das hohe Niveau des handwerklichen Könnens förderte die Entwicklung des ästhetischen Geschmacks, erforderte jedoch zugleich bestimmte intellektuelle Fähigkeiten: Beobachtungsgabe, Auffassungsvermögen und Kunstfertigkeit, die durch Schulung und Erfahrung gewonnen wurde. Alle diese Eigenschaften wurden unter dem griechischen Begriff τέχνη zusammengefaßt, der zur Bezeichnung des Handwerks wie der Kunst diente. In der Tat war die Grenze zwischen beiden im klassischen Griechenland durchaus fließend. Die griechischen Vasen machen auf uns häufig den Eindruck von Zeugnissen hoher Kunst. Nicht zufällig hatten die Meister, die sie schufen, die Gewohnheit, sie mit ihrem Namen zu signieren, ähnlich wie in unseren Tagen die Künstler ihre Bilder unterzeichnen. Diese Unterschrift zeigt nicht allein den Urheber der

Produkte an, sondern war zugleich eine Art Qualitätssiegel. Die Namen eines Pheidias, Polykleitos oder Praxiteles sind heutzutage jedem gebildeten Menschen als die Namen der größten Bildhauer bekannt, die in ihrer Vollkommenheit unnachahmliche Kunstwerke schufen. Im alten Griechenland dagegen war ihr sozialer Status kaum von dem eines Töpfers oder Juweliers unterschieden.

Ein anderer Berufszweig, der Züge des Handwerks und der Kunst vereinte, war die Architektur. Selbstverständlich haben die Schöpfer der griechischen Tempel die Steine nicht eigenhändig behauen und aufeinandergeschichtet. Sie schufen vielmehr einen detaillierten Entwurf des Gebäudes und leiteten die Bauarbeiten. Dieser Beruf erforderte nicht allein rein technische Kunstfertigkeit und ein hochentwickeltes ästhetisches Empfinden, sondern auch eine nicht geringe mathematische Ausbildung. Als die größte Leistung auf dem Gebiet der Baukunst betrachtete Herodot den Tempel der Hera auf der Insel Samos, der während der Herrschaft des Tyrannen Polykrates (zweite Hälfte des 6. Jahrhunderts v. u. Z.) erbaut und nach seinem Sturz zerstört wurde. Die archäologischen Funde haben erwiesen, daß dieser Tempel auf der Grundlage streng mathematischer Proportionen errichtet wurde. Daraus folgt, daß bereits zu jener Zeit, die mit der Zeit der ersten Schritte der frühgriechischen Wissenschaft zusammenfällt, die griechischen Architekten die entsprechenden mathematischen Kenntnisse besaßen und in der Baupraxis anzuwenden verstanden.

Die zweite bedeutende technische Leistung auf der Insel Samos, von der Herodot berichtet, war die Wasserleitung, die nach einem Entwurf des Eupalinos errichtet wurde. Sie führte durch einen Tunnel, der durch einen Berg gegraben war und eine Länge von mehr als einem Kilometer hatte. Lange Zeit betrachteten die Historiker diese Nachricht des Herodot mit Skepsis, bis gegen Ende des 19. Jahrhunderts eine deutsche archäologische Expedition den Tunnel entdeckte. Das Interessanteste dabei aber war, daß der Tunnel zur Beschleunigung der Bauarbeiten von beiden Seiten des Berges zugleich gegraben worden war. In späterer Zeit legte Heron der Mechaniker, der zu Beginn unserer Zeitrechnung lebte, in seiner Schrift »Über die Dioptra« die geometrische Konstruktion dar, die verwendet werden mußte, damit sich die Arbeiter, die den Tunnel durchbrachen, in der Mitte des Berges trafen. Es war dies eine keineswegs einfache Aufgabe, die nicht allein bestimmte Kenntnisse auf dem Gebiet der Geometrie, sondern auch eine große Genauigkeit bei der Ausführung der geodätischen Messungen erforderte.

Als drittes bemerkenswertes Bauwerk der Samier nennt Herodot den Damm, der den Hafen umgab und eine Länge von etwa 400 m hatte.

Die Kunstfertigkeit der Ingenieure der Insel Samos war offenbar weithin bekannt. Während des Feldzugs des Perserkönigs Dareios gegen die Skythen im Jahre 514 v. u. Z. baute der Samier Mandrokles eine Schiffsbrücke über den Bosporos, auf der das persische Heer von Asien nach Europa gelangte. Herodot schreibt, daß Dareios mit dem Bau der Brücke höchst zufrieden war und Mandrokles reich beschenkte. Einen Teil der königlichen Belohnung verwandte Mandrokles auf die Anbringung eines Freskos in dem erwähnten Tempel der Hera, auf dem König Dareios dargestellt war, der auf einem Thron am Ufer der Meerenge saß und beobachtete, wie sein Heer die Brücke überschritt. Wenig mehr als zwanzig Jahre später stand Dareios' Sohn Xerxes vor einer entsprechenden Aufgabe, als er mit seinem ungeheuren Heer nach Griechenland aufbrach. Es wird berichtet, daß die beiden ersten Brücken, die von phönizischen bzw. ägyptischen Baumeistern errichtet waren, von der Strömung des Hellespont hinweggetragen wurden, weshalb der König befahl, das Meer mit Ruten zu peitschen. Neue und haltbarere Brücken wurden unter der Leitung griechischer Ingenieure (Harpalos?) errichtet, die ihren Landsleuten damit keinen guten Dienst erwiesen.

Das rasche Wachstum des griechischen Handels, der vor allem auf dem Seewege erfolgte, war von einer entsprechenden Entwicklung des Schiffbaus begleitet, der hohes technisches Können verlangte. Auf der anderen Seite stellten weite Schiffsreisen über das Schwarze und das Mittelmeer erhöhte Ansprüche an die Kunst der Schiffsführung, die ohne ein Minimum astronomischer Kenntnisse undenkbar war. Nicht zufällig schreibt die Legende dem ersten griechischen Gelehrten Thales die Zusammenstellung eines Handbuches der Schiffsführung zu.

So war die rasche Entwicklung von Handel und Technik eines der Merkmale, die für die griechische Welt des 7. und 6. Jahrhunderts v. u. Z. bestimmend waren. Wenngleich diese Entwicklung keinen unmittelbaren Einfluß auf die Grundproblematik ausübte, welche die griechischen Gelehrten der Zeit interessierte, so diente sie unbestreitbar indirekt als Ansporn des wissenschaftlichen Fortschritts, dabei insbesondere in den Bereichen, die in der Wissenschaft zunächst eine marginale Rolle spielten (hierzu zählte speziell die Mathematik, die zu jener Zeit noch nicht den Status einer eigenständigen theoretischen Disziplin innehatte). Man muß sich in diesem Zusammenhang vor Augen halten, daß in einem technisch rückständigen Land kaum günstige Bedingungen für die Entwicklung der Wissenschaft gegeben sind.

Die Entstehung der frühgriechischen Wissenschaft ist mit dem Sprung der geistigen Entwicklung verbunden, den Griechenland im 6. Jahrhundert v. u. Z. erlebte und der zuweilen als das »griechische Wunder« bezeichnet wird. Im Verlauf einer äußerst kurzen Zeitspanne übernahmen die Griechen die kulturelle Führung unter den Völkern des Mittelmeerraumes und überflügelten die mächtigen älteren Zivilisationen Ägyptens und Babyloniens.

Die gesellschaftliche Grundlage dieses geistigen Sprungs war die Festigung der demokratischen Herrschaftsform in der Mehrzahl der griechischen Poleis. Die Gleichberechtigung der freien Bürger vor dem Gesetz und die Teilnahme eines jeden an der Wahrnehmung der gesellschaftlichen Funktionen trugen zur Entwicklung des bürgerlichen Verantwortungsgefühls und des kritischen Denkens bei. Die Notwendigkeit, in der Volksversammlung öffentlich aufzutreten und seinen Standpunkt überzeugend, d. h. logisch begründet zu verteidigen, führte zur Vervollkommnung der Kunst der mündlichen Argumentation und letzten Endes zur Ausarbeitung von Verfahren der logischen Beweisführung. Die verhältnismäßig geringe Ausdehnung der Städte, die den Aufbau einer verzweigten administrativen Struktur überflüssig machte, und der Wahlcharakter der staatlichen und priesterlichen Ämter hatten zur Folge, daß die griechische Polis keine Beamten- und Priesterschicht kannte, die in den zentralisierten und bürokratisierten Monarchien des Ostens eine so große Rolle spielte.

Alle diese Merkmale zeichneten insbesondere die jonischen Städte aus, die entlang der Westküste Kleinasiens gelegen waren. Es kommen jedoch noch einige spezifische Besonderheiten hinzu, welche die Handelsstädte der Küste von einer Reihe anderer Gebiete des zeitgenössischen Griechenlands unterschieden. Hierzu gehören ihre mehr oder minder gemischte ethnische Zusammensetzung, die Entwicklung der Seefahrt, die wirtschaftlichen und kulturellen Beziehungen zu den Ländern des Ostens und die relative Schwäche der gebürtigen Aristokratie. Alle diese Faktoren schufen zusammen mit einem lebhaften Verstand und einer entwickelten Wißbegierde, welche die Griechen zu allen Zeiten auszeichneten, eine Atmosphäre geistiger Freiheit und Toleranz. Die Beschäftigung mit der Wissenschaft wurde in Jonien nicht durch staatliche oder religiöse Institutionen reglementiert. Sie war Privatsache der freien Bürger und kannte daher nicht die praktische Ausrichtung, welche die ägyptische oder babylonische Wissenschaft auszeichnete.

Die gesellschaftlich-politische Struktur und die historisch-geographische Lage der jonischen Städte erklären einige charakteristische Züge der frühgriechischen Wissenschaft. Wir haben bereits darauf hingewiesen, daß eines dieser Merkmale in der Absage an die religiös-mythologische Motivation und Bildwelt besteht, die sich daraus erklärt, daß die griechischen Gelehrten mit einer Vielfalt religiöser Vorstellungen und Glaubensinhalte in Berührung kamen, die miteinander nicht zu vereinbaren waren. Es wurde offenkundig, daß der Glaube und die Mythologie der Griechen keine allgemeine Geltung besaßen. Die Vermenschlichung der Götter, die in den Epen Homers ihren vollendeten künstlerischen Niederschlag fand, wurde zunehmend als Mangel der herrschenden Religion empfunden. Mit größter Deutlichkeit kam diese Einstellung in den Äußerungen des Dichters Xenophanes aus Kolophon zum Ausdruck, die gegen den Anthropomorphismus und den Polytheismus der überkommenen griechischen Glaubensvorstellungen gerichtet waren. Die jonischen Denker waren bestrebt, ihren Konzeptionen allgemeine Gültigkeit zu verleihen und sie für alle Menschen annehmbar zu machen, unabhängig davon, welche Götter sie verehrten. Dieses Ziel aber konnte nur erreicht werden, wenn man alle mythologischen Motivierungen vermied und die anthropomorphen Gestalten der herrschenden Religion durch die unpersönlichen und allgemeingültigen Kräfte der Natur ersetzte. Dazu galt es, unter diesen Kräften diejenige auszumachen, die Anspruch auf die Stellung eines in genetischer wie in hierarchischer Beziehung höchsten Prinzips erheben konnte. Dabei standen verständlicherweise in erster Linie Elemente wie Feuer, Wasser, Luft und Erde zur Diskussion. Das Wasser wurde, wie wir gesehen haben, bei vielen Völkern mit der ursprünglichen Verfassung der Welt gleichgesetzt, so daß seine Bestimmung zum ursprünglichen kosmogonischen Grundprinzip nicht verwundert. Die Luft (oder der Wind) nahm in den indoiranischen Vorstellungen einen bedeutenden Platz ein und entsprach im Bereich des Mikrokosmos der Seele des Menschen. In der zoroastrischen Religion schließlich wurde dem Feuer besondere Bedeutung beigemessen.

Aus diesen Voraussetzungen erklären sich die Wesensmerkmale der wissenschaftlich-philosophischen Systeme, die zumindest von einigen der jonischen Denker der Frühzeit entworfen wurden.

II. Die frühgriechische Wissenschaft »von der Natur«

Sinn und Bedeutung des Begriffs »Natur«

Die antike Tradition der nacharistotelischen Zeit führt die Mehrzahl der Werke der griechischen Autoren des 6. und 5. Jahrhunderts v. u. Z. unter ein und derselben Bezeichnung: περὶ φύσεως (»von der Natur«). Man darf diese Bezeichnung nicht als den vom Autor gegebenen Titel der betreffenden Schriften verstehen. Die Gelehrten jener frühen Zeit hatten noch nicht die Gewohnheit, ihre Werke in irgendeiner Weise zu überschreiben. Die Bezeichnung ist vielmehr als Hinweis auf die Grundproblematik der betreffenden Texte zu betrachten. Daher erscheint es sinnvoll, vorab die Bedeutung des griechischen Begriffs der »Natur« zu erläutern, und dies um so mehr, als sich diese Bedeutung von der Grundbedeutung des Terminus in den Sprachen der Neuzeit in wesentlichen Zügen unterscheidet.

In unserer Zeit versteht man unter »Natur« vor allem die natürliche Umwelt des Menschen, in der er lebt, die jedoch nicht das Werk seiner Hände ist. Dabei wird die Natur im engeren Sinne mit der Gesamtheit der Besonderheiten des Bodens, des Klimas, der Pflanzen- und Tierwelt usw. gleichgesetzt, die dem betreffenden geographischen Gebiet (dem Land, der klimatischen Zone, dem Kontinent) eigen sind, während unter »Natur« im weiteren Sinne die ganze Welt, das Weltall insgesamt als organische und in gewisser Beziehung gar mit Geist beseelte Einheit verstanden wird. In anderem Sinne haben wir, wenn nicht von der Natur im allgemeinen, sondern von der Natur eines bestimmten Gegenstandes die Rede ist, das hauptsächliche Wesensmerkmal des Gegenstandes, seine grundlegende, meist implizite Eigenart, sein inneres Wesen im Auge.

In der griechischen Sprache begegnet die zweite dieser Bedeutungen, die wir heute für die grundlegende ansehen, erst relativ spät und war für das 6. bis 5. Jahrhundert v. u. Z., als die Abhandlungen »von der Natur« geschrieben wurden, noch keineswegs charakteristisch. Das griechische Wort φύσις, »Natur«, gehört zu dem Verbum φύω, »gebären, hervorbringen, schaffen« (im Medium »entstehen, hervorgehen«). Ursprünglich entsprach es den deutschen Wörtern »Geburt, Ursprung, Entstehung«. Später gliederten sich zwei Bedeutungsgruppen aus: das Wort bezeichnete einerseits das äußere Aussehen, den Wuchs, die Statur, andererseits die innere Struktur, in abstrakterem Sinne das Wesen eines Gegenstandes oder seiner Gattung.

Die ursprüngliche Bedeutung des Terminus φύσις geht dabei keineswegs verloren, sondern bleibt »in abgehobener Gestalt« erhalten: Sowohl die äußere Gestalt als auch die innere Struktur werden als das Ergebnis eines Entstehungs- oder Entwicklungsprozesses verstanden, der dem Entstehungs- und Entwicklungsprozeß eines lebenden Wesens entspricht. Und endlich die letzte, in unserem Zusammenhang wichtigste Bedeutung des Terminus φύσις liegt in der dem gegebenen Gegenstand bzw. der Gattung der Gegenstände innerlich eigenen Kraft oder Gesetzmäßigkeit, welche den Charakter seiner Entwicklung bedingt und dadurch auch seine äußere Gestalt, seine Struktur und zugleich seine inneren Möglichkeiten und sein Verhalten (seine Wirkung) bestimmt. Diese Bedeutung ist insbesondere für Wendungen wie »gemäß der Natur«, »in Einklang mit der Natur« charakteristisch. In diesem Sinne tritt die Natur als natürliche Gesetzmäßigkeit der menschlichen (oder göttlichen) Einrichtung gegenüber: Es ergibt sich die Antithese φύσις–νόμος, die in der Literatur des ausgehenden 5. Jahrhunderts v. u. Z. weite Verbreitung fand.

Zum Abschluß wollen wir die gedrängte und lakonische Begriffsbestimmung der »Natur« anführen, die in späterer Zeit von Aristoteles gegeben wurde: »Die Natur im ersten und ursprünglichen Sinne ist ein Wesensmerkmal, eben das Wesensmerkmal der Dinge, die das Moment der Bewegung in sich selbst, als den Dingen als solchen eigen, besitzen.«

Das Aufkommen eines derart vielschichtigen Begriffes, der in gewisser Weise dem synkretistischen Charakter der frühgriechischen Wissenschaft entspricht, war ein sehr bezeichnendes Faktum. Es bedeutete den Ersatz aller übernatürlichen, göttlichen und vom Standpunkt des betreffenden Gegenstands äußerlichen Faktoren durch natürliche Ursachen, die im Gegenstand selbst zu suchen sind. Zwar werden diese Ursachen noch nicht unterschieden und analysiert, sondern fließen in den einen, allgemeinen und undifferenzierten Begriff der »Natur« zusammen. Doch selbst in dieser Gestalt stellt die neue Formulierung der Frage nach den Ursachen allen Geschehens einen bedeutsamen Schritt in der Herausbildung des rationalen theoretischen Denkens dar.

Nunmehr sind wir imstande, eine genauere Bestimmung der Wissenschaft »von der Natur« zu geben. Es war dies die Wissenschaft von den natürlichen Ursachen der Entstehung, der Entwicklung und des Aufbaus der Welt als eines Ganzen und ihrer einzelnen Bestandteile. Später bezeichnete Aristoteles diese Wissenschaft nach dem Terminus φύσις als »Physik« und die Denker, die sich mit ihr befaßten, als »Physiker« oder »Physiologen«. Von Haus aus trug sie dagegen keinerlei Bezeichnung.

Die milesische Schule

Als erster Höhepunkt der griechischen Wissenschaft gilt der antiken Tradition das Werk des Milesiers *Thales*. Er trieb Handel, reiste viel und war einer der einflußreichsten und angesehensten Bürger seiner Stadt. Man bestimmt die Lebenszeit des Thales anhand von Nachrichten, wonach er die vollständige Sonnenfinsternis des Jahres 585 v. u. Z. vorhersagte (davon berichten vor allem Xenophanes und Herodot), obgleich die Möglichkeit einer solchen Vorhersage, selbst wenn man die Vertrautheit des Thales mit den Berechnungen der babylonischen Astrologen unterstellt, in unseren Tagen angezweifelt wird. Wissenschaftliche Werke hat Thales allem Anschein nach nicht hinterlassen, und über den Inhalt seiner Lehre herrschten bereits zur Zeit des Aristoteles nurmehr sehr allgemeine Vorstellungen.

Die grundlegenden Annahmen der kosmologischen Konzeption des Thales laufen auf zwei Punkte hinaus: 1. Alles ist aus dem Wasser entstanden. 2. Die Erde schwimmt auf dem Wasser wie ein Stück Holz. Es ist durchaus wahrscheinlich, daß Thales zu diesen Annahmen unter dem Einfluß der kosmogonischen Mythen des Ostens gelangte, mit denen er anläßlich seiner Reisen nach Ägypten und Mesopotamien in Berührung gekommen sein mag. Es gibt überdies Nachrichten, daß Thales eine Lehre von der allgemeinen Beseeltheit der Dinge entwickelte – die insbesondere dem Magneten, der Eisen anzieht, eine Seele zuschrieb – und die Auffassung vertrat, daß »alles voller Götter« sei.

Im Altertum wurden Thales zahlreiche Entdeckungen auf dem Gebiet der Mathematik und der Astronomie zugeschrieben, doch steht die Glaubwürdigkeit dieser Nachrichten dahin. Der Neuplatoniker Proklos berichtet unter Berufung auf Aristoteles' Schüler Eudemos von geometrischen Theoremen, die Thales als erster bewiesen haben soll (die Gleichheit der Basiswinkel des gleichschenkligen Dreiecks, die Gleichheit der durch den Durchmesser geschiedenen Teile des Kreises usw.). Die Wissenschaftsgeschichte beurteilt diese Nachrichten unterschiedlich. So ist etwa van der Waerden der Auffassung, daß das Zeugnis des Eudemos volles Vertrauen verdient und daß eben Thales, gestützt auf die Leistungen der Ägypter und Babylonier, den Beweis in die Geometrie einführte und der Disziplin damit eine logische Grundlage gab. Andere Forscher nehmen an, daß die Beweise des Thales noch nicht streng logischen Charakter hatten, sondern eher auf dem Verfahren aufeinandergelegter und gegeneinander gedrehter Zeichnungen beruhten. Eine skeptische Haltung nimmt insbesondere O. Neugebauer ein, der die Auffassung vertritt, die überlieferten Nachrichten von den angeblichen Entdeckungen des Thales seien als unhistorisch zu verwerfen.

Gleichwohl kann man den Ruhm des Thales als Mathematiker nicht gänzlich in das Reich Legenden verweisen, da er durch hinreichend frühe Quellen bezeugt ist. Man denke z. B. an die Erwähnung des Thales als Mathematiker in den »Vögeln« des Aristophanes. Es ist durchaus möglich, daß Thales, nachdem er in den Ländern des Ostens mit einigen der dort zur Lösung praktischer Aufgaben verwendeten geometrischen Annahmen bekannt geworden war, als erster ein theoretisches Interesse an diesen Annahmen zeigte und sie irgendwie zu begründen suchte.

Anaximandros, der im Altertum als Schüler und Nachfolger des Thales galt, lebte bis in die vierziger Jahre des 6. Jahrhunderts v. u. Z. Seine Lehre legte er in einer Prosaschrift dar, die als das erste wissenschaftliche Werk in der Geschichte des europäischen Denkens angesehen werden kann. Leider ist von diesem Werk lediglich ein einziger Satz auf uns gekommen, der zeigt, daß es in einem bildhaften, gehobenen Stil geschrieben war. Indirekte Zeugnisse über die Lehre des Anaximandros erlauben jedoch eine verhältnismäßig genaue Rekonstruktion ihrer grundlegenden Thesen. Der Lehre des Anaximandros lag eine detailliert ausgeformte kosmogonische Konzeption zugrunde. Der Urgrund alles Seienden war für Anaximandros bereits nicht mehr das Wasser, sondern ein ewiges und grenzenloses Prinzip, das er nach den Nachrichten späterer Quellen »göttlich« nannte und von dem er behauptete, daß es »alles lenkt«. Nach einer auf Aristoteles zurückgehenden Tradition ist dieses Prinzip gewöhnlich als ein eigenschaftsloser und unbestimmter Urstoff behandelt worden, doch wird die traditionelle Auffassung in einer Reihe neuerer Arbeiten angezweifelt.

Die Entstehung der Welt zeichnete Anaximandros als den Kampf und die Absonderung von Gegensätzen (in erster Linie des Gegensatzes warm–kalt), wobei er offenbar noch keine Unterscheidung zwischen den Begriffen der Kraft, der Eigenschaft und des Stoffes traf. Im Schoße des unermeßlichen Urprinzips entsteht gleichsam der Keim der künftigen Welt, in dem ein feuchter und kalter Kern von einer feurigen Hülle umschlossen ist. Unter der Einwirkung der Hitze dieser Umhüllung trocknet der feuchte Kern allmählich aus, wobei die austretenden Dämpfe die Hülle aufblasen, die schließlich birst, wobei sie in eine Reihe von Ringen (oder »Rädern«) zerfällt. Als Ergebnis dieser Prozesse vollzieht sich im Zentrum der Welt die Herausbildung der festen Erde. Sie hat die Form eines Zylinders, dessen Höhe einem Drittel des Durchmessers der Grundfläche entspricht. Dieser Zylinder verharrt ohne Auflage unbeweglich im Zentrum der Welt, da er keinen Grund hat, sich in irgendeiner Richtung zu bewegen. Die Sterne, der Mond und die Sonne sind von der Erde 9, 18 bzw. 27 Radien der Erdscheibe entfernt. Diese Himmelskörper stellen Öffnungen in den dunklen Luftröhren dar, welche die um die Erde rotierenden Feuerringe umgeben, die einst Teil ihrer äußeren feurigen Umhüllung waren. Mit Hilfe dieses Bildes erklärt Anaximandros eine Reihe astronomischer und meteorologischer Erscheinungen.

Die Lebewesen entstanden nach Anaximandros in dem feuchten Schlamm, der anfangs die ganze Erde bedeckte. Als die Erde auszutrocknen begann, sammelte sich die Feuchtigkeit in den Erdvertiefungen und bildete die Meere. Dabei wechselten einzelne Lebewesen aus dem Wasser auf das trockene Land. Unter ihnen waren fischähnliche Wesen, aus denen die Menschen hervorgingen. Indem die Menschen heranwuchsen, begann die Schuppenhaut, die sie anfangs bedeckte, zu bersten und abzufallen. Einige Forscher erblicken in dieser Konzeption die erste Andeutung einer Evolution der Tierwelt.

Anaximandros verstand die Entstehung und die Entwicklung der Welt als einen periodisch wiederholten Prozeß. Nach einer bestimmten Zeitspanne wird die Welt erneut von dem unbegrenzten Urstoff verschlungen. Ob Anaximandros die gleichzeitige Existenz mehrerer Welten vertrat, ist in der Forschung umstritten. In einigen Darstellungen seiner Lehre findet sich der Ausdruck κόσμοι, der jedoch nicht »Welten«, sondern etwas anderes bezeichnet. Möglicherweise handelt es sich dabei um die nach den genannten Zahlenverhältnissen geordneten Schichten (oder Sphären) unserer Welt.

Es ist nicht ausgeschlossen, daß der Darstellung der Kosmogonie und der allgemeinen Kosmologie im Werk des Anaximandros ein geographischer Teil folgte, der eine Beschreibung der den Griechen zu jener Zeit bekannten οἰκουμένη (des »bewohnten« Erdkreises) enthielt. Jedenfalls teilen die Quellen mit, daß Anaximandros der erste war, der eine geographische Karte der Erde zeichnete, auf der die gesamte Ökumene in zwei umfangreiche und annähernd gleichgroße Teile zerfiel: Europa und Asien. Überdies wird ihm eine Einführung in den Gebrauch des Gnomons (Sonnenuhr) zugeschrieben.

Das Verdienst des Anaximandros in der Geschichte der Wissenschaft besteht vorab darin, daß er die Anthropomorphisierung und Mythologisierung des Bildes der Weltschöpfung aufhob. Das Bild selbst, in kühnen und klaren Farben entworfen, stellt insgesamt eine originelle Schöpfung des Anaximandros dar, wenngleich er einzelne seiner Elemente möglicherweise den kosmologischen Vorstellungen der Völker des Ostens entnahm. Hierzu zählt M. L. West das Bild der Feuerringe, die Zahlenverhältnisse, welche die Entfernung der Himmelskörper vom Zentrum der Welt bestimmen, den zyklischen Charakter des Prozesses der Weltschöpfung und auch den Begriff des ewigen und grenzenlosen Urprinzips selbst. Es wäre verfehlt anzunehmen, daß Anaximandros die alltägliche menschliche Erfahrung gänzlich ignoriert hätte, doch berücksichtigt er ihre Einsichten allein bei der Ausarbeitung der Details seines Weltsystems, nicht aber bei der Errichtung seines Grundschemas, das rein spekulativen Charakter hat. Wenngleich Anaximandros keine wissenschaftliche Entdeckung machte, die Anspruch auf Allgemeingültigkeit erheben könnte, so sind in seiner Lehre doch die Grundlagen für die weitere Entwicklung der griechischen Wissenschaft gelegt.

Anaximenes, der dritte bedeutende Vertreter der milesischen Schule, lebte wenig später als Anaximandros, doch besitzen wir keine genaueren Zeitangaben über seine Lebenszeit. Wie Anaximandros schrieb auch er ein einziges Werk, dessen Inhalt uns allein aus indirekten Zeugnissen bekannt ist. Nach Auskunft der antiken Quellen war es in einfacher und klarer Prosa geschrieben.

Als Urgrund alles Seienden nahm Anaximenes die grenzenlose Luft an. Die Dinge entstehen aus der Luft durch Verdünnung oder Verdichtung, wobei die Verdünnung mit einer Erwärmung, die Verdichtung mit einer Abkühlung verbunden ist. Die Luft befindet sich in ununterbrochener Bewegung. Wäre sie unbewegt, so könnte sie sich nach der Ansicht des Anaximenes nicht verändern und die vielgestaltigen Dinge hervorbringen. Es gibt ein Zeugnis, das von manchen Forschern als ein entstelltes Zitat aus dem Werk des Anaximenes angesehen wird. Danach verglich der Autor das Verhältnis der Luft zur Welt dem Verhältnis der Seele zum Körper.

Die Einzelheiten der kosmogonischen Konzeption des Anaximenes sind mangelhaft bekannt. Es wird berichtet, daß infolge der Verdichtung der Luft, die anschaulich mit dem Walken der Wolle verglichen wird, zuerst die flache (»scheibenförmige«) Erde entstand, die wie ein »Sattel« in der Luft schwebt. Darauf bildeten sich die Meere, die Wolken und die übrigen Dinge. Die Himmelskörper entstehen aus den Ausdünstungen der Erde, die durch Aufstieg und Verdünnung flüssige Natur annehmen. Die Fixsterne sind an das feste Himmelsgewölbe wie Nägel geschlagen, die übrigen Sterne (die Planeten?) sowie Sonne und Mond schweben in der Luft wie feurige Blätter. Auf diese Weise rückte Anaximenes im Gegensatz zu Anaximandros Sonne und Mond im Verhältnis zu den Fixsternen näher an die Erde. Wenn sie hinter dem Horizont verschwinden, so sinken die Himmelskörper nicht unter die Erde, sondern wandern hinter ihrem erhöhten nördlichen Rand entlang. In Zusammenhang damit vergleicht Anaximenes die Drehung des Himmelsgewölbes mit der Drehung einer Mütze auf dem Kopf.

In den Schlußfolgerungen des Anaximenes spielt, wie man sieht, die Methode des Analogieschlusses eine wesentliche Rolle. Im Vergleich mit dem erhabenen und auf streng mathematische Verhältnisse gegründeten Bild der Weltschöpfung bei Anaximandros mögen die Anschauungen des Anaximenes gedanklich ärmer und erdverbundener erscheinen. Nichtsdestoweniger stellen sie in bestimmter Beziehung einen wesentlichen Fortschritt dar. Neu ist bei Anaximenes vor allem die Behandlung des Urstoffs nicht allein als Quelle, sondern auch als Substrat der Gegenstände unserer Umwelt. Daher steht sein Urstoff der Luft der Urmaterie des Aristoteles näher als dem in physikalischer Hinsicht unbestimmten und göttlichen Prinzip des Anaximandros. Von großer Bedeutung war zudem, daß Anaximenes einen konkreten physikalischen Mechanismus erdachte, durch den alle denkbaren Dinge aus der Luft hervorgingen. Zum ersten Male wurde hier die Frage aufgeworfen, auf welche Weise qualitative Veränderungen möglich sind. Die Versuche, dieses Problem zu lösen, zählen zu den Anstößen für die Ausarbeitung der atomistischen Lehre. Endlich verrät die Konzeption des Anaximenes in weitaus geringerem Maße als die Kosmologie des Anaximandros den Einfluß der religiös-mythologischen Vorstellungen des Ostens und bewegt sich eher im Rahmen der einheimischen »meteorologischen« Tradition.

Die Pythagoreer

Wenn wir von der milesischen Schule sprechen, so bedeutet diese Bezeichnung nicht mehr, als daß die drei Vertreter dieser »Schule« Bürger der Stadt Milet waren. In ihren Anschauungen sind sie einander jedoch so wenig ähnlich, daß man im vorliegenden Fall Mühe hat, jene Kontinuität der Gedanken festzustellen, die gemeinhin die Voraussetzung einer wissenschaftlichen Schule ist. Obwohl Anaximandros als jüngerer Zeitgenosse des Thales mit dessen Lehre sicherlich gut vertraut war und obwohl auch Anaximenes das Werk des Anaximandros zweifellos kannte, kann in ihrem Falle von einer Schule im späteren Sinne des Wortes offenkundig noch keine Rede sein.

In der zweiten Hälfte des 6. Jahrhunderts v. u. Z. entstand dagegen am entgegengesetzten Ende der zeitgenössischen griechischen Welt eine zweite wissenschaftlich-philosophische Schule, die diesen Namen mit größerer Berechtigung verdient, wenngleich auch sie sehr spezifische Eigenheiten aufwies. Es war dies die pythagoreische Schule oder genauer der pythagoreische Bund, der seinen Namen nach seinem Begründer *Pythagoras* trägt. Auch die Entstehung dieser Schule geht letzten Endes auf den jonischen Kulturkreis zurück, denn Pythagoras selbst war von der jonischen Insel Samos gebürtig, die er erst im erwachsenen Alter verließ – nach Ausweis der Quellen, weil er die Herrschaft des berühmten Tyrannen Polykrates ablehnte. Pythagoras reiste viel und lebte offenbar lange Zeit in Ägypten. Nachdem er sich in der süditalienischen Stadt Kroton niedergelassen hatte, gründete er dort eine Art religiös-ethischer Bruderschaft oder Sekte, deren Mitglieder sich verpflichteten, die »pythagoreische Lebensweise« zu befolgen, die neben einem ganzen System asketischer Vorschriften und Verbote auch eine bestimmte Art wissenschaftlicher Betätigung umschloß.

In der Anfangszeit der pythagoreischen Schule hatten die religiös-philosophische Lehre des Pythagoras, der der Glaube an die Unsterblichkeit der Seele und die Seelenwanderung zugrunde lag, und die Ergebnisse der in der Schule betriebenen wissenschaftlichen Forschungen rein esoterischen Charakter. Sie wurden nicht in schriftlicher Form festgehalten. Aus diesem Grunde und weil bei den Pythagoreern die Tradition herrschte, alle Leistungen der Schule ihrem Begründer zuzuschreiben, ist es praktisch unmöglich, den Beitrag, den Pythagoras selbst und seine unmittelbaren Schüler für die Wissenschaft leisteten, von den Ergebnissen zu trennen, die in späterer Zeit von den Vertretern der pythagoreischen Schule erzielt wurden. Die Ansichten der Forschung gehen in diesem Punkte beträchtlich auseinander. Gegenwärtig ist die der »pythagoreischen Frage« gewidmete Literatur nahezu unüberschaubar geworden. Man kann daher lediglich einige Grundtendenzen aufzeigen, die die Entwicklung der wissenschaftsgeschichtlichen Forschung auf diesem Gebiet bestimmen.

Die historische und philologische Forschung früherer Jahrhunderte war geneigt, den Nachrichten des Porphyrios, Iamblichos und anderer Autoren der Spätantike Glauben zu schenken, in denen Pythagoras neben zahlreichen wunderbaren und übernatürlichen Taten auch eine ganze Reihe bedeutenderer Entdeckungen auf den Gebieten der Mathematik, der Astronomie und anderer Wissenschaften zugeschrieben wurde. Später betrachtete man diese Zeugnisse, dem kritischen Geist der neueren Zeit entsprechend, als eine Art der Mythenbildung, die im Schoße der neupythagoreischen und der neuplatonischen Schule gepflegt wurde. Noch zu Beginn des 19. Jahrhunderts glaubte August Boekh, der wohl bedeutendste Erforscher der pythagoreischen Schule, die einzig verläßliche Quelle, die über den Pythagoreismus des 5. Jahrhunderts auf uns gekommen ist, seien Fragmente des Philolaos, des ersten Pythagoreers, der seine Ansichten in schriftlicher Form niederlegte. In der Folgezeit wurden jedoch auch diese Fragmente in Zweifel gezogen. Ihren Höhepunkt erreichte die kritische Richtung der Erforschung der »pythagoreischen Frage« in unserem Jahrhundert in E. Franks Abhandlung über »Plato und die sogenannten Pythagoreer« (1923), die eine radikale Neudatierung der wissenschaftlichen Ergebnisse der pythagoreischen Schule vornahm. Die pythagoreischen Entdeckungen auf dem Gebiet der Mathematik und der Astronomie wurden nach der Ansicht Franks erst nach 400 v. u. Z., also zur Zeit Platons, von Archytas und seiner Schule, dabei nicht ohne den wesentlichen Einfluß der Atomistik des Demokrit gemacht. Von einer pythagoreischen Wissenschaft vor dieser Zeit zu sprechen, haben wir nach Ansicht des Autors keinen Anlaß. Der gleichen Richtung gehört auch W. Burkerts unlängst erschienene Arbeit über die Pythagoreer an, die aufgrund einer detaillierten Analyse aller zur Verfügung stehenden Quellen zu dem Schluß kommt, daß der Beitrag des frühen Pythagoreismus zur Wissenschaft praktisch gleich Null war, da die Zahlenmystik und die Spekulation mit Gegensatzpaaren wie gerade–ungerade oder begrenzt–unbegrenzt, mit der sich die Pythagoreer im wesentlichen beschäftigten, nicht als wissenschaftlich anzusehen seien. Auch die Entdeckung der Inkommensurabilität und andere im eigentlichen Sinne wissenschaftliche Leistungen, welche die antike Tradition auf Pythagoras und seine Schüler zurückzuführen geneigt war, haben nach Ansicht Burkerts mit der pythagoreischen Schule nicht das geringste zu tun.

Neben dieser kritischen Richtung hat in jüngster Zeit mehr und mehr die entgegengesetzte Tendenz an Boden gewonnen, die in den Zeugnissen des Iamblichos und anderer Neuplatoniker, die über Pythagoras schrieben, Nachrichten erkennt, die auf das 4. und gar das 5. Jahrhundert, d. h. auf eine Zeit zurückgehen, in der die von Pythagoras selbst gegründete Schule noch lebendig war. Diese Nachrichten könnten daher Informationen enthalten, die eine reale historische Grundlage hätten. In einer Reihe neuerer Arbeiten ist Material analysiert worden, das von den Philologen bislang gänzlich außer acht gelassen wurde (z. B. numismatische Daten). Dabei stellte sich heraus, daß vieles, was bisher ins Reich der Legende verwiesen wurde, durch diese Daten bestätigt wird. Diese Einsicht führte zu einer veränderten Einstellung gegenüber der früheren überkritischen Richtung, so daß eine Reihe bedeutender Spezialisten der Geschichte der griechischen Wissenschaft nunmehr eine gemäßigtere Haltung einnahmen. Als Vertreter dieser vermittelnden Tendenz kann K. von Fritz gelten, der eine Reihe grundlegender Arbeiten über die frühpythagoreische Wissenschaft veröffentlichte.

In der Tat kann man mit hoher Wahrscheinlichkeit annehmen, daß die pythagoreische Schule vom Zeitpunkt ihrer Gründung an Interesse an mathematischen Problemen hegte und daß der Leitsatz »Alles ist Zahl« auf Pythagoras selbst zurückgeht. Wie in anderen Theorien frühgriechischer Autoren stellte dieser Leitsatz eine Verallgemeinerung aus einer sehr beschränkten Anzahl von Beobachtungen dar. Nicht allein die antiken Zeugnisse, sondern auch die frühe mathematische Terminologie deuten darauf, daß diese Beobachtungen mit der Musik verbunden waren. Von entscheidender Bedeutung war dabei die Entdeckung, daß die Intervalle der Tonleiter in Verhältnissen ganzer Zahlen ausgedrückt werden können: 1:2, 2:3 und 3:4. Diese Entdeckung diente als Anregung für die Suche nach analogen Verhältnissen auf anderen Gebieten, z. B. in der Geometrie und der Kosmologie.

So bestand der Sinn des Leitsatzes »Alles ist Zahl« in der Überzeugung, daß in jedem Ding Zahlen oder Zahlenverhältnisse verborgen sind. Die Aufgabe der Erkenntnis besteht folglich darin, diese Verhältnisse in ähnlicher Weise aufzudecken, wie man sie in der Musik gefunden hatte. Dabei ging es im Prinzip um die Zahlen der ersten Dekade. Einigen dieser Zahlen wurde eine besonders wichtige Rolle zugeschrieben, so der Drei (τριάς), der Vier (τετράς), der Sieben (ἑβδομάς) und der Zehn (δεκάς). Die Eins galt überhaupt nicht als Zahl. Sie war der Ausgangspunkt und der Urgrund aller Zahlen und folglich aller Dinge. Fundamentale Bedeutung maßen die Pythagoreer dem Unterschied zwischen geraden und ungeraden Zahlen zu.

Die Suche nach den Zahlenverhältnissen konnte sich in zweierlei Richtung entwickeln: zum einen in der Richtung der Zahlenmystik, zum anderen in der Richtung der Aufdeckung tatsächlicher zahlenmäßiger Gesetzmäßigkeiten. Beide Richtungen konnten leicht im Rahmen ein und derselben Schule zusammenfinden. Die erstere lassen wir beiseite, da ihre Behandlung den Rahmen einer Wissenschaftsgeschichte überschreitet. Über die mathematischen Entdeckungen der Pythagoreer dagegen werden wir weiter unten im Abschnitt über die Geburt der mathematischen Wissenschaft sprechen. An dieser Stelle wollen wir lediglich ein Beispiel anführen, um zu zeigen, daß die Suche nach den Zahlenverhältnissen in einzelnen Fällen zu rein wissenschaftlichen Ergebnissen führen konnte.

Es ist anzunehmen, daß die Pythagoreer sehr bald darauf aufmerksam wurden, daß sich Strecken, die untereinander im Verhältnis 3:4:5 stehen, zu einem rechtwinkligen Dreieck fügen. Diese Tatsache war in den Ländern des Ostens seit langem bekannt. Zugleich entsprach sie vollkommen dem Geist der pythagoreischen Forschungen, da sich die Eigenschaften der geometrischen Figur in diesem Falle als Verhältnisse ganzer Zahlen ausdrücken ließen. Die weitere Untersuchung des Problems führte zur Verallgemeinerung dieser Verhältnisse und damit zum Beweis des Lehrsatzes, der den Namen des Pythagoras trägt. Ob Pythagoras wirklich der Urheber des Leitsatzes war oder ob er später von einem anderen der Pythagoreer gefunden wurde, werden wir kaum jemals erfahren.

Ein charakteristisches Merkmal der pythagoreischen Lehre war die große Bedeutung, die sie der Rolle der fundamentalen Gegensätze oder Oppositionen wie begrenzt–unbegrenzt, gerade–ungerade, eines–vieles, rechts–links, männlich–weiblich und einigen anderen beimaß. Aristoteles zählt zehn solcher Gegensatzpaare auf, doch wissen wir nicht, ob die Kanonisierung dieser zehn Paare bereits in der Frühzeit des Pythagoreismus erfolgte. Wie wir zu Beginn des ersten Kapitels gezeigt haben, ist die Verwendung analoger Oppositionen als Mittel der Klassifikation und der Ordnung der umgebenden Wirklichkeit ein Merkmal des primitiven, vorwissenschaftlichen Denkens. Zwar fallen die pythagoreischen Gegensätze nicht vollkommen mit dem Inventar von Oppositionen überein, mit

Tabelle 1

Die zehn pythagoreischen Gegensatzpaare		
1. begrenzt	:	unbegrenzt
2. gerade	:	ungerade
3. eines	:	vieles
4. rechts	:	links
5. männlich	:	weiblich
6. ruhig	:	bewegt
7. gerade	:	gebogen
8. hell	:	dunkel
9. gut	:	böse
10. quadratisch	:	rechteckig

denen das mythische Denken primitiver Völker gewöhnlich operiert. So findet man unter diesen Gegensätzen nirgends die Opposition begrenzt–unbegrenzt, die für die Pythagoreer die wichtigste war, ganz zu schweigen von der Opposition quadratisch–rechteckig, in der das geometrische Interesse der Pythagoreer zum Ausdruck kommt. Insgesamt jedoch stellt die Verwendung derartiger Gegensatzpaare durch die Pythagoreer ein archaisches Moment ihrer Lehre dar, und das um so mehr, als jede der von Aristoteles genannten Oppositionen aus zwei Gliedern besteht, deren eines als etwas Positives, Gutes und Günstiges verstanden wird, während das andere die entgegengesetzte Charakteristik erhält (vgl. Tabelle 1).

Dabei ist daran zu erinnern, daß auch in den Lehren von Autoren wie Anaxagoras, Empedokles und später Aristoteles Gegensätze des Typs warm–kalt, trocken–feucht, hell–dunkel eine große Rolle spielen, doch sind die beiden Glieder der Opposition bei ihnen axiologisch neutral.

Aus den Nachrichten des Aristoteles und anderer antiker Autoren kann man schließen, daß die Pythagoreer eine eigene kosmologische Konzeption besaßen, die in eigentümlicher Weise mit den Grundthesen ihrer Lehre von den Zahlen verbunden war. Von dieser Konzeption ist sehr wenig bekannt, doch laufen ihre Grundgedanken offenbar auf folgendes hinaus:

Die ursprüngliche Verfassung der Welt war nach Ansicht der Pythagoreer ein grenzenloses Prinzip, das sie bald mit der unendlichen Leere, bald mit der Luft gleichsetzten. Dabei ist festzuhalten, daß es zu jener Zeit noch keinen klar umrissenen Begriff des leeren Raumes gab. Die pythagoreische Leere ist eher ein amorpher Luftraum ohne äußere Begrenzung und innere Gliederung. In diesem Luftraum entstand die feurige Eins, welche die Rolle des Samens oder des Keimes spielt, aus dem sich der Kosmos entfaltet. Die Eins wuchs in ähnlicher Weise, wie eine Keimzelle in ihrem Nährmilieu wächst. Indem sie die umgebende Grenzenlosigkeit aufsog (einatmete), gab sie ihr Grenze und Gestalt. Indem sie sich zuerst in die Länge, danach in die Breite und Höhe ausdehnte, brachte sie die Zwei, die Drei und die Vier hervor, die in geometrischer Interpretation der Linie, der Fläche und dem Raum entsprechen. Alles weitere ist nichts anderes als der Prozeß der fortschreitenden Herausbildung des durch Zahlen gestalteten Kosmos.

Der archaische Charakter der dargelegten Konzeption steht außer Zweifel. Davon zeugt insbesondere ihr eigenartiger Zoomorphismus. Zugleich können wir anhand des angeführten Beispiels erkennen, in welcher Weise die grundlegenden Gegensätze der Pythagoreer – begrenzt–unbegrenzt, eines–vieles, männlich–weiblich (die Eins–grenzenlose Leere), hell–dunkel (feurige Eins–dunkle Luft) – »wirken«.

Heraklit und die Eleaten

Über das Leben des *Heraklit* von Ephesos (um 540–480 v. u. Z.) berichten spätere antike Quellen zahlreiche bunte Einzelheiten, deren Glaubwürdigkeit in keiner Weise zu beweisen ist. Es ist jedoch wahrscheinlich, daß Heraklit eine bestimmte Zeit seines Lebens in Persien weilte, da einige Aspekte seiner Lehre den deutlichen Einfluß der zoroastrischen Glaubensvorstellungen verraten. Seine Anschauungen legte Heraklit in einem Buch dar, das in seiner äußeren Form mit einem wissenschaftlichen Werk in unserem Sinne wenig gemein hat. Es ist auf uns in Gestalt einer Sammlung von Aussprüchen gekommen, die in ihrer Bildhaftigkeit sehr ausdrucksvoll, inhaltlich dagegen mitunter schwer verständlich sind, weshalb Heraklit in der Folgezeit den Beinamen »der Dunkle« erhielt.

Mit den Denkern der milesischen Schule verband Heraklit die Konzeption des einen Urstoffs, dessen Hervorbringungen oder Modifikationen alle Dinge der uns umgebenden Welt sind. Als diesen Urstoff betrachtete Heraklit das Feuer: »Diese Weltordnung (κόσμος), die für alle ein und dieselbe ist, hat keiner von den Göttern und keiner der Sterblichen geschaffen, sondern sie war, ist und wird immer sein das ewig lebendige Feuer, das bald aufflammt, bald verlöscht.« Bei der Wahl des Feuers ließ sich Heraklit offenbar zuletzt von physikalischen Erwägungen leiten: Das Feuer war für ihn das Bild ewiger Bewegung und Veränderung. Der niemals endende Weltprozeß bestand für ihn in zwei Wegen: dem Weg nach unten, auf dem sich das Feuer in Wasser (das »Meer«) verwandelt und dieses, zumindest teilweise, in Erde übergeht, und dem Weg nach oben, auf dem aus der Erde und aus dem Wasser Ausdünstungen aufsteigen, zu denen Heraklit auch die Seelen der Lebewesen zählte. Diese Ausdünstungen haben unterschiedlichen Charakter. Die hellen und reinen Ausdünstungen verwandeln sich in Feuer, steigen auf, sammeln sich in runden Behältern oder Schalen und werden von uns als Sonne, Mond und Sterne wahrgenommen. Die dunklen und feuchten Ausdünstungen sind Ursache des Regens und ähnlicher meteorologischer Erscheinungen. Aus dem wechselnden Vorherrschen der einen oder anderen Art von Ausdünstungen erklärt sich der Wechsel von Tag und Nacht, Sommer und Winter. Sonnen- und Mondfinsternisse und auch die Mondphasen kommen dadurch zustande, daß die himmlischen »Schalen« uns ganz oder teilweise ihre bauchige, dunkle Seite zuwenden. Über Gestalt und Lage der Erde hat Heraklit offenbar keine Aussage getroffen.

Alle angeführten Veränderungen vollziehen sich nach Maßgabe des λόγος. Dies ist in der Lehre des Heraklit ein vieldeutiger Terminus, der Gegenstand zahlreicher Interpretationsversuche geworden ist. Es erscheint jedoch als unstrittig, daß sich eine der Bedeutungen des Terminus auf quantitative Gesetzmäßigkeiten oder Verhältnisse bezieht, welche die wechselweisen Verwandlungen des Feuers bestimmen.

Nach späteren Quellen vertrat Heraklit das Konzept einer periodischen Entstehung des Kosmos, nach dem die Welt bald ganz in Flammen aufgeht, bald erneut aus dem Feuer entsteht. Viele Forscher sind allerdings der Ansicht, daß der Gedanke der »Entflammung« (ἐκπύρωσις) des Kosmos lediglich eine spätere, stoische Interpretation bestimmter Äußerungen des Heraklit darstelle, die, allgemein gesprochen, auch anders interpretiert werden können.

Der wichtigste Gedanke der Philosophie des Heraklit war der Gedanke der ewigen Bewegung, der allgemeinen Veränderlichkeit der Dinge. Zur Veranschaulichung dieses Gedankens benutzte Heraklit das Bild des Flusses, in den man nicht zum zweiten Mal hineinsteigen könne, »da auf den Hineinsteigenden stets neue und neue Wasser einströmen«. Der Veränderlichkeit des Seienden liegt nach der Auffassung Heraklits der unaufhörliche Kampf und Wechsel der Gegensätze zugrunde, die einander jedoch nicht ausschließen, sondern eine höhere Einheit, die Harmonie der Welt, bilden. Diese Gedanken wurden vor allem von Hegel geschätzt, der darin den historisch ersten Ausdruck eines dialektischen Weltverständnisses sah. Friedrich Engels schreibt dazu: »Diese ursprüngliche, aber der Sache nach richtige Anschauung von der Welt ist die der alten griechischen Philosophie und ist zuerst klar ausgesprochen von Heraklit: Alles ist und ist auch nicht, denn alles *fließt*, ist in steter Veränderung, in stetem Werden und Vergehen begriffen.« (»Anti-Dühring«)

Beurteilt man die Lehre Heraklits im ganzen, so muß man zugestehen, daß sie eine ungeheure Rolle für die Herausbildung nicht so sehr des wissenschaftlichen, wie des philosophischen Denkens spielte. Die naturwissenschaftlichen Anschauungen Heraklits waren verhältnismäßig primitiv, und die Mathematik interessierte ihn offenbar überhaupt nicht. Seine Ausfälle gegen die »Vielwisserei« des Pythagoras kennzeichnen sein Verhältnis zu konkreten wissenschaftlichen Forschungen. Die kosmologischen Partien seiner Schrift bildeten offenbar lediglich das Vorspiel ihres Hauptteils, der in weitem Umfang aus allgemeinphilosophischen, ethischen und politischen Äußerungen bestand. Das Bemühen Heraklits galt der Suche nach dem einheitlichen Gesetz, welches die Welt regiert. Diese grundlegende Aufgabe hat er selbst in die Worte gefaßt: »Denn es gibt nur eine einzige Weisheit: den Plan zu erkennen, der alles durch alles regiert.«

Der fahrende Dichter *Xenophanes*, der aus der kleinasiatischen Stadt Kolophon gebürtig ist, war älter als Heraklit, starb jedoch, wie man annimmt, in hohem Alter nach ihm. Die antike Tradition nennt ihn als Gründer der eleatischen Schule, doch wird diese Nachricht in unseren Tagen angezweifelt. Dabei ist es sehr wahrscheinlich, daß einige der von Xenophanes formulierten Thesen Parmenides bei der Ausarbeitung seines philosophischen Systems beeinflußten. In seinen poetischen Werken trat Xenophanes als scharfer Kritiker des Polytheismus und des Anthropomorphismus der griechischen Religion auf. Den überkommenen Vorstellungen von den Göttern setzte er die Idee des einen, unbeweglichen, kugelförmigen Gottes entgegen, der »alles sieht, alles denkt und alles hört«. Es ist nicht ausgeschlossen, daß Xenophanes den einen Gott mit der Himmelskugel gleichsetzte. Auf der anderen Seite gibt es jedoch Hinweise darauf, daß er sich die Erde als in alle Richtungen grenzenlos ausgedehnt vorstellte. Die Welt ist ewig, unterliegt aber periodischen Veränderungen, da das Meer bald auf das Festland übergreift, bald von diesem zurücktritt. Zur Bekräftigung dieses Gedankens verwies Xenophanes auf die Versteinerungen von Muscheln, Fischen und Wasserpflanzen, die auf den Bergen und an anderen, vom Meer weit abgelegenen Orten gefunden werden. Alles, was wächst und entsteht, besteht aus Erde und Wasser. Aus dieser Behauptung geht hervor, daß Xenophanes nicht an der Vorstellung der Milesier und des Heraklit von dem einen Urstoff alles Seienden festhielt.

Die Schule der *Eleaten* erhielt ihren Namen von der süditalienischen Stadt Elea, in der *Parmenides*, ihr Gründer und bedeutendster Vertreter, geboren wurde. Das Wirken des Parmenides erstreckt sich im wesentlichen über die erste Hälfte des 5. Jahrhunderts v. u. Z., obgleich die genauen Daten seines Lebens ungeklärt sind (ein Teil der Quellen verlegt seine Geburt in die Zeit um 540, ein anderer in die Zeit um 515 v. u. Z.). In seiner Jugend war Parmenides offenbar den Pythagoreern verbunden. Seine Anschauungen sind in einem einzigen Werk, »Über die Natur«, niedergelegt, das, in Versform geschrieben, aus einem allegorischen Prolog und zwei Hauptteilen bestand. Im ersten Teil, der in umfangreicheren Fragmenten überliefert ist, legt Parmenides seine Lehre vom Sein dar. Das Sein ist das, was *ist*, im Unterschied zu dem, was lediglich *scheint* und den Bereich des Meinens, nicht des exakten Wissens bildet. Indem er den Begriff des Seins analysiert, kommt Parmenides zu dem Schluß, daß das Sein Eines und folglich ungeteilt und unteilbar, zugleich unbeweglich und unveränderlich sei. Da das Sein außerdem räumlich ausgedehnt ist – und Parmenides konnte es noch nicht anders denken –, ist es notwendig begrenzt und kann allein in Gestalt einer einheitlichen Kugel oder Sphäre vorgestellt werden, die »überall gleichweit vom Zentrum entfernt ist«.

Im zweiten Teil des Lehrgedichts, das uns weit weniger gut bekannt ist, legte Parmenides eine physikalische Lehre dar, die keinen Anspruch auf Wahrheit erhob, sondern lediglich die wahrscheinlichste der Ansichten der Sterblichen darstellte. Darin nimmt er als oberste Prinzipien zwei entgegengesetzte »Formen« (μορφαί) an, das Licht oder den Äther (das Feuer) und das Dunkel oder die Nacht (die Erde), aus denen alle sinnlich wahrnehmbaren Dinge bestehen. Nach dieser Lehre besteht das Weltall aus einer Anzahl konzentrischer Ringe oder »Kränze«, die sich um ihr Zentrum drehen. Einige dieser Ringe bestehen aus reinem Feuer, in anderen ist dem Feuer Erde beigemischt. Es gibt Hinweise darauf, daß Parmenides als erster die Hypothese von der Kugelgestalt der Erde geäußert hat. Im gleichen Teil des Lehrgedichts untersuchte er ferner die himmlischen und atmosphärischen Erscheinungen und stellte Betrachtungen über die Natur der sinnlichen Wahrnehmungen, über den Ursprung der Lebewesen, über den Unterschied der Geschlechter usw. an. Eine genaue Rekonstruktion der physikalischen Anschauungen des Parmenides ist praktisch unmöglich. Der Autor ist denn auch in die Geschichte des menschlichen Denkens vor allem als Urheber der Lehre vom Sein und damit als Begründer der philosophischen Ontologie eingegangen. Doch auch vom Standpunkt der naturwissenschaftlichen Problematik spielt Parmenides' Lehre vom Sein eine fortschrittliche Rolle, wie bei der Betrachtung der philosophisch-physikalischen Systeme der Autoren des 5. Jahrhunderts v. u. Z. deutlich werden wird.

Als Schüler des Parmenides hat *Zenon* keine eigenständige Lehre begründet. Das Werk, das er hinterließ, hatte im wesentlichen polemischen Charakter. Zenon bewies darin mit Hilfe rein logischer Argumente, daß das Zugeständnis der Vielfalt der Dinge und der Möglichkeit der Bewegung zu Folgerungen führt, die einander ausschließen. Die wissenschaftliche Bedeutung der sogenannten Aporien des Zenon besteht darin, daß der Autor darin auf das Problem des Kontinuums stieß, indem er entdeckte, daß eine ununterbrochene Größe nicht als Summe diskreter Punkte behandelt werden kann (und daß entsprechend die Bewegung nicht aus einer Vielzahl von Ruhepositionen besteht). Es erscheint in diesem Zusammenhang als unwesentlich, ob die Polemik des Zenon gegen den Zahlenatomismus der Pythagoreer gerichtet war (wie etwa der britische Historiker der antiken Philosophie J. Burnet annahm) oder ob sie lediglich die Lehre des Parmenides bekräftigen wollte (wie es Platon in seinem Dialog »Parmenides« darstellt). Die Problematik der Argumente des Zenon reicht weit über die Grenzen der konkreten historischen Situation hinaus, der sie ihre Entstehung verdanken. Der Interpretation der Aporien des Zenon ist eine unüberschaubare Literatur gewidmet. Besondere Aufmerksamkeit fanden sie in den letzten einhundert Jahren, als die Mathematiker in ihnen die Vorwegnahme der Paradoxa der modernen Mengenlehre erkannten.

Darüber hinaus ist das Werk des Zenon das deutliche Zeugnis einer neuen Entwicklungsstufe des griechischen wissenschaftlichen Denkens. Es gibt darin keine Spur mehr der für die Denker der milesischen Schule bezeichnenden Analogieschlüsse. Die Überlegungen des Zenon sind das historisch erste Beispiel einer rein logischen Beweisführung. Aus diesem Grunde begegnet der Name des Zenon auf den ersten Seiten eines jeden Lehrbuchs der Geschichte der Logik.

Der dritte bekannte Vertreter der eleatischen Schule, *Melissos* von Samos, der in der Mitte des 5. Jahrhunderts v. u. Z. lebte, hat keine

Beziehung zu Italien. Daß er Parmenides' Lehre vom Sein übernahm, erklärt sich aus der Resonanz, die diese Lehre in den entgegengesetztesten Gebieten der griechischen Welt fand. Melissos hinterließ ein Werk, das nach späteren Quellen den Titel »Über die Natur und über das Sein« trug. Darin wurden in jonischer Prosa die Argumente des Parmenides von dem einen, unteilbaren, unveränderlichen und unbeweglichen Sein wiederholt und fortentwickelt. Melissos wich von Parmenides nur darin ab, daß er die unbegrenzte Ausdehnung des Seins anerkannte: Wäre das Sein begrenzt, so würde es – argumentierte er – an das Nichtsein grenzen; da es jedoch ein Nichtsein nicht gibt, kann das Sein nicht begrenzt sein. Faktisch wird das Sein bei Melissos mit dem unendlichen Raum gleichgesetzt, in dem sich nichts vollzieht. Es muß hervorgehoben werden, daß die griechische Wissenschaft die Vorstellung des unendlichen Raumes vordem nicht kannte. Den Lehren der frühgriechischen Denker war sie fremd, worüber wir in Zusammenhang mit der Atomistik des Leukippos und des Demokrit sprechen werden. Physikalische Anschauungen in Art der Lehre des Parmenides über das »Meinen« hat Melissos augenscheinlich nicht entwickelt.

Die Fragestellungen der nachparmenidischen Wissenschaft – Empedokles und Anaxagoras

Die griechischen Autoren des 5. Jahrhunderts v. u. Z., die sich mit konkreten Fragen der Wissenschaft »von der Natur« beschäftigen, standen weitgehend unter dem Einfluß der Lehre des Parmenides über das Sein. Sie konnten diese Lehre jedoch nicht einfach übernehmen, da dies die Anerkennung des illusorischen Charakters der Welt bedeutet hätte, die der eigentliche Gegenstand ihrer Untersuchung war. Auf der anderen Seite erschienen ihnen die Argumente des Parmenides über die Eigenschaften des wahren Seins zum überwiegenden Teil als unwiderlegbar. Deshalb stimmten die »Physiker« der auf Parmenides folgenden Generation diesen Argumenten im wesentlichen zu und wichen von der Lehre der Eleaten nur in einem, allerdings entscheidenden Punkte ab: Sie leugneten das Prinzip der Einheit des Seins und erkannten die Existenz einer Anzahl unterschiedlicher Urstoffe an, deren jeder über Eigenschaften verfügte, die dem wahren Sein des Parmenides zukamen. Diese Urstoffe treten untereinander in verschiedene, im Laufe der Zeit wechselnde räumliche Beziehungen. Die unendliche Vielfalt dieser Beziehungen bedingt die Vielfalt der uns umgebenden Welt. In gleicher Weise werden das Problem der Vielzahl der Dinge wie die Probleme ihres Werdens und Vergehens, ihrer Veränderung und ihrer Bewegung gelöst. Der von diesen Denkern vollzogene Schritt sollte Folgen von herausragender Bedeutung zeitigen: Einerseits führte er zur Vorstellung materieller Elemente, aus denen alle Dinge bestehen, auf der anderen Seite regte er zur Formulierung eines Prinzips an, das später das Prinzip von der Erhaltung der Materie heißen sollte.

Hervorragende Vertreter dieser Wissenschaftsrichtung waren Empedokles, Anaxagoras und Leukippos, der Begründer der Atomistik. Wir wollen zunächst gesondert die Lehren des Empedokles und des Anaxagoras betrachten, während die Anschauungen des Leukippos im folgenden Abschnitt zusammen mit den Ansichten seines bedeutenden Schülers Demokrit zur Sprache kommen, von denen sie praktisch nicht zu trennen sind.

Empedokles aus Akragas (Agrigent) lebte ungefähr von 490 bis 430 v. u. Z. Er war eine ausgeprägte und vielseitige Persönlichkeit und vereinigte in sich die Züge eines Philosophen, Dichters, Naturwissenschaftlers, Arztes, Politikers und religiösen Predigers. Seine Lehre zeigt Spuren des Einflusses einerseits des Pythagoreismus, andererseits der Lehre des Parmenides, in dessen Nachfolge er seine Anschauungen in den Lehrgedichten »Über die Natur« und »Reinigungen« in Versform niederlegte.

Der physikalischen Lehre des Empedokles liegt die Konzeption der vier Grundelemente Feuer, Wasser, Luft (bei ihm Äther genannt) und Erde zugrunde, die er als »Wurzeln aller Dinge« bezeichnet. Diese »Wurzeln« gelten dem Autor als ewig und unveränderlich und können weder aus etwas anderem hervor- noch in etwas anderes übergehen. Alle übrigen Dinge entstehen aus der Vereinigung dieser Elemente in bestimmten quantitativen Proportionen. In einigen Fällen gibt Empedokles diese Proportionen an, die er augenscheinlich auf dem Wege spekulativer Erwägungen, allerdings unter Berücksichtigung der sinnlich wahrnehmbaren Eigenschaften der betreffenden Dinge fand. Außer den vier Grundelementen postulierte Empedokles die Existenz zweier Kräfte, der Liebe (φιλία) und des Hasses (νεικος), die er als räumlich ausgedehnt dachte. Die erste dieser Kräfte verbindet (vermischt) die verschiedenen Elemente, die zweite trennt sie. Durch die jeweilige Vorherrschaft einer dieser Kräfte ist der zyklische Gang des Weltprozesses bedingt. Während der Vorherrschaft der Liebe sind alle vier Elemente in vollkommener Weise vermischt und bilden eine riesige, einheitliche Kugel, den ruhenden Sphairos (σφαῖρος). Dabei ist der Haß aus den

Grenzen des σφαῖρος hinausgedrängt und nimmt lediglich den peripheren Teil der Welt ein. In der Folge dringt jedoch der Haß in den σφαῖρος ein, trennt die Elemente und drängt die Liebe auf das Zentrum der Welt zurück. Da sich dabei das Feuer im wesentlichen in der einen, die Luft (der Äther) in der anderen Hälfte der Welt sammeln, kommt es zu einer Störung des Gleichgewichts. Sie führt zu einer Rotation der Welt, die, anfangs langsam, sich mehr und mehr beschleunigt. Durch diese Umdrehung erklärt sich insbesondere der Wechsel von Tag und Nacht. Während der Herrschaft des Hasses und der vollkommenen Scheidung der Elemente, die sich in konzentrischen Kreisen umeinanderlagern, nimmt die Umdrehung ihre höchste Geschwindigkeit an. Sie verlangsamt sich in dem Maße, in dem die auf das Zentrum der Welt zurückgedrängte Liebe an Boden gewinnt und die geschiedenen Elemente erneut vermischt.

Die Einzelheiten der wunderlichen Kosmogonie des Empedokles bleiben in vielem ungeklärt, und das Schema, das wir von ihr gezeichnet haben, kann allenfalls als ihre wahrscheinlichste Rekonstruktion gelten. Es gibt daneben andere Rekonstruktionsversuche. Wir nennen nur den des französischen Forschers J. Bollack, in dem der zyklische Charakter des Weltprozesses bei Empedokles in der von uns beschriebenen Form überhaupt in Abrede gestellt wird.

Die Vorstellung des unendlichen Raumes ist Empedokles noch unbekannt. Die Quellen berichten, daß er der Welt (dem Kosmos) keine streng kugelförmige, sondern eiförmige Gestalt zuschrieb. Die Schale des Kosmos besteht aus verhärtetem Äther. Die Sterne sind feuriger Natur – die Fixsterne sind an den Himmel geheftet, die Planeten dagegen schweben frei im Raum. Wie ein großer Spiegel reflektiert die Sonne das Licht, das die feurige Halbkugel des Kosmos ausstrahlt. Der Mond ist von der Erde um ein Drittel der Distanz zwischen Erde und Himmel entfernt. Er entstand durch die Verdichtung der wolkigen Erdatmosphäre, ist von flacher Gestalt und erhält sein Licht von der Sonne. Sonnenfinsternisse treten ein, wenn der Mond die Sonnenscheibe für den Betrachter ganz oder teilweise verdeckt. Unklar bleibt, wie sich Empedokles die Gestalt der Erde dachte. Die Wasser der Meere befanden sich nach seiner Auffassung in den Tiefen der Erde. Infolge der kosmischen Rotation wurden sie aus der Erde ausgepreßt wie aus einem Schwamm. An einer Stelle bezeichnet Empedokles das Meer als den »Schweiß der Erde«.

Von großem Interesse ist die Theorie des Empedokles über den Ursprung der Pflanzen und Tiere, in denen viele eine Vorwegnahme des Darwinschen Gedankens der natürlichen Auslese erblicken. Die Lebewesen können nach Ansicht des Empedokles allein in den Zwischenstadien des Übergangs von der Herrschaft der Liebe zur Herrschaft des Hasses oder umgekehrt entstehen. Im ersteren Fall kommt es zur Bildung »ganzheitlicher« Formen, die erst im Anschluß in die nach den Geschlechtern geschiedenen Wesen zerfallen. Im zweiten Fall kommt es zum umgekehrten Prozeß: Im feuchten, warmen Schlamm entstehen einzelne Glieder und Organe, die sich ungeordnet durch den Raum bewegen, sich zufällig miteinander verbinden und daher die allerunterschiedlichsten, meist mißgestalteten Wesen bilden. Nur wenige dieser Bildungen erweisen sich als lebensfähig und überdauern.

Als Arzt und – nach der Überlieferung – als Gründer der sizilischen Ärzteschule widmete Empedokles Fragen der Anatomie und der Physiologie besondere Aufmerksamkeit. Seinen Vorstellungen über den Bau des Organismus legt er die Lehre von den vier Elementen zugrunde und erklärt die unterschiedlichen Eigenschaften der organischen Gewebe aus den Mischungsverhältnissen, in denen die Elemente als Bestandteile der Gewebe fungieren. Interessante Ansichten äußert Empedokles über die Vererbung, den Unterschied der Geschlechter und die Entwicklung des Embryos. Die ererbten Eigenschaften des jungen Lebewesens werden durch das Verhältnis des väterlichen und des mütterlichen Samens bestimmt, aus denen der Embryo entstand. Das Geschlecht des Embryos ist von der Wärme des Weibchens abhängig, in dem er sich entwickelt: Größere Wärme des Weibchens führt zur Herausbildung der männlichen, geringere Wärme zur Herausbildung der weiblichen Geschlechtsmerkmale. Der männliche Embryo bildet sich schneller aus als der weibliche, die rechte Seite schneller als die linke. Den Atemmechanismus erklärt Empedokles aus dem Zu- und Abfluß des Blutes im Verhältnis zur Körperoberfläche. Er veranschaulicht diesen Mechanismus durch Experimente mit der Klepsydra (Wasseruhr). Ursache des Schlafs ist die Abkühlung des Blutes. Der Tod tritt ein, wenn die Wärme den Körper vollständig verläßt.

Die detailliert ausgearbeitete Wahrnehmungstheorie des Empedokles beruht auf dem Prinzip, daß »Gleiches von Gleichem erkannt wird«. So nahm er z. B. an, daß das Innere des Auges aus allen vier Elementen besteht, wobei jedes der Elemente gesonderte, eigens für dieses bestimmte Poren füllt. Trifft nun eines der Elemente auf die ihm entsprechenden Einwirkungen durch das äußere Objekt, so entsteht die visuelle Wahrnehmung. Bei der Erklärung der akustischen Wahrnehmung stützte sich Empedokles auf die ihm zur Verfügung stehenden Kenntnisse über den Bau des Ohres. Man schrieb ihm insbesondere die Entdeckung des Labyrinths zu. Die angenehmen Empfindungen erklärte Empedokles aus der Wirkung von Gleichem auf Gleiches, die unangenehmen aus dem Zusammentreffen einander entgegengesetzter Agentien.

In augenfälligem Widerspruch zu den naturwissenschaftlichen Anschauungen des Empedokles steht sein Lehrgedicht Καθαρμοί (»Reinigungen«). Darin entwickelt er eine religiös-ethische Lehre, die den deutlichen Einfluß der pythagoreischen Vorstellungen verrät. Diese Lehre basiert auf den Gedanken der Unsterblichkeit der Seele, der Seelenwanderung und der sittlichen Läuterung. Die Forschung hat diesen Widerspruch auf unterschiedliche Weise zu lösen versucht, insbesondere durch die Zuweisung beider Gedichte zu unterschiedlichen Schaffensperioden des Empedokles. Es ist jedoch denkbar, daß der Autor selbst zwischen beiden Werken keinen Widerspruch empfand, weil er der Ansicht war, daß sie prinzipiell geschiedene Gebiete behandeln, die einander in keiner Weise überschneiden.

Empedokles hat eine Reihe der wichtigsten Gedanken der späteren Naturwissenschaft vorausgeahnt. Th. Gomperz hob drei dieser Gedanken hervor, die später zu den Grundlagen der wissenschaftlichen Chemie gehörten: die These der Vielfalt – dabei der begrenzten Vielfalt – der Grundelemente, den Gedanken der wechselseitigen Verbindungen dieser Elemente und endlich die Anerkennung zahlreicher qualitativer Unterschiede bzw. der Veränderlichkeit der Verhältnisse innerhalb dieser Verbindungen.

Anaxagoras aus Klazomenai (500–428 v. u. Z.) stand in der unmittelbaren Nachfolge der Denker der milesischen Schule, deren Einfluß – vor allem der des Anaximenes – in seinen kosmologischen Konzeptionen deutlich auszumachen ist. Zugleich steht er unter dem Eindruck des Parmenides und möglicherweise der frühen Atomistik. Bereits in reifem Alter übersiedelte Anaxagoras nach Athen, wo er etwa dreißig Jahre lebte. Er trug die Errungenschaften der jonischen Wissenschaft auf attischen Boden und wurde somit zum Begründer der Athener Philosophenschule. Am Ende seines Lebens wurde Anaxagoras unter der Anschuldigung der Verbreitung von Ansichten, die der herrschenden Religion widersprachen, gerichtlich verfolgt und war gezwungen, aus Athen zu fliehen. Er starb in Lampsakos an der kleinasiatischen Küste des Hellespont.

Der Naturlehre des Anaxagoras liegt die Vorstellung der »seienden Dinge« (ἐόντα χρήματα) zugrunde, die weder entstehen noch vergehen können und aus deren Vereinigung alle sinnlich wahrnehmbaren Objekte der uns umgebenden Welt gebildet sind. Zu diesen »Dingen« zählte er eine unendliche Vielzahl qualitativ bestimmter Stoffe (darunter die Gewebe der Lebewesen und der pflanzlichen Organismen, die Metalle, die reinen Mineralien usf.), die Aristoteles später mit dem Begriff der Homoiomerien (»aus ähnlichen Teilchen bestehend«) bezeichnete, sowie einige Paare von »Gegensätzen« (auch dies ein späterer Terminus), wie warm–kalt, hell–dunkel, trocken–feucht, fest–unfest.

Ein origineller Zug der Theorie des Anaxagoras von der Materie war sein Prinzip des »Alles in allem« oder »In allem ist ein Teil von allem«, das darauf hinauslief, daß in jedem Ding, wie klein es auch sein mag, alle Homoiomerien und alle Gegensätze enthalten sind. Die wahrgenommenen Eigenschaften des betreffenden Dinges sind durch diejenigen seiner Komponenten bestimmt, die in ihm überwiegen. Die unmittelbare Folge dieses Prinzips war, daß man die Materie für unendlich teilbar hielt. Die Rolle der Gegensätze im System des Anaxagoras und ihr Verhältnis zu den Homoiomerien gehört zu den kompliziertesten Problemen der frühgriechischen Wissenschaft. Am wahrscheinlichsten erscheint die Annahme, daß durch das Überwiegen bestimmter Gegensätze der Äther, die Luft und andere »Grundstoffe« entstanden, die bei Anaxagoras keineswegs elementaren Charakter haben.

Anaxagoras verwarf den Gedanken des zyklischen Charakters des Weltprozesses, der für die Lehren des Anaximandros (und vielleicht des Anaximenes), des Heraklit und des Empedokles charakteristisch war, und entwickelte eine evolutionäre Kosmogonie, nach der der Kosmos einmal aus einem ursprünglichen Zustand geboren wird, um sich anschließend unumkehrbar in einer Richtung fortzuentwickeln. Der ursprüngliche Zustand – πάντα ὁμοῦ: »alles beieinander« – ist durch die Vermischung aller Dinge gekennzeichnet, in der die Welt eine qualitativ unbestimmte, unbewegliche Masse bildete. Unter der Einwirkung eines aktiven Agens, das Anaxagoras als νοῦς »Geist« bezeichnet, entsteht in einem Teilbereich des ursprünglichen Gemischs plötzlich eine heftige Rotationsbewegung (περιχώρησις), die sich in der Folge ausbreitet und zunehmend neue Massen des ursprünglichen Gemischs erfaßt. Die schnelle Umdrehung verursacht die Scheidung dieser Massen in ihre Bestandteile, vorab den Äther (das Feuer) und die Luft, welche die periphere und die innere Zone des kosmischen Wirbels einnehmen. In jedem dieser Grundstoffe sind die verschiedensten »Samen«, d. h. verschwindend kleine Teilchen der unterschiedlichen Stoffe enthalten, die sich voneinander in Form, Farbe, Geschmack und Geruch unterscheiden. Im weiteren Verlauf gliedern sich aus der Luft dichtere und dunklere Komponenten aus: Wolken, Wasser, Erde und

Steine. Nach dem Prinzip, daß »das Gleiche zum Gleichen strebt«, vollzieht sich die Vereinigung der ähnlichen Samen. Sie bilden Massen, die von unseren Sinnesorganen als homogene Stoffe wahrgenommen werden. Dieses Prinzip ist zusammen mit der trennenden Wirkung der kosmischen Rotation hinreichend für die Entstehung des gesamten Kosmos. Dabei darf man nicht übersehen, daß die ganze Abfolge der Herausbildung des Kosmos und folglich auch die Organisation des Kosmos als eines Ganzen durch den vom νοῦς gegebenen ursprünglichen Anstoß gleichsam »vorprogrammiert« war. Wenn ein solcher Anstoß an einer anderen Stelle des ursprünglichen Gemischs erfolgt wäre, so wäre auch dort eine Welt entstanden, die in jeder Beziehung der unseren analog wäre. Die Frage, ob tatsächlich viele Welten entstehen oder ob der Prozeß der Herausbildung des Kosmos nur ein einziges Mal erfolgt, bleibt strenggenommen offen. Die antiken Quellen zählen Anaxagoras jedenfalls zu den Vertretern der zweiten Alternative.

Die kosmische Rotation kommt nach Ansicht des Anaxagoras niemals zum Stillstand, verlangsamt sich jedoch in dem Maße, in dem sie immer neue Massen des umgebenden Gemischs einbezieht und in dem sich der Kosmos auf diese Weise ausdehnt. In der Gegenwart nehmen wir diese Rotation in Gestalt des Umlaufs des Himmelsgewölbes im Verlaufe eines Tages wahr. Die Umdrehung der Erde, die aus den dichtesten und schwersten Stoffen entstanden ist, hat sich schnell verlangsamt, so daß die Erde heute unbeweglich (oder fast unbeweglich?) im Mittelpunkt des Kosmos verharrt. Sie hat flache Gestalt und fällt deswegen nicht nach unten, weil sie durch die darunter befindliche Luft gehalten wird. Die Himmelskörper sind durch die Kraft des rotierenden Äthers von der Erdscheibe losgerissen und durch seine Einwirkung zum Glühen gebracht. Die Sonne ist ein glühender Klumpen von der Größe der Peloponnes, die Sterne sind glühende Steine, die manchmal herunterfallen. Auf diese Weise erklärte Anaxagoras den Einschlag eines großen Meteoriten in der Mündung des Flusses Aigos Potamoi, der die Griechen im Jahre 468/7 v. u. Z. in Erstaunen versetzte. Der Mond ist von kälterer Natur. Es gibt darauf Erhöhungen und Vertiefungen, und möglicherweise ist er bewohnt. Anaxagoras gebührt das Verdienst, nicht allein die Sonnen-, sondern auch die Mondfinsternisse richtig erklärt zu haben. Er formulierte überdies eine Reihe von Hypothesen zur Erklärung vieler anderer astronomischer und meteorologischer Erscheinungen, darunter der Kometen, der Milchstraße, der Sonnen- und Mondwenden, der Neigung der Himmelsachse, des Blitzes und des Donners, des Regens, Schnees und Hagels, des Regenbogens usw. Ungeachtet ihrer Naivität spiegelt die Mehrzahl dieser Hypothesen das für Anaxagoras bezeichnende und für seine Zeit überaus fortschrittliche Bemühen, alle Erscheinungen aus Ursachen ein und derselben Art zu erklären. Anaxagoras zog keine Grenze zwischen Himmel und Erde, zwischen Kosmologie und Meteorologie. Sein Kosmos war von einheitlicher Natur, es war ein irdischer Kosmos, in dem es nichts Göttliches oder Übernatürliches gab. In eben diesem Sinne sind die Worte Karl Marx' über Anaxagoras zu verstehen, »der zuerst den Himmel physisch erklärte und ihn so in einem anderen Sinne als Sokrates auf die Erde herabzog« (Doktordissertation).

Zu den Besonderheiten der Physik des Anaxagoras zählen überdies: die Relativität von Groß und Klein, die Leugnung der Leere (von der Aristoteles in der »Physik« berichtet), der Gedanke unendlich kleiner Größen (der im wesentlichen der Vorstellung der unendlich kleinen Größen der neuzeitlichen Mathematik nahekommt, mit dem Unterschied jedoch, daß Anaxagoras nicht von mathematischen, sondern von physikalischen Größen spricht) und endlich der Versuch einer qualitativen Formulierung einiger Gesetzmäßigkeiten der Mechanik (»Schnelligkeit erzeugt Kraft«). Alle diese Merkmale verleihen der Lehre des Anaxagoras eine unter den übrigen Lehren der Vorsokratiker einzigartige Originalität.

Der Biologie widmete Anaxagoras geringere Aufmerksamkeit als Empedokles, doch sind einzelne seiner Gedanken bemerkenswert. So lehrte er, daß sich die Lebewesen aus Keimen entwickelt hätten, die im feuchten Milieu infolge der Vereinigung der von den Regentropfen mitgeführten Samen mit den in der Erde befindlichen Samen entstanden seien. Die Pflanzen sind von den Tieren prinzipiell nicht unterschieden. Sie sind imstande, zu empfinden, zu trauern und sich zu freuen. Der Mensch ist deshalb das klügste Lebewesen, weil er Hände hat. Die Empfindungen entstehen aufgrund der Einwirkung von Gleichem auf Ungleiches. Der Grad des Kontrastes bestimmt die Intensität der Empfindung. Aus diesem Grunde sind die Empfindungen stets relativ und können nicht selbst die Quelle richtigen Wissens sein. Doch auch ohne sie ist das Wissen unmöglich, »denn die Erscheinungen sind das Gesicht des Unsichtbaren«. Diese Äußerungen des Anaxagoras bereiteten der Erkenntnistheorie des Demokrit den Boden.

Es gibt Nachrichten, wonach sich Anaxagoras auch mit der Mathematik, insbesondere mit dem Problem der Quadratur des Kreises und der Theorie der Perspektive befaßt habe, doch besitzen wir keine genaueren Kenntnisse über seine Leistungen auf diesem Gebiet.

Das Hauptwerk des Anaxagoras ist in Prosa geschrieben. Der erste Teil formuliert die allgemeinen Prinzipien des Werkes und gibt eine Darstellung der kosmogonischen Konzeption des Autors. Die folgenden Teile erörtern konkrete naturwissenschaftliche Fragen. Um die Wende des 5. und 6. Jahrhunderts v. u. Z. galt die Kenntnis dieses Werkes für jeden gebildeten Athener als obligatorisch. Auf uns sind davon nicht mehr als etwa zwanzig Fragmente gekommen, die überwiegend aus dem ersten Teil des Werkes stammen.

Die Atomistik des Leukippos und des Demokrit

Konzeption und Ausarbeitung der atomistischen Lehre im Alten Griechenland waren das Verdienst des Leukippos und seines Schülers Demokrit.

Über die Person des *Leukippos* teilen die Quellen so gut wie gar nichts mit. Wir kennen weder seinen Geburtsort noch den Namen seines Vaters und besitzen keinerlei Nachricht über sein Leben und seine wissenschaftliche Tätigkeit. Aus diesem Grunde ist sowohl in der Antike – von Epikur – wie noch in jüngster Vergangenheit die Meinung geäußert worden, daß es einen Philosophen Leukippos überhaupt nicht gegeben habe, daß sein Name vielmehr als Bezeichnung einer erdachten Gestalt diente oder das literarische Pseudonym des Demokrit gewesen sei. Heutzutage wird dieser Standpunkt jedoch nurmehr selten vertreten. Der wesentliche Einwand gegen die skeptische Ansicht besteht darin, daß die ältesten und angesehensten Quellen, darunter Aristoteles, keinen Zweifel an der Existenz des Leukippos hegten und offenbar mit seinen Werken vertraut waren, die sie von denen Demokrits zu scheiden wußten.

Über *Demokrit* sind wir besser unterrichtet. Er wurde um 470–460 v. u. Z. in der Stadt Abdera an der Nordküste des Ägäischen Meeres geboren. Wie Anaxagoras widmete auch er sich ausschließlich der Wissenschaft, unternahm jedoch im Unterschied zu diesem viele Reisen. So wird von seinem Aufenthalt in Ägypten, in Persien und Babylonien berichtet, wo er mit den wissenschaftlichen Leistungen der ägyptischen Priester, der Magier und der Chaldäer bekannt wurde. Als einzigen Lehrer des Demokrit nennt die Überlieferung den Leukippos. Demokrit starb in der ersten Hälfte des 4. Jahrhunderts v. u. Z.

Es ist überaus schwierig, den wissenschaftlichen Beitrag des Leukippos von den späteren Leistungen des Demokrit zu trennen. In Fragen allgemeiner Natur, darunter der Lehre von den Atomen, bestanden zwischen Leukippos und Demokrit offenbar keine Differenzen. Mit großer Wahrscheinlichkeit kann man annehmen, daß das System des Leukippos die Grundthesen der Atomistik und eine allgemeine Theorie der Welt (Kosmogonie und Kosmologie) enthielt. Demokrit entwickelte die Lehre des Leukippos fort, indem er sie zu einem allumfassenden wissenschaftlichen System ausgestaltete, das neben der Lehre über das Sein und den Kosmos auch die Erkenntnistheorie, die Logik, die Ethik, die Pädagogik, die Mathematik, die Biologie, die Psychologie usw. umfaßte. Der Enzyklopädismus des Demokrit und seine literarische Fruchtbarkeit, die es erlauben, ihn nach dem Umfang seiner wissenschaftlichen Produktion mit Platon und Aristoteles zu vergleichen, haben ohne Zweifel seinen Ruhm in der Antike begründet und waren die Ursache, daß er die Gestalt seines Lehrers in den Schatten stellte. Leider ist auch von dem umfangreichen Werk des Demokrit nur eine kleine Anzahl kurzer und meist unbedeutender Fragmente auf uns gekommen. Aus diesem Grunde sind wir gezwungen, seine Lehre anhand indirekter und nicht in jedem Punkte verläßlicher Zeugnisse zu rekonstruieren.

Nach dem Zeugnis des Aristoteles gelangte Leukippos zur atomistischen Konzeption, indem er die Daten der sinnlichen Wahrnehmung mit den Argumenten des Parmenides in Einklang zu bringen versuchte, wonach das wahre Sein weder entstehen noch vergehen noch auch sich ändern könne. Im Gegensatz zu den Eleaten postulierte er, daß das Nichtsein nicht weniger als das Sein existiere und daß dieses Nichtsein die Leere sei. Das Seiende im eigentlichen Sinne aber ist das »volle« Sein, das dabei nicht Eines ist: Es gibt eine unendliche Vielfalt solcher Seine, die aufgrund ihrer geringen Ausdehnung unsichtbar sind. Sie unterscheiden sich voneinander lediglich in Größe, Form und Lage. Sie schweben in der Leere und bringen durch die Vereinigung untereinander alle denkbaren Dinge hervor. Diese Einheiten des Seins sind unveränderlich, unteilbar und absolut »voll«. In alledem gleichen sie dem wahren Sein des Parmenides. Die Eigenschaft der Unteilbarkeit gab den Anlaß, sie als Atome (ἄτομος: »unteilbar«) zu bezeichnen.

So existieren nach der Ansicht des Leukippos und des Demokrit in der Welt nur zwei Prinzipien: die Leere und die Atome. Die Leere ist unendlich (Leukippos nannte sie die »große Leere«), und es gibt darin nicht Oben noch Unten, nicht Zentrum noch Peripherie. Offenbar hat eben der Gedanke der Leere die Atomisten zur Vorstellung des unendlichen Raumes bewogen, die in derart klarer Ausformung weder den frühgriechischen Autoren noch Empedokles oder

Anaxagoras bekannt war. In diesem Raum bewegen sich die Atome ohne Ordnung in alle Richtungen. Als anschauliches Bild der Bewegung der Atome im leeren Raum benutzte Demokrit die im Sonnenstrahl tanzenden Staubteilchen. Die Atome weisen Ausbuchtungen, Vertiefungen und kleine Häkchen auf, mit deren Hilfe sie sich beim Aufeinandertreffen aneinander festhaken und somit mehr oder weniger feste Verbindungen eingehen können. Die Verbindung einer großen Zahl von Atomen ruft ungeheure Wirbel hervor, die schließlich zur Entstehung der Welten führen. Bei der Entstehung des kosmischen Wirbels bildet sich zuerst eine äußere Hülle, die einem Häutchen oder einer Schale gleicht und die Welt gegen den äußeren leeren Raum abgrenzt. Diese Hülle hindert die Atome, die sich im Inneren des Wirbels befinden, hinauszufliegen, und sichert auf diese Weise die Stabilität des sich herausbildenden Kosmos. Im Inneren dieser Hülle aber vollzieht sich die Scheidung der unterschiedlichen Arten der Atome: Die gleichen unter ihnen verbinden sich mit gleichen, wobei sich die größeren Atome im Zentrum des Kosmos sammeln, wo sie die Erde bilden, während die feineren Atome der Peripherie zustreben. Die Schwere stellt keine ursprüngliche Eigenschaft der Atome dar, sondern entsteht als sekundärer Effekt im Prozeß der Herausbildung des Kosmos. Die Erde hat die Form einer Trommel (eines Tympanon) mit eingebogenen Grundflächen. Anfangs war sie klein und drehte sich um ihre eigene Achse, mit zunehmender Dichte und Schwere ging sie jedoch in einen unbewegten Zustand über.

Es ist nicht ganz klar, wie sich die Atomisten die Entstehung der Himmelskörper vorstellten. Offenbar nahmen sie an, daß sich die Sonne, der Mond und die Sterne ursprünglich außerhalb unserer Welt befanden und erst hernach von der Bewegung des Wirbels erfaßt wurden und in den Kosmos eingingen. Hier tritt eine deutliche Differenz zwischen den Anschauungen des Leukippos und des Demokrit zutage. Leukippos nahm an, daß der Mond der Erde am nächsten, die Sonne der Erde am fernsten stünde und daß die übrigen Himmelskörper zwischen beiden lägen (vgl. die Abfolge der kosmischen Ringe oder »Räder« bei Anaximandros). Bei Demokrit ist diese Ordnung revidiert. Die Fixsterne sind an die Peripherie des Kosmos gerückt, während er zwischen Mond und Sonne den Planeten Venus setzte. Die Lage der übrigen Planeten bleibt unbestimmt. Möglicherweise liegt hier ein Einfluß der babylonischen Astronomie vor, die, wie wir wissen, der Venus besondere Aufmerksamkeit schenkte.

In der Beschreibung konkreter astronomischer und meteorologischer Erscheinungen folgte Demokrit in vielem Anaxagoras. Zugleich scheidet ihn von Anaxagoras (und Empedokles) jedoch die Annahme einer Vielzahl von Welten, die sich von der unseren erheblich unterscheiden können. Einige der Welten haben weder Sonne noch Mond, in anderen sind Sonne und Mond größer oder zahlreicher als in unserer Welt. Es können auch Welten entstehen, die keine Tiere und Pflanzen besitzen und keinerlei Feuchtigkeit aufweisen. Die Welten entstehen in unterschiedlichen Entfernungen voneinander und zu unterschiedlichen Zeiten. Während die einen gerade erst geboren sind, befinden sich andere – etwa die unsere – in voller Blüte, während wieder andere vergehen. Ursache ihres Untergangs können Zusammenstöße der Welten sein.

Diesem großartigen Bild der Weltschöpfung, das in der Geschichte des griechischen Denkens kein Vorbild hat, lagen bestimmte methodologische Prämissen zugrunde. Eine davon war die Idee der Notwendigkeit, die alles Geschehen in der Welt bestimmt. In dem einzigen auf uns gekommenen Fragment, das Leukippos zugeschrieben wird, lesen wir: »Keines der Dinge entsteht willkürlich, sondern alles vollzieht sich nach dem Gesetz und kraft der Notwendigkeit.« Diese Notwendigkeit ist jedoch nicht im Sinne des mechanischen Determinismus der Neuzeit zu verstehen. Sich notwendig ereignend nennen die Griechen sowohl, was unter dem Einfluß äußerer Einwirkungen, als auch, was kraft innerer, dem Prozeß selbst innewohnender Ursachen, d. h. »von Natur« und nicht infolge einer menschlichen oder göttlichen Anordnung oder Entscheidung geschieht. Eine große Rolle spielte im Werk des Demokrit auch die Idee der Kausalität. Vom Interesse Demokrits an der Erforschung der Kausalität zeugen verschiedene Überschriften seiner Werke (»Ursachen der Himmelserscheinungen«, »Ursachen bezüglich der Tiere«, »Ursachen vermischter Natur«). Für den Historiographen der Physik ist von Interesse, daß Demokrit die Atomistik mit Hilfe von Argumenten zu begründen sucht, die sich auf die Beobachtung realer physikalischer Prozesse stützen (z. B. der Komprimierbarkeit der Körper).

Bemerkenswert ist auch die Vorstellung des Autors von der Entstehung der Lebewesen. Ursprünglich war die Erde feucht und schlammartig. Im Schlamm entstand durch Wärmeeinwirkung eine Gärung oder Fäulnis, welche Blasen hervorrief, in denen die ersten Lebewesen geboren wurden. Wie Empedokles nimmt auch Demokrit an, daß es ursprünglich neben den heute existierenden Arten zur Entstehung von Mißbildungen und Monstren kam, die sich jedoch als lebens- und fortpflanzungsunfähig erwiesen und daher ausstarben. Die überlebenden Arten begannen sich in der Folgezeit durch die Vereinigung der Geschlechter zu vermehren. In Abhängigkeit von den Unterschieden der Atome, aus denen die Körper dieser Lebewesen bestanden, begannen die einen zu fliegen, die anderen im Wasser zu schwimmen und die dritten auf dem trockenen Land zu leben. Auf den Menschen fiel ein größerer Anteil von Wärme und von feineren, runden Atomen als auf die anderen Organismen. Daher geht der Mensch aufrecht und berührt den Erdboden nur mit zwei Füßen.

Die Seele besteht nach der Auffassung Demokrits aus feinen, kugelförmigen, vollkommen glatten und sehr beweglichen Atomen, die mit den Atomen des Feuers identisch sind. Eine Seele haben nicht nur Mensch und Tier, sondern auch die Pflanzen. Sie ist nicht in einem bestimmten Teil des Organismus konzentriert, sondern über den ganzen Körper verteilt, wobei sich zwischen zwei Atomen der Seele jeweils Atome anderer Stoffe befinden. Dank der Seele ist der Organismus fähig, sich zu bewegen, zu empfinden, Emotionen zu erfahren und zu denken. Die Denkfunktion wird durch den Teil der Seele wahrgenommen, der sich im Gehirn befindet, die übrigen Funktionen durch die Atome der Seele, die über die anderen Organe verteilt sind. Die Seele ist im Körper beschlossen und dehnt sich durch die Atmung aus. Sie stirbt jedoch mit dem Tod des Körpers und verliert sich im Raum. Atome der Seele schweben überall in der Luft. Wo sie aufeinandertreffen, bilden sie eine Flamme. Geraten sie in einen Körper, so bilden sie die Seele des betreffenden Lebewesens.

Demokrits Theorie der Empfindungen liegt die Vorstellung von den »Bildchen« (εἴδωλα) zugrunde. Indem er die Anschauungen des Empedokles fortentwickelte, nahm Demokrit an, daß von jedem Körper in alle Richtungen Ausflüsse ausgehen, die feinste Schichten von Atomen darstellen, welche sich von der Oberfläche der Körper lösen und sich mit größter Geschwindigkeit im leeren Raum bewegen. Eben diese Ausflüsse nannte Demokrit die »Bildchen«. Sie treffen auf die Augen und die anderen Sinnesorgane und wirken auf die ihnen gleichen Atome in unserem Körper (nach dem Prinzip »Gleiches wirkt auf Gleiches«). Diese Einwirkung wird im Anschluß an die Atome der Seele weitergegeben. Alle Empfindungen und Wahrnehmungen sind das Ergebnis der Wechselwirkung der Atome, aus denen sich die »Bildchen« zusammensetzen, mit den Atomen der entsprechenden Sinnesorgane. So wird der Eindruck der weißen Farbe in unserem Auge durch die glatten, der Eindruck der schwarzen Farbe durch die rauhen Atome hervorgerufen. Geraten die glatten Atome, die im Auge den Eindruck der weißen Farbe erzeugen, auf die Zunge, so rufen sie den Eindruck des Süßen, geraten sie in die Nase, rufen sie den Eindruck des Wohlgeruchs hervor.

Als Kind seiner Zeit leugnete Demokrit die Existenz der Götter nicht. Wie alle anderen Dinge bestehen auch die Götter aus Atomen und sind daher nicht unsterblich, doch handelt es sich in ihrem Falle um besonders beständige Verbindungen der Atome, die unseren Sinnesorganen unzugänglich sind. Wenn sie es wünschen, geben sich die Götter jedoch in Bildern zu erkennen, die wir vor allem im Traum wahrnehmen. Diese Bilder können uns Schaden oder Nutzen bringen, mitunter sprechen sie zu uns und sagen die Zukunft voraus. Auf diese Weise begründete Demokrit mit Hilfe der atomistischen Lehre selbst die Mantik und ähnliche Vorurteile.

Auch in seiner Erkenntnistheorie ging Demokrit von der Atomistik aus. Da die Welt und alle darin befindlichen Dinge letzten Endes aus Atomen und aus Leere bestehen, existieren die sinnlich wahrnehmbaren Eigenschaften – das Süße und das Bittere, das Warme und das Kalte, das Weiße und das Schwarze usw. – nur in der Einbildung des Menschen, nicht aber in der realen Wirklichkeit. In diesem Sinne sind die Empfindungen trügerisch und geben keine wahre Vorstellung der uns umgebenden Welt. Die Wahrheit kann allein durch das Denken erkannt werden. Auf der anderen Seite sind der alleinige Gegenstand des Denkens eben die Empfindungen, d. h. die in der Erfahrung gegebene Sichtbarkeit der Dinge. Daher sind die Empfindungen nicht nutzlos, sondern dienen als Ausgangspunkt auf dem Weg zur wahren Erkenntnis. Diesen Ausgangspunkt bezeichnet Demokrit als die »dunkle« Erkenntnis im Gegensatz zur »wahren« Erkenntnis, zu der allein der Verstand führen kann.

Demokrit wird eine Reihe mathematischer Schriften zugeschrieben: »Über die Zahlen«, »Über die Berührung von Kreis und Kugel«, »Über die Geometrie«, »Über irrationale Strecken« usw. In der Antike war man – wenngleich ohne Beweis – der Ansicht, daß er die Formeln für den Inhalt des Kegels und der Pyramide entdeckt habe. Möglicherweise gehörten diese Formeln zu den Kenntnissen, die er in den Ländern des Orients erwarb. Die Geometrie gründete Demokrit offenbar auf die Vorstellung der atomistischen Struktur des Raumes: Linien, Flächen und Körper bestanden seines Erachtens aus einer großen Anzahl endlicher, doch nicht weiter teilbarer Elemente. Auf diese Weise versuchte Demokrit die Paradoxien des Zenon zu vermeiden und ein widerspruchsfreies System der Mathematik zu errichten. Einen bedeutenden Beitrag zur Rekonstruktion der atomistischen Mathematik des Demokrit leistete S. Ja. Lur'e

(Luria), dessen Ansichten zu dieser Frage überaus interessant und scharfsinnig, wenngleich nicht in jedem Punkt unbestritten sind.

Die weitere Entwicklung der griechischen Mathematik ist nicht dem von Demokrit gewiesenen Weg, sondern dem Weg der Erforschung der kontinuierlichen, d. h. der unendlich teilbaren Größen gefolgt. Überaus fruchtbar als physikalische Hypothese, konnte die Atomistik indes nicht als Grundlage für die Konzipierung einer rationalen Mathematik dienen. Zukunftsweisend war die atomistische Mathematik lediglich als Keim, aus dem sich in der Folge die Methoden der Integralrechnung entwickelten.

Wir lassen die ethischen, politischen und pädagogischen Anschauungen des Philosophen beiseite, die keinen unmittelbaren Bezug zur Wissenschaft im eigentlichen Sinne des Wortes haben. Das Dargelegte reicht zur Genüge, um den grandiosen Charakter der Leistung des Demokrit zu würdigen, der ein allumfassendes System auf der Grundlage eines einzigen naturwissenschaftlichen Prinzips zu errichten wußte.

Wissenschaftliche Einzeldisziplinen im 6. und 5. Jahrhundert v. u. Z.

Neben den universalen Systemen, welche die frühgriechische Wissenschaft »von der Natur« auszeichnen, entstanden im 6. und 5. Jahrhundert v. u. Z. auch einige speziellere Disziplinen, die sich entweder von Anfang an selbständig entwickelt hatten oder sich allmählich aus der grundlegenden physikalisch-kosmologischen Strömung ausgliederten.

Historisch-geographische Beschreibungen. Einen besonderen Zweig der jonischen Wissenschaft, der nahezu gleichzeitig mit der Wissenschaft »von der Natur« entstand, bildeten historisch-geographische Beschreibungen, die sich auf Mythen und Volksüberlieferungen, auf eigene Beobachtungen und auf Erzählungen und Aufzeichnungen von Reisenden stützten. Die Autoren dieser Beschreibungen wurden später allgemein als Logographen bezeichnet. Unter den ältesten Logographen nennt die Tradition zwei Milesier: Kadmos und Hekataios. Über den ersteren wissen wir außer seinem Namen nichts. *Hekataios* dagegen, der in der zweiten Hälfte des 6. Jahrhunderts v. u. Z. lebte, schrieb zwei umfangreiche Werke, die »Genealogien« und die »Rundreise«, die in einer Reihe von Auszügen auf uns gekommen sind. Die Titel dieser Werke verraten bereits, daß das eine von ihnen vorwiegend historischen Charakters war, während das andere, das uns hier in erster Linie interessiert, eine Beschreibung der zu jener Zeit bekannten Ökumene (des bewohnten Erdkreises) enthielt. Dieses Werk bestand aus zwei Teilen, die Europa und Asien gewidmet waren. Nach dem Vorbild des Anaximandros fügte Hekataios dem Werk eine geographische Karte bei. Darauf war die Erdoberfläche als eine runde, allseits vom Okeanos umspülte Scheibe dargestellt. Das Zentrum der Scheibe befand sich irgendwo in der Gegend des Ägäischen Meeres. Den Ursprung aller großen Flüsse – der Donau, des Nils, der Phasis – nahm Hekataios im Okeanos an (vgl. Abb. 1). Der geometrische Schematismus des Hekataios wurde von späteren Geographen kritisiert, bot jedoch gewisse Vorteile für eine erste Orientierung.

Im 5. Jahrhundert v. u. Z. gab es an vielen Orten Griechenlands Logographen, die die Überlieferungen, Gebräuche und Ereignisse im Leben des betreffenden Volkes oder Staates beschrieben. Die bekanntesten von ihnen sind *Akusilaos* aus Argos und *Hellanikos* aus Mytilene. Eine allgemeine Charakteristik dieser Literaturgattung gibt Dionysios von Halikarnassos (Ende des 1. Jahrhunderts v. u. Z. – Anfang des 1. Jahrhunderts u. Z.). Er berichtet insbesondere, daß die Schriften der Logographen zu seiner Zeit noch nicht verloren waren und gerne gelesen wurden. Die Ursache ihrer Popularität lag augenscheinlich in ihrem unterhaltenden Charakter. Viele dieser Werke stellten wohl so etwas wie eine Sammlung verhältnismäßig lose miteinander verbundener Novellen dar. Kritisch bemerkt Thukydides, der Historiker des Peloponnesischen Krieges (Ende des 5. Jahrhunderts v. u. Z.), daß seine Vorgänger in ihren Werken eher um das Interesse der Hörer als um die Wahrheit bemüht waren. Aus diesen Worten folgt insbesondere, daß die Logographen ihre Werke vor einem mehr oder weniger zahlreichen Auditorium in ähnlicher Weise vorzulesen pflegten, wie die Rhapsoden die epischen Dichtungen vortrugen.

Den Höhepunkt in der Entwicklung des historisch-geographischen Genres bilden die berühmten neun Bücher des *Herodot* von Halikarnassos (um 480–425 v. u. Z.). Herodot wird häufig der »Vater der Geschichte« genannt, und in der Tat ist sein monumentales Werk, die »Darlegung der Erkundung«, das erste klassische Zeugnis der historischen Wissenschaft geworden. Außer rein historischem Material enthalten seine Bücher jedoch auch Beschreibungen zahlreicher Länder, die den Griechen seiner Zeit mehr oder weniger gut bekannt waren.

In diesen Beschreibungen finden wir eine Unmenge wertvoller Informationen über die Natur dieser Länder, über die Völker, die sie

Abb. 1: Die Weltkarte nach Hekataios

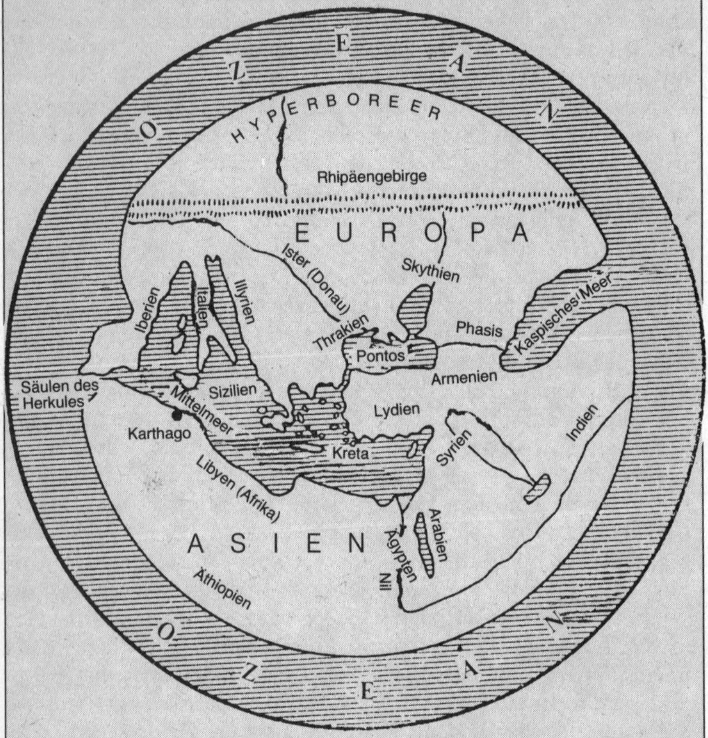

bewohnten, ihre Lebensweise, ihre Gebräuche, ihre religiösen Vorstellungen usw. Insgesamt vermitteln die Schriften des Herodot eine einigermaßen vollständige Vorstellung über den geographischen Horizont der Griechen um die Mitte des 5. Jahrhunderts.

Gut unterrichtet war Herodot über die Länder, die unmittelbar an das Mittelmeer und an das Schwarze Meer grenzten. Von allem, was jenseits der Grenzen dieses Gebietes lag, hatte er dagegen allenfalls vage Vorstellungen. So wußte er etwa, daß im Osten Indien gelegen ist, das nach seiner Beschreibung voller Wunderdinge war und von Gold überfloß. Hinter Indien aber erstreckten sich nach seinen Worten Sand und Wüste. Während Herodot einigermaßen genaue und vollständige Informationen über die Skythen bietet, sind seine Nachrichten über die Länder und Völker im Norden ihres Siedlungsgebietes, das sich an der Nordküste des Schwarzen Meeres zwischen Donau und Don erstreckte, verworren und unglaubwürdig. Nahezu alles, was Herodot über Arabien mitteilt, gehört ins Reich der Fabel. Auf der anderen Seite stützen sich seine Beschreibungen Persiens und Ägyptens auf eigene Beobachtungen und auf Informationen, die er an Ort und Stelle erhielt, und sie waren deshalb lange Zeit die wichtigste Quelle für die Kenntnis dieser Länder. Das afrikanische Gebiet westlich von Ägypten (Libyen) teilte Herodot in zwei Zonen: zunächst ein von wilden Tieren bewohntes Land und darauf eine unfruchtbare Wüste, über deren Ausdehnung er keine bestimmte Meinung hatte.

Nach Herodot kommt es zur Trennung von Historiographie und Geographie. Thukydides, Ephoros und Theopompos (zweite Hälfte des 5. bis ins 4. Jahrhundert v. u. Z.) sind bereits reine Historiker. Von der weiteren Entwicklung der Geographie wird weiter unten die Rede sein.

Die Medizin. Angesichts ihrer wesentlich praktischen Ausrichtung kann die Medizin nicht als Wissenschaft im eigentlichen Sinne betrachtet werden. Im Altertum wurde sie eher der Kategorie des Handwerks zugerechnet. Sie stellte darunter einen der ältesten Berufe dar, der in seinen Anfängen mit der Magie und der Zauberei zusammenfloß. In der besprochenen Zeit hatte die Medizin bereits gänzlich rationalen Charakter und übte aufgrund ihrer engen Verbindung mit der Erfahrung und der Beobachtung erheblichen Einfluß auf die Entwicklung der wissenschaftlichen Untersuchungsmethoden aus.

Die frühesten Nachrichten aus dem Bereich der griechischen Medizin finden wir in den homerischen Epen. Dabei geht es in der »Ilias« vor allem um die Militärmedizin. Sie zeichnet sich durch ein hohes Niveau der anatomischen Kenntnisse und der Anforderungen einerseits an die Kunst der Chirurgie, andererseits an die Fertigkeit aus, Heilmittel (vor allem pflanzlichen Ursprungs) herzustellen und anzuwenden, die zur Linderung der Schmerzen wie zur Heilung der Wunden dienten. Daneben finden sich bei Homer, vorab in der »Odyssee«, Stellen, die davon zeugen, daß die frühgriechische Medizin einerseits Elemente der primitiven Magie kannte, andererseits Verbindungen mit der ägyptischen Medizin aufwies. Es ist daran zu erinnern, daß auch der Terminus φύσις, den wir zu Beginn des Kapitels behandelt haben, zuerst bei Homer begegnet (»Odyssee« 10.103) und offenbar bereits zu jener Zeit in Beziehung zur medizinischen Terminologie stand.

Im 6. bis 5. Jahrhundert v. u. Z. existierten in Griechenland mehrere bekannte medizinische Schulen. Repräsentant der westgriechischen (italischen) Schule war der Hofarzt des Perserkönigs Dareios, Demokedes aus Kroton, den Herodot erwähnt. Der gleichen Schule gehörte auch Alkmaion an, von dem im folgenden die Rede sein wird. Als Begründer der sizilischenSchule galt der Philosoph Empedokles. Für diese Schule war die enge Verbindung mit der religiös-ethischen Doktrin der Pythagoreer charakteristisch. Die berühmte Schule von Knidos setzte die empirischen Traditionen der ägyptischen und der babylonischen Ärzte fort, indem sie detaillierte Beschreibungen einzelner Komplexe von Krankheitssymptomen erstellte und für jede Krankheit eine eigene Therapie entwickelte, die komplizierte Rezepte, Diätvorschriften und die breite Anwendung lokaler Mittel, etwa das Ausbrennen von Wunden, umfaßte. Die Schriften der Ärzte der Schule von Knidos sind nicht erhalten, doch sind einzelne Fragmente davon offenbar in Traktate des hippokratischen Corpus eingegangen. In den Quellen werden auch Schulen von Rhodos und von Kyrene erwähnt, über die wir jedoch so gut wie gar nichts wissen.

Eine besondere Stellung in der Geschichte der frühgriechischen Wissenschaft nimmt der Arzt und Philosoph *Alkmaion* aus Kroton (Ende des 6. bis Anfang des 5. Jahrhunderts v. u. Z.) ein. Er stand den Pythagoreern nahe, und seine Anschauungen stehen in der physikalisch-kosmologischen Tradition der Wissenschaft »von der Natur«. Seine Bedeutung liegt jedoch darin, daß er in gewissem Maße als ein Vorläufer der experimentellen Physiologie und Anatomie angesehen werden kann. Nach den vorliegenden Nachrichten war er der erste, der die Sektion tierischer Kadaver praktizierte, um Bau und Funktion einzelner Organe zu studieren. Indem er das Gehirn als wichtigstes Organ und als Sitz der Seele diagnostizierte, formulierte Alkmaion die historisch erste Theorie der Empfindungen, die in der Darstellung des Theophrastos auf uns gekommen ist. Außerdem wird ihm die Entdeckung der Nerven zugeschrieben, die von den Sinnesorganen zum Gehirn führen.

Großen Einfluß auf das medizinische Denken der Folgezeit übte die Lehre des Alkmaion über die Gesundheit aus, der der Gedanke des Gleichgewichts entgegengesetzter »Kräfte« – des Warmen und Kalten, des Trockenen und Feuchten, des Süßen und Bitteren usw. – zugrunde lag. Erkrankungen des Organismus werden nach der Auffassung des Alkmaion durch die Störung dieses Gleichgewichts hervorgerufen.

Die größte Berühmtheit erlangte bereits im Altertum die medizinische Schule von Kos. Sie ist untrennbar mit dem Namen des *Hippokrates* verbunden, der, von der Insel Kos gebürtig, in der zweiten Hälfte des 5. Jahrhunderts v. u. Z. lebte. Hippokrates wurden mehr als siebzig medizinische Bücher zugeschrieben, die in ihrer Gesamtheit das sogenannte »Corpus Hippocraticum« bilden. Diese Schriften sind äußerst unterschiedlichen Charakters, und gegenwärtig herrscht die Ansicht vor, daß Hippokrates selbst der Autor allenfalls von einigen von ihnen gewesen sein kann, während die übrigen zu verschiedenen Zeiten von seinen Schülern und Nachfolgern geschrieben wurden. Insgesamt vermittelt das Corpus ein überaus vollständiges Bild der medizinischen Theorie und Praxis der besprochenen Zeit.

Das grundlegende Charakteristikum der hippokratischen Medizin ist ihr strenger Rationalismus, der hier als bewußt eingehaltene Tendenz zutage tritt. Sehr bezeichnend ist in diesem Zusammenhang die Schrift »Über die heilige Krankheit«, in der die überkommenen Ansichten über die Epilepsie als einer besonderen Krankheit göttlichen Ursprungs widerlegt werden. Nach der Ansicht des Autors werden alle Krankheiten, darunter die Epilepsie, von natürlichen Ursachen hervorgerufen, die es zu studieren und zu erklären gilt, um angemessene und wirksame Verfahren ihrer Heilung zu entwickeln. Der Traktat enthält eine scharfe Polemik gegen diejenigen, die bei der Heilung von Krankheiten Beschwörungen und religiösmystische Reinigungspraktiken anwenden. Nach der vorherrschenden Auffassung der Forschung ist seine Polemik in erster Linie gegen die Ärzte der genannten sizilischen Schule gerichtet.

Das zweite Merkmal der hippokratischen Medizin besteht in der Forderung eines individuellen Herangehens an jeden einzelnen Fall, der durch die Besonderheiten einerseits des Patienten, andererseits der natürlichen Umgebung bestimmt ist, in der dieser lebt. Bei der Beschreibung dieser Umstände verwendeten die Hippokratiker in weitestem Umfang den Begriff der »Natur« (φύσις), der bei ihnen wahrhaft universelle Bedeutung erlangt. Vor allem in bezug auf den Patienten bezeichnet der Begriff »Natur« die Gesamtheit seiner körperlichen und seelischen Konstitution, die durch seine Herkunft, durch Vererbung und den Einfluß des umgebenden Milieus bestimmt sind. Um einen Kranken zu heilen, muß der Arzt seine »Natur« klären und Heilmittel und Medikamente anwenden, die dieser »Natur« nicht widersprechen, sondern mit ihr in Einklang stehen. Dabei ist die »Natur« nicht allein des Gesamtorganismus, sondern auch seiner einzelnen Organe zu berücksichtigen. Überdies hat jede Krankheit ihre eigene »Natur«, die der Arzt kennen muß, um den Verlauf des Leidens verständig in eine für den Patienten günstige Richtung zu lenken. Endlich ist es unerläßlich, die »Natur« des umgebenden Milieus zu nutzen, in dem sich der Kranke befindet: die Besonderheiten des Klimas, den Charakter der Winde, die Eigenschaften des Wassers und vieles andere mehr. In dem Traktat »Über Luft, Wasser und Ortslagen«, der als eine der frühesten Schriften des hippokratischen Corpus gilt, wird der Einfluß dieser natürlichen Faktoren auf die »Natur« der örtlichen Anwohner und den Charakter der Krankheiten dargelegt, denen sie unterworfen sind. Der grundlegende Rat, der in dieser Schrift dem wandernden Arzt (und ein solcher war allem Anschein nach Hippokrates selbst) erteilt wird, lautet dahin, sich bei der Ankunft an einem neuen Ort zuallererst mit eben diesen natürlichen Faktoren vertraut zu machen, um ihren schädlichen Einfluß zu erkennen und ihre heilsame Kraft nutzen zu können.

Es versteht sich, daß die Medizin zur Zeit des Hippokrates noch keine feste Grundlage in Gestalt einer wissenschaftlichen Physiologie besaß. Die Vorstellungen der hippokratischen Ärzte von der Funktionsweise des menschlichen Organismus waren durchaus naiv und verworren. Zu gleicher Zeit zeichnet sich in einzelnen Schriften des Corpus jedoch die tastende Ahnung eines verläßlicheren Fundaments der ärztlichen Praxis ab. So wendet sich der Autor des Traktats »Über die ältere Medizin« gegen das Eindringen philosophischer Konzeptionen seiner Zeit – z. B. der Lehre des Empedokles von den vier Elementen – in die Medizin. Er setzt ihnen die Humoralpathologie entgegen, an die sich die früheren Ärzte gehalten hätten und die die Erkrankungen aus der Störung des Gleichgewichtszustandes zwischen den »Säften« (χυμοί) erklärt, welche die Lebenstätigkeit des Organismus bestimmen. Über Anzahl und Charakter dieser »Säfte« herrschte bei den Hippokratikern jedoch keine einheitliche Meinung. In einigen Schriften werden als derartige »Säfte« Schleim und Galle, in anderen Blut, Schleim, Wasser und Galle, in dritten endlich Blut, Schleim, gelbe und schwarze Galle anerkannt. Die letztere Anschauung sollte sich in der Folgezeit durchsetzen und bildete die Grundlage für die Lehre von den vier Temperamenten. Schließlich wird in dem Traktat »Von den Winden« als grundlegendes Agens, das die Verfassung des Organismus bestimmt, die Luft (πνεῦμα) genannt. Insgesamt zeichnet sich die hippokratische Medizin durch die Ablehnung eines unbegründeten Theoretisierens und die absolute Bevorzugung empirischer Untersuchungsmethoden aus, die auf Beobachtung und Erfahrung beruhen. Eben dieses dritte und wichtigste Merkmal der hippokratischen Medizin sollte sich als besonders fruchtbar für die Entwicklung der Methoden der wissenschaftlichen Naturkunde erweisen.

Die Beschreibung konkreter klinischer Fälle, die in einzelnen Schriften des Corpus zu finden sind, verblüfft durch ihre Genauigkeit und Objektivität. Zur Veranschaulichung führen wir zwei dieser Beschreibungen an, die im dritten Buch der »Epidemien« enthalten sind. Jede von ihnen schließt mit einer lakonischen Diagnose:

»Eine Frau, die bei Aristion lebte, wurde von Angina befallen. Sie begann bei ihr an der Zunge; heisere Stimme; rote, trockene Zunge. Am ersten Tag: leichter Schüttelfrost mit Temperatur. Am dritten Tag: Schüttelfrost, heftiges Fieber; eine feste Schwellung von roter Färbung breitete sich von zwei Seiten über Hals und Brust aus; Extremitäten kalt und blaurot; Atmung oberflächlich; Getränke traten durch die Nase aus; die Kranke vermochte nicht zu schlucken; Stuhl- und Harngang setzten aus. Am vierten Tag Zuspitzung der Symptome. Am fünften Tag starb die Frau. Angina.«

»Ein junger Mann, der am Lügnerplatz wohnte, wurde nach allgemeiner Ermattung, schwerer Arbeit und ungewohntem Laufen von heftigem Fieber befallen. Am ersten Tag: Magenverstimmung; gallige, dünnflüssige, reichliche Ausscheidungen; Urin dünn und schwärzlich; Schlaflosigkeit; Durst. Am zweiten Tag allgemeine Zuspitzung: Stuhlgang reichlicher und ungeregelt; gänzliche Schlaflosigkeit, Bewußtseinstrübung; mäßiges Schwitzen. Am dritten Tag heftige Beschwerden: Durst, Übelkeit; starke Unruhe; Schwermut; Halluzinationen; Extremitäten blau und kalt; Anspannung des Oberbauchs von zwei Seiten ohne nennenswerte Schwellung. Am vierten Tag: gänzliche Schlaflosigkeit, allgemeine Verschlechterung des Befundes. Am siebten Tag starb der Kranke im Alter von zwanzig Jahren. Heftige Erkrankung.«

Diese Beschreibungen finden in der europäischen medizinischen Literatur bis ins 16. Jahrhundert nicht ihresgleichen. Jede Beschreibung stellt eine trockene, nüchterne Aufzählung der Symptome dar. Nur in seltenen Fällen wird die verordnete Behandlung mitgeteilt. Dabei ist bezeichnend, daß von den 42 Fällen, die in den beiden Büchern der »Epidemien« behandelt werden, 25 (d. h. etwa 60%) letal ausgehen. Der Autor hat also durchaus nicht die Absicht, seine Kunst anzupreisen.

In anderen Schriften des Corpus werden detaillierte Behandlungsvorschriften mitgeteilt. In dieser Hinsicht ist ein Traktat

»Über die inneren Leiden« von Interesse, von dem man annimmt, daß er unter starkem Einfluß der medizinischen Schule von Knidos geschrieben wurde. Jedes Kapitel des Traktats enthält eine kurze Beschreibung der Ursachen und der Symptome der betreffenden Krankheit, der Hinweise auf ihre Behandlung folgen. Detailliert werden die empfohlenen Heilmittel einschließlich der Verfahren ihrer Herstellung und Dosierung beschrieben, Vorschriften über Diät und Verhalten des Kranken erteilt und endlich eine Prognose über die Aussichten einer Heilung gegeben.

Besondere Berühmtheit im Altertum wie in der Neuzeit erlangte jedoch der Traktat »Über Brüche«, der von der Mehrzahl der Forscher Hippokrates selbst zugeschrieben wird. Wie in anderen Schriften des Corpus polemisiert der Autor gegen die Unwissenheit und die Scharlatanerie vieler Ärzte seiner Zeit, um im Anschluß die unterschiedlichen Arten von Knochenbrüchen und Verrenkungen abzuhandeln, wobei in jedem Falle eine eingehende Beschreibung der Behandlungsmethoden beigefügt ist. In der Darstellung kommt die große persönliche Erfahrung des Autors zum Ausdruck, während theoretische Spekulationen gänzlich fehlen.

Das Studium einzelner Schriften des hippokratischen Corpus zeigt, daß die anatomischen Kenntnisse in Griechenland zu dieser Zeit ein im Vergleich mit den Ländern des Alten Orient oder mit der homerischen Zeit fortgeschrittenes Niveau erreicht hatten. Besonders gut war das Skelett erforscht. Auch die wichtigsten inneren Organe waren bekannt, wenngleich man über ihre Struktur im einzelnen noch wenig wußte, was sich vor allem daraus erklärt, daß es im Alten Griechenland verboten war, Tote zu sezieren. Über die Funktionen des Gehirns werden in den verschiedenen Büchern des Corpus widersprüchliche Ansichten vertreten. Teils wurde das Gehirn als Drüse angesehen, die den Organismus von überschüssiger Flüssigkeit befreit, teils als Organ, das den Samen produziert, und nur in einem der Traktate (»Über die heilige Krankheit«) findet sich die Vermutung, daß mit dem Gehirn nicht allein das Denken, die Empfindungen, die Emotionen und die Traumgesichte (dieser Gedanke war bereits bei Alkmaion ausgesprochen), sondern auch die psychischen Erkrankungen zusammenhängen.

Über die embryologischen Vorstellungen der Hippokratiker sind wir aus der Schrift »Über den Samen und die Natur des Kindes« unterrichtet. Die grundlegenden Anschauungen des Autors gehen nicht über das hinaus, was die Vorsokratiker, insbesondere Demokrit, zu diesem Thema geschrieben hatten: Der Samen entsteht aus allen Teilen des väterlichen wie des mütterlichen Körpers. Von der

»Kraft« und dem quantitativen Überwiegen des männlichen oder weiblichen Samens hängt es ab, ob das Kind ein Junge oder ein Mädchen wird und welchem der Eltern es ähnlicher ist. Außerdem enthält dieser Traktat bemerkenswerte Beobachtungen über die Entwicklung des frühen menschlichen Embryos und stellt Entsprechungen zwischen der Entwicklung des Menschen auf der einen, der Pflanzen und Tiere (des Kükens) auf der anderen Seite fest.

Schließlich ist daran zu erinnern, daß Hippokrates die Formulierung der grundlegenden Prinzipien der ärztlichen Ethik zugeschrieben wird. Der sogenannte Hippokratische Eid hat seine Bedeutung bis auf den heutigen Tag weitgehend bewahrt.

Die Mathematik vom 5. bis zum Beginn des 4. Jahrhunderts v. u. Z. In der Anfangszeit der Wissenschaft »von der Natur« besaßen die Griechen ohne Zweifel bereits einen bestimmten Fundus mathematischer Kenntnisse, die zu einem bedeutenden Teil von den Ägyptern und den Babyloniern übernommen waren. Diese Kenntnisse waren jedoch rein praktischer Natur, waren zufällig und heterogen und stellten daher keine Wissenschaft dar. Sie hatten eher handwerklichen Charakter, denn sie beschränkten sich auf die Rechenfertigkeit, auf die Fähigkeit einer mehr oder minder genauen Berechnung von Flächen und Volumen und möglicherweise auf die Lösung anderer Aufgaben, die sich den Griechen im Verlauf ihrer praktischen Tätigkeit stellten.

Nach der Überlieferung, die auf Aristoteles' Schüler Eudemos zurückgeht, war *Thales* der erste, der ein theoretisches Interesse an einigen der einfachsten geometrischen Beziehungen zeigte. Doch selbst wenn diese Nachricht zutrifft, hatte Thales auf diesem Gebiet offenbar keine direkten Nachfolger. Von keinem der jonischen Denker der Folgezeit wird berichtet, daß er sich irgend ernsthafter mit der Mathematik beschäftigt habe. Es ist daher der Ansicht der antiken Autoren zuzustimmen, daß das Verdienst der Begründung der Mathematik als theoretischer, deduktiver Disziplin im wesentlichen erst der pythagoreischen Schule zukommt.

Es versteht sich, daß diese Entwicklung nicht auf einmal erfolgte und nicht das alleinige Werk des *Pythagoras* war, wie genial er immer gewesen sein mag. In den Anfangszeiten der pythagoreischen Schule hatte das Interesse an den Zahlen ausgeprägt religiös-mystische Prägung. Den Zahlen, insbesondere denen der ersten Dekade, wurden besondere, übernatürliche Eigenschaften zugeschrieben. Diese Zahlen waren nicht bloße Ziffern, sondern stellten das Wesen der umgebenden Welt dar, da sich die ganze Vielfalt der Dinge letzten Endes auf Zahlenverhältnisse zurückführen ließ. Ein solches

Verhältnis zur Zahl barg den Keim für Folgerungen von ungeheurer Bedeutung: Den Zahlen, die vordem der Sphäre des Handwerks und der praktischen Tätigkeit angehörten, wurde von den Pythagoreern der höchste ontologische Status zugeschrieben. Die Pythagoreer widmeten sich dem Studium der Zahlen um seiner selbst willen – nicht, weil es ihnen für andere Zwecke erforderlich war, sondern weil sie nichts Erforschenswerteres kannten.

Das Fehlen schriftlicher Zeugnisse macht es unmöglich, auch nur einigermaßen verläßlich die Aufeinanderfolge der Entdeckungen zu rekonstruieren, die der pythagoreischen Schule zuzuschreiben sind. Zunächst führten die Pythagoreer die Gegensätze Einzahl–Mehrzahl und Gerade–Ungerade ein. Der Einteilung der Zahlen in gerade und ungerade maßen sie besondere Bedeutung zu. In Zusammenhang damit untersuchten sie sorgfältig die Frage der Teilbarkeit durch zwei (die entsprechende Theorie wurde von Euklid im neunten Buch der »Elemente« erläutert). Danach lenkten sie die Aufmerksamkeit darauf, daß sich einige Zahlen (die Primzahlen) nur durch sich selbst teilen lassen, während andere als Produkte von zwei oder mehr Faktoren dargestellt werden können. Die Primzahlen bezeichneten die Pythagoreer als »linear«, die Zahlen, die Produkte von zwei oder drei Primfaktoren darstellen, entsprechend als »flächig« bzw. »räumlich«.

Ferner wurde aus der natürlichen Zahlenreihe die Reihe der »Dreiecks-«, »Quadrat-«, »Fünfeckszahlen« usw. ausgegliedert. Die Bedeutung der Bezeichnungen veranschaulicht Abb. 2, die die geometrischen Konstruktionen zur Ermittlung dieser Zahlenreihen zeigt. Durch entsprechende räumliche Konstruktionen ermittelten die Pythagoreer »kubische«, »pyramidale« u. a. Zahlen.

Die weitere Untersuchung der Teilbarkeit ganzer Zahlen brachte die Pythagoreer auf den Gedanken der rationalen Brüche. Im 5. Jahrhundert v. u. Z. lernten die Griechen mit Brüchen der Gestalt $^m/_n$ zu operieren. Sie führten damit alle vier Rechenarten aus – mit der einzigen Ausnahme, daß sie nur die Subtraktion kleinerer von größeren Zahlen kannten (auch die Ägypter konnten bereits mit Brüchen rechnen, die sie jedoch allein in der Gestalt $^1/_n$ ausdrückten). Die Historiographen der Mathematik nehmen an, daß gegen Ende des 5. Jahrhunderts in Griechenland bereits eine Theorie der Teilbarkeit formuliert war, die als Spezialfall die Teilbarkeit durch zwei enthielt. Später ging diese Theorie in das siebte Buch der »Elemente« des Euklid ein.

Parallel zur Arithmetik entwickelte sich auch die Geometrie, doch sind die Anhaltspunkte, die uns darüber zur Verfügung stehen, noch spärlicher. Die Pythagoreer beschäftigten vor allem diejenigen Eigenschaften geometrischer Figuren (Dreiecke, Quadrate usw.), die durch Zahlenverhältnisse auszudrücken sind. Es ist einsichtig, daß sie der Beziehung zwischen den Seiten des rechtwinkligen Dreiecks besondere Aufmerksamkeit schenkten, die als »Satz des Pythagoras« bezeichnet wird. Wir wissen allerdings nicht, wie und wann der Beweis dieses Theorems gefunden wurde. Die Form des Beweises, die in den »Elementen« des Euklid angeführt wird, stammt ohne Zweifel aus einer späteren Zeit.

Etwa um die Mitte des 5. Jahrhunderts v. u. Z. wurde die Existenz inkommensurabler Strecken entdeckt, d. h. solcher Strecken, deren wechselseitiges Verhältnis weder durch eine ganze Zahl noch durch ein beliebiges Verhältnis ganzer Zahlen ausgedrückt werden kann. Hierzu gehören etwa die Seite des Quadrats und seine Diagonale. Es gibt Anhaltspunkte für die Annahme, daß der Urheber dieser Entdeckung der Pythagoreer *Hippasos* aus Metapontion (um 400 v. u. Z.) war. Mit seinem Namen sind Legenden verbunden, die wir hier nicht weiter behandeln wollen. Wir wissen nicht, auf welchem Wege Hippasos zu seiner Entdeckung gelangte, und auch die Historiographie der antiken Mathematik hat hierüber lediglich verschiedene Vermutungen vorgebracht.

Die Entdeckung der Inkommensurabilität stellt einen Wendepunkt in der Geschichte der griechischen Mathematik dar. Ihre Bedeutung für die damalige Zeit kann mit der Bedeutung der Entdekkung der nichteuklidischen Geometrien im 19. Jahrhundert verglichen werden. Sie bedeutete das Ende der pythagoreischen Vorstellung, daß die Beziehungen beliebiger Größen als Verhältnisse ganzer Zahlen auszudrücken seien. Von dem Widerhall, den diese Entdeckung in den gebildeten Kreisen der griechischen Gesellschaft fand, gibt eine Reihe von Stellen in den Werken Platons und des Aristoteles Zeugnis, in denen Fragen der Inkommensurabilität behandelt werden. Nach der Betrachtung der einfachsten Fälle der Inkommensurabilität nahm man die Untersuchung schwierigerer Fragestellungen auf. Der Pythagoreer *Theodoros* aus Kyrene (zweite Hälfte des 5. Jahrhunderts v. u. Z.) zeigte, daß die Seiten eines Quadrats mit der Fläche 3, 5, 6, 7, 8, 10, ... mit der Seite des Quadrats mit der Fläche 1 inkommensurabel sind. Der Schüler des Theodoros, *Theaitetos* von Athen, Zeitgenosse und Freund Platons, formulierte eine erste allgemeine Theorie der irrationalen oder, wie die Griechen sagten, »unausdrückbaren« Größen. Vor allem bewies er, daß, wenn die Fläche eines Quadrats durch eine ganze Zahl N ausgedrückt wird, die nicht die zweite Potenz einer anderen ganzen

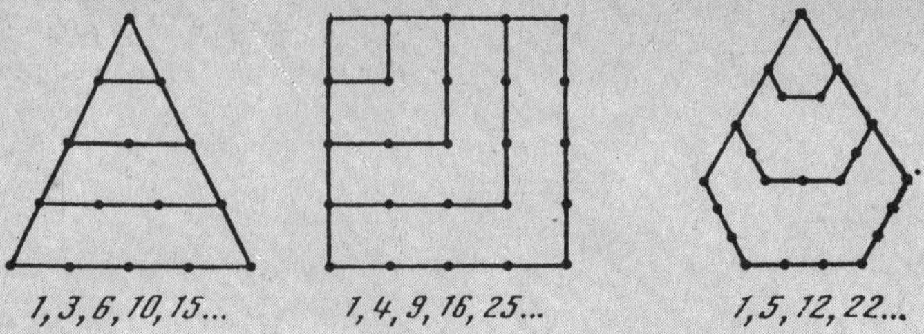

Abb. 2: Schemata zur Ermittlung von Dreiecks-, Quadrat- und Fünfeckszahlen

Zahl ist, die Seite des Quadrats stets der Seite des Quadrats mit der Fläche 1 inkommensurabel ist. Ferner erweiterte Theaitetos den Beweis der Irrationalität auf Zahlen des Typs $\sqrt[3]{N}$ (worin N nicht die dritte Potenz einer anderen ganzen Zahl darstellt), $\sqrt{N} + \sqrt{M}$ und $N + \sqrt{M}$ (sogenannte Binomiale), $\sqrt{N} - \sqrt{M}$, $N - \sqrt{M}$ und $\sqrt{N} - M$ (sogenannte Apotome) und $\sqrt{\sqrt{N} \times \sqrt{M}}$ (sogenanntes Medial). Die Darstellung der Ergebnisse des Theaitetos ist im zehnten Buch der »Elemente« des Euklid enthalten.

Die Entdeckung der inkommensurablen Strecken und damit die Entdeckung der irrationalen (»unausdrückbaren«) Größen stellte die griechischen Mathematiker vor ein Problem von erstrangiger Bedeutung. Ein Ausweg aus der schwierigen Lage, in der sich die Mathematik infolge dieser Entdeckung befand, war der Weg, den die Mathematik der Neuzeit beschritt: der Weg der Verallgemeinerung des Zahlenbegriffs und seiner Ausdehnung auf die Klasse sowohl der rationalen wie der irrationalen mathematischen Größen. Dabei hätten die Griechen mit der Ausarbeitung rein analytischer Methoden der Lösung mathematischer Aufgaben beginnen können. Darauf waren sie jedoch nicht vorbereitet (erinnern wir uns, daß die griechische Mathematik zu jener Zeit weder den Begriff der Null, noch den der negativen Größen kannte). Deshalb schlugen die Griechen einen anderen Weg ein: den Weg der Geometrisierung der Mathematik. Im Ergebnis entstand eine geometrische Algebra, die auf der Grundlage anschaulicher geometrischer Bilder die Lösung algebraischer Aufgaben erlaubte. Über ihren Charakter können wir anhand des zweiten Buches des Euklid und anhand der Werke des Archimedes und des Apollonios urteilen. Diese Disziplin, die ein typisches Produkt des griechischen Geistes darstellt, begann sich in der zweiten Hälfte des 5. Jahrhunderts v. u. Z. herauszubilden. Sie fußte auf der antiken Planimetrie, die eine Geometrie des Zirkels und des Lineals darstellte, und eignete sich zur Lösung von quadratischen Gleichungen und einiger anderer Arten von algebraischen Aufgaben. Ihre Möglichkeiten waren jedoch beschränkt, und in der Folgezeit sollte sich die geometrische Algebra als ein Hemmschuh erweisen, der die freie Entfaltung des mathematischen Denkens der Antike behinderte.

Im Zuge der Entwicklung der geometrischen Algebra erarbeiteten die griechischen Mathematiker eine für die Operation mit inkommensurablen Größen angelegte Theorie der Proportionen. Dabei formulierten sie eine neue Bestimmung der Proportionalität, die in gleicher Weise für die rationalen wie für die irrationalen Größen anwendbar war. Mit der Theorie der Proportionen befaßten sich Hippasos aus Metapontion, Hippokrates von Chios, Archytas von Tarent und andere Mathematiker des 5. und des beginnenden 4. Jahrhunderts v. u. Z. Ihre vollendetste Ausgestaltung erfuhr die Theorie der Proportionen in der allgemeinen Theorie der Verhältnisse des Eudoxos von Knidos, des größten Mathematikers des 4. Jahrhunderts v. u. Z., von dem im folgenden Kapitel die Rede sein wird.

Auf dem Gebiet der reinen Geometrie wurde bis zum Beginn des 4. Jahrhunderts v. u. Z. die logische Konzeption der Planimetrie im wesentlichen abgeschlossen, welche die Theorie der Parallelen, die Bestimmung der Winkelsumme des Dreiecks und des Flächeninhalts der Vielecke, den Satz des Pythagoras, die Theorie der Bögen und Sehnen im Kreise, die Konstruktion regelmäßiger Vielecke und die Berechnung des Flächeninhalts des Kreises umfaßte. Die erste systematische Darstellung der Geometrie gab *Hippokrates* von Chios. Von den Leistungen des Hippokrates selbst erlangte vor allem das sogenannte »Theorem von den Möndchen« Berühmtheit, dessen Darstellung man in jedem Lehrbuch der Geschichte der Mathematik findet.

Neben der Planimetrie begann sich im 5. Jahrhundert v. u. Z. auch die Stereometrie zu entwickeln. Kannten die frühen Pythagoreer lediglich drei regelmäßige Polyeder – den Tetraeder, den Würfel und den Dodekaeder –, so traten in der Folgezeit zwei weitere, der Oktaeder und der Ikosaeder, hinzu. Bereits im 4. Jahrhundert v. u. Z. formulierte Theaitetos die allgemeine Theorie der regelmäßigen Polyeder. Es war bereits davon die Rede, daß Demokrit die Entdeckung der Formeln für den Rauminhalt des Kegels und der Pyramide zugeschrieben wurde. Ferner ist zu berücksichtigen, daß sich mit der Entwicklung der Theatertechnik die Notwendigkeit ergab, eine Theorie der Perspektive zu erarbeiten. Als Urheber der ersten Schrift zu dieser Frage – möglicherweise lediglich einer Instruktion – nennen die Quellen den Künstler Agatharchos, in dessen Gefolge Anaxagoras und Demokrit über die Theorie der Perspektive geschrieben haben sollen.

Große Popularität erlangten im 5. Jahrhundert v. u. Z. drei geometrische Aufgaben, die sich als mit den Mitteln der Geometrie des Zirkels und des Lineals unlösbar erwiesen: 1. die Verdoppelung des Würfels, 2. die Dreiteilung des Winkels und 3. die Quadratur des Kreises. Mit der Aufgabe der Verdoppelung des Würfels, die als das »delische Problem« bezeichnet wurde, beschäftigten sich die bedeutendsten Mathematiker der Zeit: Hippokrates von Chios und Archytas aus Tarent. Im weiteren Verlauf wurde das »delische Problem« zum Anstoß für die Erforschung der Kegelschnitte. Für die Lösung der Aufgabe von der Dreiteilung des Winkels erfand der bekannte sophistische Philosoph Hippias aus Elis eine Kurve, die in der Folgezeit als »Quadratrix« bezeichnet wurde. Die dritte Aufgabe der Quadratur des Kreises war so populär, daß sie selbst in den »Vögeln« des Aristophanes Erwähnung fand. Der Überlieferung nach befaßte sich Anaxagoras im Gefängnis von Athen mit diesem Problem. Von besonderem Interesse sind in diesem Zusammenhang die Überlegungen des Sophisten Antiphon, der den Kreis als Vieleck mit einer sehr großen Anzahl von Seiten auffaßte.

Überschauen wir die Entwicklung der Mathematik des besprochenen Zeitraums im ganzen, so müssen wir den gigantischen Fortschritt bewundern, den diese Wissenschaft in etwa anderthalb Jahrhunderten erlebte. Im Ausgang des 6. Jahrhunderts v. u. Z. waren die grundlegenden mathematischen Begriffe noch Gegenstand esoterischer Spekulationen der pythagoreischen Schule, und es fehlt jegliche Nachricht darüber, ob irgendwelche mathematischen Studien außerhalb dieser Schule betrieben wurden. Zu Beginn des 4. Jahrhunderts hat sich die Mathematik zu einer strengen und eigenständigen Disziplin gewandelt, die allen Kriterien wahrer Wissenschaftlichkeit entspricht. Dabei sind zwei Umstände hervorzuheben, die diesen Prozeß begleiten.

Zum einen hören die mathematischen Studien etwa in der Mitte des 5. Jahrhunderts auf, das Prärogativ allein der Pythagoreer zu sein, und werden Gegenstand der professionellen Beschäftigung von Gelehrten, die keiner philosophischen Richtung zuzurechnen sind. Werden Theodoros aus Kyrene und Archytas aus Tarent noch als Pythagoreer bezeichnet, so war Hippokrates von Chios offenbar bereits ein rein professioneller Mathematiker. Auf der anderen Seite beginnt die theoretische Mathematik die Aufmerksamkeit von Philosophen auf sich zu ziehen, die keinerlei Beziehung zur pythagoreischen Schule haben. Hiervon legen die Nachrichten über die mathematischen Studien des Anaxagoras, des Hippias und des Antiphon wie über die mathematischen Schriften des Demokrit Zeugnis ab. Die Mathematik wird zu einer eigenständigen, abgegrenzten Wissenschaft, einer vor allem anderen wissenschaftlichen Disziplin, die als solche zum Vorbild aller übrigen Wissenschaften zu werden beginnt.

Als zweiter Faktor von nicht zu überschätzender Bedeutung hat die Entwicklung der deduktiven Methode der Mathematik zu gelten. Wir haben nicht die Möglichkeit, die Geschichte ihrer Entstehung zu verfolgen. Wurde sie bereits von den frühen Pythagoreern entwickelt? Wurde ihre Entstehung, wie manche glauben, von den logischen Erörterungen des Zenon angeregt? Oder hat sie sich endlich erst im Zuge der schöpferischen Tätigkeit der großen Mathematiker des Ausgangs des 5. Jahrhunderts v. u. Z. – Hippokrates und Archytas – herausgebildet? Wir haben davon keine Kenntnis. Wir wissen lediglich, daß bereits in der Schrift des Hippokrates über die Geometrie das Material streng deduktiv, durch logische Folgerung aus einer begrenzten Anzahl grundlegender Annahmen, entwickelt wird. Wir machen uns daher wohl keiner großen Ungenauigkeit schuldig, wenn wir die Geburtsstunde der mathematischen Wissenschaft mit dem Erscheinen dieses Buches gleichsetzen.

Die Astronomie. Im Unterschied zur Mathematik kann sich die griechische Astronomie des 5. Jahrhunderts v. u. Z. keiner vergleichbaren Erfolge rühmen. Auffallend ist insbesondere die Spärlichkeit astronomischer Kenntnisse bei der Mehrzahl der vorsokratischen Philosophen bis zu Demokrit. Ihre kosmologischen Spekulationen gründeten sich weder auf Beobachtungen noch auf Berechnungen. Über die Planeten hatten sie allenfalls sehr unbestimmte Vorstellungen. Selbst die Erklärung der Sonnen- und Mondfinsternisse durch Anaxagoras war nicht mehr als eine geniale Vermutung, die sich aus den kosmologischen Konzeptionen des Klazomeners ergab.

Auch auf dem Gebiet der Astronomie sind nach den Nachrichten der antiken Quellen die grundlegenden Leistungen der pythagoreischen Schule zuzuschreiben. So gibt es Grund zu der Annahme, daß die Hypothese der Kugelgestalt der Erde zuerst von den Pythagoreern formuliert (und erst von ihnen durch Parmenides übernommen) wurde. Möglicherweise lernten die Pythagoreer nicht ohne östliche Einflüsse fünf Planeten zu unterscheiden und ihre Himmelsbahnen zu beobachten. Es gibt eine Nachricht, daß Alkmaion, der in seinen wissenschaftlichen Anschauungen den Pythagoreern nahestand, von einer Bewegung der Planeten von Westen nach Osten sprach, die der Bewegung der Fixsterne zuwiderläuft. In der Folgezeit bildete sich innerhalb der pythagoreischen Schule das klassische Modell des Kosmos heraus, in dem die Himmelskörper in sieben Kreisen oder Sphären in der folgenden Reihenfolge (nach ihrer Entfernung von der Erde) angeordnet sind: Mond, Sonne, Merkur, Venus, Mars, Jupiter und Saturn. In der pythagoreischen Schule trugen diese Planeten selbstverständlich andere Namen. Die Distanzen zwischen den Sphären wurden von den Pythagoreern mit den Intervallen der Tonleiter verglichen, wobei sie annahmen, daß die Sphären bei ihrem Umlauf die entsprechenden Töne hervorbrachten. Die Töne bildeten zusammen die »himmlische« Harmonie oder die Sphärenklänge, die vom Menschen nicht wahrgenommen werden, weil seine Ohren nicht daran gewöhnt sind.

Von dem kosmologischen System der Pythagoreer in der Gestalt, die es in der ersten Hälfte des 5. Jahrhunderts v. u. Z. angenommen hatte, kann man sich anhand von Platons Dialog »Timaios« eine Vorstellung machen. Zu dem Modell des Kosmos, wie es im »Timaios« dargestellt ist, gelangte die pythagoreische Schule jedoch offenbar nicht auf direktem Wege. Die interessanteste Abweichung stellt das System des *Philolaos* aus Tarent dar, eines Pythagoreers, der gegen Ende des 5. Jahrhunderts v. u. Z. lebte. Philolaos sagte sich von der traditionellen Vorstellung von der zentralen Stellung der Erde los und setzte in den Mittelpunkt des Kosmos ein Zentralfeuer (ἑστία), um das sich in der Reihenfolge ihrer Entfernung vom Zentrum zuerst eine für den Menschen unsichtbare »Gegenerde«, darauf die Erde, der Mond, die Sonne, fünf Planeten und die äußere Sternensphäre bewegen (vgl. Abb. 3). Die Sonne ist nach Philolaos eine durchsichtige Kugel, die ihr Licht und ihre Wärme zum einen von dem Zentralfeuer, zum anderen von einem Feuer empfängt, das außerhalb der äußeren Sphäre liegt. Die Einführung der Gegenerde benötigt Philolaos offenbar, um die Anzahl der Himmelskreise auf zehn zu erhöhen. Möglicherweise leiteten ihn jedoch auch andere Erwägungen, zumal auch einige Vorsokratiker (Anaximenes, Anaxagoras) die Existenz unsichtbarer (dunkler) Himmelskörper unterhalb des Mondes annahmen.

In den Quellen werden die Namen anderer Gelehrter der Zeit genannt, die sich unabhängig von einer philosophischen Schule mit der Astronomie beschäftigten. An erster Stelle nennen sie *Kleostratos* von Tenedos, der in der zweiten Hälfte des 6. Jahrhunderts v. u. Z. lebte und angeblich einen Beobachtungspunkt auf dem Berg

Abb. 3: System des Kosmos nach Philolaos

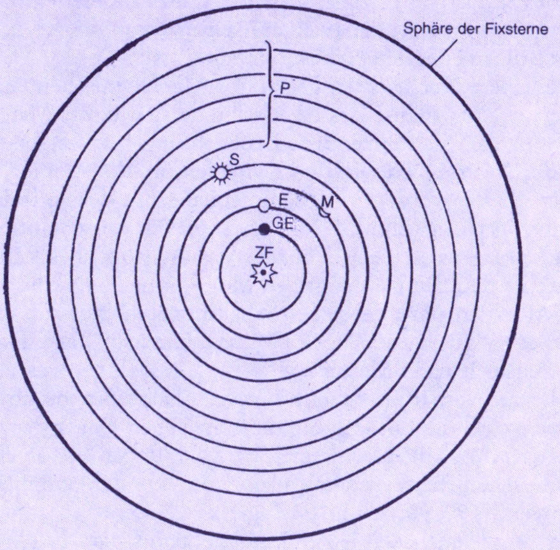

ZF: Zentralfeuer, GE: Gegenerde, E: Erde, M: Mond, S: Sonne, P: Die fünf Planeten, deren Reihefolge in den Quellen nicht bezeugt ist.

Ida einrichtete, von dem er die Bewegungen der Himmelskörper verfolgte. Er hatte wahrscheinlich Kontakte zu den babylonischen Astronomen. Insbesondere wird ihm die Einführung der Namen der Tierkreiszeichen zugeschrieben, die den Babyloniern wohlbekannt waren. Kleostratos schrieb ein Gedicht unter dem Titel »Astrologie«, von dem ein einziges kurzes Fragment auf uns gekommen ist.

Die Tätigkeit der griechischen Astronomen des 6. und 5. Jahrhunderts v. u. Z. war weitgehend praktischer Natur. Sie hatte die wichtige Aufgabe, den Kalender zu präzisieren und insbesondere den Mondkalender, mit dem die Mehrzahl der religiösen Rituale verbunden war, mit der faktischen Dauer des Sonnenjahres in Einklang zu bringen. Diese Aufgabe wurde durch die Erstellung vieljähriger Zyklen gelöst, in die man zusätzliche Monate einfügen mußte.

Als erster dieser Zyklen wird die ὀκταετηρίς genannt, ein Achtjahreszyklus, den Kleostratos selbst oder sein Schüler Harpalos eingeführt haben soll. Dem letzteren wird auch die Präzisierung der Dauer des Sonnenjahres zugeschrieben. Unter anderem gibt es den interessanten Hinweis, daß es eben Harpalos war, der Xerxes beim Bau der Brücke über den Hellespont half.

Verläßlichere Nachrichten liegen über die athenischen Astronomen der zweiten Hälfte des 5. Jahrhunderts v. u. Z., Meton und Euktemon, vor. Sie führten ihre Beobachtungen an verschiedenen Orten durch: in Athen, auf den Kykladen, in Makedonien und in Thrakien. Beide werden in Zusammenhang mit der vollständigen Sonnenfinsternis erwähnt, die am 27. Juni 432 v. u. Z. eintrat. *Meton*, der übrigens in den »Vögeln« des Aristophanes verspottet wird, stellte den neunzehnjährigen Mond-Sonnen-Zyklus auf, der aus 235 Monaten, darunter sieben Schaltmonaten, bestand. 110 Monate dieses Zyklus hatten 29, 125 Monate hatten 30 Tage. Das Sonnenjahr enthielt nach Meton 365 $^{5}/_{19}$ (365,263) Tage, was von den tatsächlichen Verhältnissen nur um eine halbe Stunde abweicht. *Euktemon* wird die Entdeckung der ungleichen Dauer der Jahreszeiten zugeschrieben. Nach seinen Beobachtungen entsprechen die astronomischen Jahreszeiten (beginnend mit der sommerlichen Sonnenwende) 90, 90, 92 und 93 Tagen.

Etwa zur gleichen Zeit lebte *Oinopides von Chios*. Er gilt als der erste Astronom, der die Neigung der Ekliptik gegenüber dem Äquator maß. Er schlug einen eigenen Mond-Sonnen-Zyklus vor, der 59 Jahren entsprach. Die Dauer des Sonnenjahres schätzte Oinopides auf 365 $^{22}/_{59}$ Tage.

Aus dem Gesagten erhellt, daß die Leistungen der griechischen Astronomie in der besprochenen Zeit im Vergleich zur stürmischen Entwicklung der Mathematik durchaus bescheiden waren. Gleichwohl wäre es ungerecht, die Bedeutung der mühseligen Arbeit zu unterschätzen, die Gelehrte wie Oinopides, Meton und Euktemon unternahmen. Diese Arbeit legte das Fundament, auf dem in der Folge das Gebäude der antiken theoretischen Astronomie eines Eudoxos, Hipparchos und Ptolemaios errichtet wurde.

III. Die griechische Wissenschaft zur Zeit Platons und Aristoteles'

Die allgemeine Situation gegen Ende des 5. Jahrhunderts v. u. Z.

Die letzten Jahrzehnte des 5. Jahrhunderts v. u. Z., die vom tragischen Peloponnesischen Krieg überschattet waren, sind die Zeit einer tiefen Krise der politischen Verfassung des griechischen Stadtstaates. Die Sklavenhalterdemokratie in der Gestalt, wie sie sich in Athen und der Mehrzahl der übrigen Poleis der zeitgenössischen hellenischen Welt etabliert hatte, begann ihre immanenten Mängel zu zeigen. Sie erwies sich als außerstande, Frieden, allgemeinen Wohlstand und eine Rechtsordnung zu sichern, die das Leben und die Sicherheit der Bürger garantierte. Die unbeschränkte Volksherrschaft begann sich in eine unbeschränkte Tyrannei zu verwandeln. Der Krieg spitzte die Widersprüche aufs äußerste zu, die zwischen den unterschiedlichen gesellschaftlichen Gruppen bestanden: zwischen der erblichen Aristokratie und dem Demos, zwischen Reichen und Armen, zwischen den Bewohnern der Stadt- und Landgemeinden und endlich zwischen Reitern und Hopliten (den schwerbewaffneten Kriegern) auf der einen und den Theten (Ruderern) auf der anderen Seite. Der Klassenkampf führte zu blutigen Konflikten, die mitunter in ein Massengemetzel ausarteten. All dies führte zu einem Anwachsen antidemokratischer Tendenzen und regte zur Suche nach neuen Formen der staatlichen Ordnung an. In den Kreisen der gebildeten Griechen nahm das Interesse an ethischen und politischen Fragestellungen sprunghaft zu. Zugleich entwickelte sich eine skeptische und zuweilen geradezu negative Einstellung zu jeder Art kosmologischer Spekulation. Belege einer solchen Einstellung sind die literarischen Zeugnisse der Zeit, etwa die »Wolken« des Aristophanes und wenig später Platons »Phaidon« oder Xenophons »Erinnerungen an Sokrates«.

In der Tat befand sich die frühgriechische Wissenschaft »von der Natur« zu jener Zeit in einer Sackgasse. Sie besaß keine Kriterien, die es ihr ermöglicht hätten, eine Auswahl zwischen den vielgestaltigen Konzeptionen zu treffen, die von der langen Reihe der Denker seit Thales von Milet vorgeschlagen worden waren. Sie konnte zu keinem Wissen führen, das von allgemeiner Gültigkeit war, und begann schließlich zu degenerieren. Die letzten Physiker, deren Namen uns überliefert sind – *Archelaos* aus Athen und *Diogenes* aus Apollonia –, haben bereits nichts mehr hinterlassen, was sich mit den Leistungen ihrer Vorgänger vergleichen ließe. Archelaos beschränkte sich auf die Ausgestaltung einzelner Aspekte der Anschauungen seines Lehrers Anaxagoras, während die Lehre des Diogenes eine eklektizistische Zusammenstellung der Ansichten des Anaximenes, der Atomisten und des gleichen Anaxagoras darstellte. Der weitere Fortschritt verlangte die Ausarbeitung von Methoden einer Begründung des Wissens, und das machte die Entwicklung einer Erkenntnistheorie erforderlich. Neben der Ethik und der Politik stand daher die Gnoseologie im Mittelpunkt des Interesses der neuen Philosophengeneration.

Repräsentanten der neuen Einstellung gegenüber dem Wissen werden die Sophisten. Mit diesem Namen wurde nicht eine philosophische Schule oder eine bestimmte wissenschaftliche Richtung, sondern eher eine eigentümliche soziale Zwischenschicht benannt, die es vordem nicht gegeben hatte und die in eben dieser krisenhaften Zeit entstand. Als Sophisten bezeichnete man wandernde Lehrer der Weisheit, die zugleich als Gelehrte, als Popularisatoren der Wissenschaft und als Lehrer auftraten und zuweilen auch andere, z. B. diplomatische, Funktionen wahrnahmen. Sie hielten sich nicht länger an ein und demselben Ort auf, sondern weilten bald in der einen, bald in der anderen Stadt, wo sie gegen Bezahlung die jungen Leute in allen Wissenschaften unterrichteten, die für einen politisch tätigen Bürger von Nutzen sein konnten. Am Beispiel des Antiphon und des Hippias haben wir gesehen, daß die Sophisten auch rein wissenschaftliche, speziell mathematische, Probleme nicht vernachlässigten, doch liegen ihre Interessen insgesamt auf einem anderen Gebiet.

Die hervorragendsten Philosophen unter den Sophisten waren *Protagoras* aus Abdera und *Gorgias* aus Leontinoi in Sizilien. Sie leisteten einen wesentlichen Beitrag zur Behandlung gnoseologischer Fragen, die sie im Sinne des Relativismus und des Skeptizismus beantworteten. Die relativistische Einstellung des Protagoras kommt in seinem berühmten Ausspruch zum Ausdruck: »Der Mensch ist das Maß aller Dinge: der seienden, daß sie sind, und der nichtseienden, daß sie nicht sind.« Unter dem nachhaltigen Eindruck der Eleaten schrieb Gorgias ein erkenntnistheoretisches Werk, in dem er zu beweisen suchte, 1. daß nichts ist, 2. daß, wenn etwas existierte, es nicht zu erkennen wäre, und 3. daß, wenn es zu erkennen wäre, die Erkenntnis nicht ausgedrückt werden könne. Der Skeptizismus der Sophisten war die natürliche Reaktion auf den Dogmatismus der »Physiker«, die in der Mehrzahl der Fälle nicht einmal versuchten, die von ihnen postulierten Annahmen und Konzeptionen zu begründen.

In Athen stieß die aufblühende Tätigkeit der Sophisten auf eine starke Opposition. Die konservativen Kreise vertraten (nicht ohne Grund) die Ansicht, daß die allgemeine Verbreitung der von den Sophisten propagierten Ansichten zu einer Untergrabung der überkommenen Religion und Moral führen könne. Die attische Komödie bedachte die Sophisten mit beißendem Spott. Ein unversöhnlicher Gegner der Sophistik war insbesondere der Athener *Sokrates* (469–399 v. u. Z.), wenngleich er seinen Opponenten in der Art seines Denkens in manchem nahestand. Sokrates war kein Gelehrter im üblichen Sinne des Wortes. Er war eher ein Weiser aus dem Volke, der auf seine Zeitgenossen weniger durch den Inhalt seiner Lehre (den sie – im positiven Sinne – im Grunde nicht hatte) als durch seine ausgeprägte Persönlichkeit, die in den Dialogen des Platon mit großer künstlerischer Gestaltungskraft gezeichnet ist, tiefgreifenden Einfluß ausübte. Am Ende seines Lebens wurde Sokrates von den Athenern unter der Anklage vor Gericht gestellt, er mißachte die überkommene Religion und verderbe die Jugend. Der eigentliche Grund des gegen ihn verhängten Todesurteils war jedoch offenbar die kritische Einstellung des Sokrates zur athenischen Demokratie.

Nach dem Tode des Sokrates entstand eine umfangreiche Literatur um seine Gestalt. Es sind dies die sogenannten λόγοι Σωκρατικοί, die »Sokratischen Schriften«, vorab in Dialogform, die außer Platon die Athener Xenophon, Antisthenes und Aischines, ferner Euklid aus Megara, Phaidon aus Elis und Aristippos aus Kyrene zu Autoren haben. Sie alle waren mit Sokrates persönlich bekannt, einige von ihnen (Antisthenes, Euklid, Aristippos) werden ihrerseits Begründer philosophischer Schulen, die sich in ihren prinzipiellen Feststellungen wie in der Tätigkeit ihrer Repräsentanten erheblich voneinander unterscheiden, zugleich jedoch übereinstimmend die bereits angedeutete Hinwendung zu ethischen und politischen Fragestellungen widerspiegeln und auf die Entwicklung der exakten Naturwissenschaften keinerlei nennenswerten Einfluß ausüben.

Platon und sein Weltbild

Das Werk des *Platon* (428–348 v. u. Z.) war für die gesamte nachfolgende Geschichte der antiken Kultur von entscheidender Bedeutung. Platon war nicht allein ein bedeutender Philosoph, der das in der Geschichte der Menschheit erste System des objektiven Idealismus schuf, sondern auch ein glänzender Wortkünstler, politischer Ideologe, Organisator und Theoretiker der Wissenschaft und nicht zuletzt ein scharfsinniger Gelehrter, der viele wichtige und fruchtbare Ideen entwickelte. Neben alledem war Platon jedoch ein Bürger Athens, der die Krise der politischen Verfassung des Stadtstaates im allgemeinen und der athenischen Demokratie im besonderen schmerzlich miterlebte. Er sah alle Mängel dieser Demokratie, die nach der Hinrichtung seines geliebten Lehrers Sokrates für ihn unannehmbar wurde. Hieraus erklären sich seine hartnäckige Suche nach einer idealen Staatsform und seine sozialutopischen Konzeptionen, die er nicht allein theoretisch formulierte, sondern auch, wenngleich vergeblich, im wirklichen Leben zu realisieren suchte.

Von den 36 auf uns gekommenen Werken, welche die Tradition mit dem Namen des Platon verbindet, ist der größere Teil moralischen, ethischen und anderen rein menschlichen Problemen gewidmet. Viele Dialoge des Platon haben ausgeprägt polemischen Charakter: Sie kritisieren die Sophisten und vor allem ihre relativistische Einstellung in Fragen der Moral und der Politik. Platon sucht nach absoluten Werten. Er ist um eine Grundlegung der Moral bemüht, die nicht von menschlicher Einrichtung abhängig ist. Auf der Suche nach dem Absoluten gelangt er zu seiner berühmten Ideenlehre, die in einer Reihe von Dialogen aus der Reifezeit seines Schaffens dargelegt ist (»Phaidon«, »Phaidros«, »Das Gastmahl«, »Parmenides«, »Der Staat« und anderen).

Im Grunde genommen gehört die Theorie der Ideen als besonderer, gedanklich faßbarer Wesenheiten, die einen im Vergleich zu den in Raum und Zeit befindlichen, sinnlich wahrnehmbaren Dingen höheren ontologischen Status haben, in den Bereich der Philosophie und hat keine direkte Beziehung zu den positiven Wissenschaften. Deswegen wollen wir uns damit an dieser Stelle nicht ausführlicher beschäftigen. Es ist jedoch festzuhalten, daß die Ideenlehre als Fortführung der von den Eleaten aufgeworfenen Probleme, in ihrem logischen Aspekt betrachtet, den wichtigsten Beitrag zur Entwicklung des wissenschaftlichen begrifflichen Denkens darstellt. Unter diesem Gesichtspunkt sind die Ideen Platons nichts anderes als allgemeine Begriffe, die auf die ontologische Ebene übertragen sind.

Bei der Ausarbeitung der Ideenlehre kam Platon auch mit der Mathematik in Berührung. Möglicherweise erwachte sein Interesse an mathematischen Fragen unter dem Eindruck seiner Bekanntschaft mit Archytas aus Tarent, mit dem er während seines Aufenthalts in Italien zusammentraf (nach dem Tode des Sokrates verließ Platon Athen und verbrachte etwa zwölf Jahre auf Reisen). In die Heimat zurückgekehrt, gründete er eine wissenschaftliche Schule, die berühmte Platonische Akademie. Ihr Name erklärt sich daraus, daß sie auf einer von Platon eigens zu diesem Zwecke erworbenen Parzelle in einem Hain lag, der den Namen des altattischen Heros Akademos trug. Es war dies die in der Geschichte der Menschheit erste eigentlich wissenschaftliche Schule, über deren Eingang nach der Überlieferung geschrieben stand: »Der Geometrie Unkundigen ist der Zutritt verwehrt.« Die Wertschätzung der Mathematik erklärt sich aus den philosophischen Grundsätzen des Platon. Er vertrat die Auffassung, daß die Beschäftigung mit der Mathematik eine wichtige Stufe auf dem Weg der Erkenntnis der idealen Wahrheiten darstellt. Im »Staat« empfiehlt Platon, unter die Gegenstände, welche die Wächter, die an der Spitze des idealen Staates stehen, zu lernen haben, vier Disziplinen aufzunehmen: die Arithmetik, die Geometrie, die Stereometrie und die theoretische Astronomie. Dabei hebt er hervor, daß es ihm nicht um den praktischen Nutzen dieser Wissenschaften gehe, den er keineswegs in Abrede stellt, sondern um ihre Bedeutung für die Übung des Verstandes und für die Vorbereitung der Seele auf das Nachdenken über die höchsten philosophischen Probleme. In der letzten Phase seiner Tätigkeit, in der er unter dem nachhaltigen Einfluß der Pythagoreer stand, war Platon geneigt, seine Ideen mit den pythagoreischen Zahlen gleichzusetzen.

Obwohl Platon selbst keinen wesentlichen Beitrag zur Entwicklung der Mathematik geleistet hat, war sein Einfluß auf die Entwicklung der mathematischen Wissenschaften sehr bedeutend. Er leitete die wissenschaftliche Tätigkeit innerhalb seiner Akademie und stand mit den bedeutendsten Mathematikern seiner Zeit – Theodoros, Theaitetos und Eudoxos – in freundschaftlichen Beziehungen (vom Einfluß des Archytas auf Platon war bereits die Rede). Mathematische Probleme werden in mehreren der platonischen Dialoge, insbesondere im »Menon«, im »Theaitetos« und im »Staat« behandelt, und in seinem letzten, wohl postum veröffentlichten Werk, dem »Anhang zu den Gesetzen« (Ἐπινομίς), legte Platon die Theorie des Archytas über die stetigen Proportionen dar. Unter wissenschaftsgeschichtlichem Gesichtspunkt liegt das wesentliche Verdienst Platons jedoch darin, daß er der erste griechische Denker war (die pythagoreischen Zahlenspekulationen kommen in diesem Zusammenhang nicht in Betracht), der die Bedeutung der Mathematisierung des Wissens, d. h. des Weges erkannte, den die Entwicklung der Wissenschaft in der alexandrinischen Zeit einschlug und auf dem sie bis in unsere Tage hinein fortschreitet.

Das spekulative, darunter das mathematische Wissen, galt Platon höher als das empirische Wissen. Das bedeutet nicht, daß Platon den Wert des mit Hilfe der Sinnesorgane erworbenen Wissens überhaupt in Abrede stellt (wie manchmal zu lesen ist), doch war er der Auffassung, daß dieses Wissen allein über die Welt der Erscheinungen Auskunft gibt und daher nur annähernd, ungenau und lediglich in bestimmtem Grade wahrscheinlich sein könne. Die Erkenntnis der idealen Wahrheiten dagegen stellt nach Platon die höchste Form der Erkenntnis dar und geschieht mit Hilfe der reinen Spekulation, die dem theoretischen Denken des Mathematikers verwandt ist.

In einigen der platonischen Dialoge werden auch Fragen der Astronomie berührt. Im »Phaidon« stellt er zum ersten Mal in direkter und unzweideutiger Formulierung die These von der Kugelgestalt der Erde auf. Das letzte (zehnte) Buch des »Staates« enthält die in märchenhaft-phantastische Form gekleidete Skizze des pythagoreischen Weltbildes. Die ausführlichste Darstellung der kosmogonischen Anschauungen des Autors finden wir jedoch im »Timaios«, einem der späteren und zugleich bedeutendsten der platonischen Dialoge. Die Darstellung der Ordnung des Kosmos wird darin dem Lokrer Timaios in den Mund gelegt, der, offenbar Pythagoreer, als »gründlichster Kenner der Astronomie« vorgestellt wird. Timaios bietet jedoch mehr als die bloße Wiedergabe der pythagoreischen Lehre. Alle allgemeinen Erwägungen und Begründungen des Dialogs sind zweifellos Platon selbst zuzuschreiben. Der krasse Bruch mit der pythagoreischen Tradition tritt in der Formulierung des Problems der Entstehung der Welt zutage. Die archaische pythagoreische Kosmogonie aus der feurigen Eins, welche die Vielfalt der Zahlen und Dinge hervorbringt, war für Platon bereits unannehmbar. Er betrachtet den Kosmos insgesamt als eine Hervorbringung, welche die höchste Schöpferkraft – der Demiurg – nach einem idealen Vorbild geschaffen hat. Folglich existiert der Kosmos nicht von jeher. Er ist sichtbar, fühlbar und körperlich, und alle Dinge dieser Art haben nach Platon Entstehung und Geburt. Zusammen mit dem Kosmos ist auch die Zeit entstanden. Daher ist es sinnlos zu fragen, was vor der Entstehung des Kosmos war. Der Kosmos ist Einer: ein lebendes Wesen mit Seele und Verstand.

Als grundlegende Komponenten bei der Bildung des Kosmos

dienten das Feuer als Träger der sichtbaren und die Erde als Trägerin der fühlbaren Gegenständlichkeit. Zwischen diesen beiden Komponenten stehen zwei Zwischenglieder, die Luft und das Wasser, wobei sich die Luft zum Wasser wie das Feuer zur Luft, das Wasser zur Erde wie die Luft zum Wasser verhält. Den pythagoreischen Anschauungen entsprechend herrscht also zwischen den vier Elementen eine proportionale Beziehung. Jedes dieser Elemente ging vollkommen in den Kosmos ein, damit keine Rückstände bleiben, aus denen ein zweiter Kosmos entstehen könnte, und damit es keine Kräfte (Wärme, Kälte usf.) gäbe, die von außen auf diesen Kosmos einwirken könnten.

Als vollendetes Wesen hat der Kosmos die Gestalt einer absolut ebenmäßigen Kugel. Er besitzt keinerlei nach außen gerichtete Organe. Nichts tritt über die Grenzen des Kosmos hinaus, und nichts geht von außen in ihn ein. Im Zentrum des Kosmos befindet sich seine Seele, die sich von hier über seine gesamte Ausdehnung erstreckt und ihn von innen erfüllt. Die Struktur der Seele, die von Platon ausführlich beschrieben wird, findet eine genaue Entsprechung in der körperlichen Struktur des Kosmos.

Im Körper des Kosmos hat der Demiurg zwei rotierende Kreise eingerichtet, die – in unserer Terminologie – der Ebene des Äquators und der Ebene der Ekliptik entsprechen. Einer dieser Kreise ist dem anderen gegenüber äußerlich, wobei beide in entgegengesetzter Richtung rotieren und gegeneinander einen Winkel bilden, der dem Winkel zwischen der Seite und der Diagonale eines Rechtecks entspricht (vgl. Abb. 4). Der äußere Kreis stellt die Natur des »Gleichen« (Wahren, Guten) dar. Seine Bewegung ist einheitlich und unteilbar: es ist die Bewegung der äußeren Himmelssphäre. Der innere Kreis bezeichnet die Natur des »Anderen« (Veränderlichen, Unvernünftigen). Er zerfällt in sieben ungleiche Kreise, auf denen sich der Mond, die Sonne und die fünf Planeten bewegen. Von den Planeten werden im »Timaios« allein der »Hermesstern« (Merkur) und der »Morgenstern« (Venus) genannt. Die Namen der entfernteren Planeten finden wir erst im »Anhang zu den Gesetzen«, der Platon von zahlreichen Forschern abgesprochen wird.

Außer diesen allgemeinen Grundlagen erörtert Platon im Verlauf seiner Darlegung eine Reihe spezieller Fragen, die sich vornehmlich auf die Bewegung der Himmelskörper beziehen. Diese Äußerungen lassen durchaus nicht immer eine eindeutige Interpretation zu. Dabei ist zu berücksichtigen, daß der »Timaios« keinen wissenschaftlichen Traktat über die Astronomie darstellt und keinen Anspruch darauf erhebt, als systematische Darstellung der Daten zu dienen,

Abb. 4: Die Struktur des Kosmos nach Platon

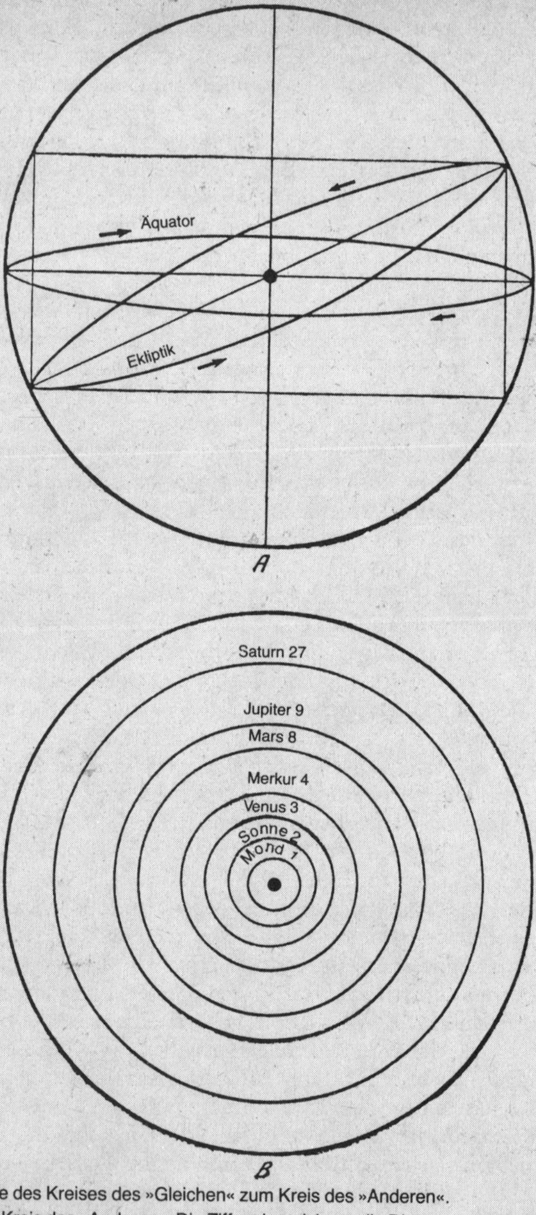

A: Lage des Kreises des »Gleichen« zum Kreis des »Anderen«.

B: Der Kreis des »Anderen«. Die Ziffern bezeichnen die Distanzen der Planeten vom Zentrum des Kosmos.

die Platon und seinen Zeitgenossen auf diesem Gebiet bekannt waren. Überdies darf man bei weitem nicht alle Aussagen des »Timaios« wörtlich verstehen. Vieles, darunter die Beschreibung der Erschaffung der Welt durch den Demiurgen, hat Platon in allegorischer Gestalt, in der Form des Mythos, dargestellt, der er sich auch in anderen seiner Dialoge des öfteren bedient. Nichtsdestoweniger – und vielleicht eben darum – ist das Bild des Kosmos, das der »Timaios« zeichnet, zum klassischen Bild des antiken Kosmos geworden, das als eines der ausgeprägtesten und charakteristischsten Schöpfungen des hellenischen Geistes gilt.

Von besonderem Interesse für den Wissenschaftshistoriker ist die im »Timaios« dargelegte Theorie der Materie, die man als eine eigenwillige Vereinigung der Konzeption der vier Elemente des Empedokles mit der Atomistik des Demokrit betrachten kann. Platon erkennt als grundlegende Komponente der materiellen Welt vier sogenannte »Grundbestandteile« (στοιχεῖα) an, die er jedoch nicht als elementar im strengen Sinne des Wortes ansieht. Es liegt ihnen die allgemeine, unbestimmte Materie zugrunde, die Platon als die Amme oder Ziehmutter bezeichnet und die nach seinen Worten »als Feuchtigkeit zerfließt, als Feuer flammt und die Gestalt von Erde und Luft annimmt«. Diese vier Grundbestandteile (oder »vier Arten«, wie sie Platon nennt) sind mit Hilfe von Schemata und Zahlen geordnet, d. h. sie bestehen aus feinsten unsichtbaren Teilchen, die die Gestalt regelmäßiger Polyeder haben. So stellen die Partikeln des Feuers Tetraeder, die der Luft Oktaeder, die des Wassers Ikosaeder und die der Erde Würfel dar. Dabei berücksichtigte Platon offenbar die sinnlich wahrnehmbaren Eigenschaften der betreffenden Elemente: ihre Beweglichkeit, ihre Beständigkeit, ihre Fähigkeit der Einwirkung auf andere Dinge usw. Der fünfte Polyeder – der Dodekaeder – blieb keinem der Elemente zugeordnet. Im »Timaios« beschränkte sich Platon auf die unbestimmte Bemerkung, daß ihn der Demiurg der Welt als Ganzes vorbehalten habe. In dem später geschriebenen »Anhang zu den Gesetzen« wird dagegen als fünftes Element der Äther eingeführt, dessen Partikeln die Gestalt von Dodekaedern haben.

Die Oberfläche jedes der vier Polyeder, die den vier Elementen zugeordnet sind, kann als eine Kombination einer Anzahl von rechtwinkligen Dreiecken vorgestellt werden, die teils nichtgleichschenklig mit Basiswinkeln von 30° und 60°, teils gleichschenklig mit Basiswinkeln von 45° sind. Diese Dreiecke betrachtet Platon als elementare Struktureinheiten, aus denen die Dinge gebaut sind. Mit Hilfe der Dreiecke des ersten Typs können die Gestalten der Partikeln des Feuers, der Luft und des Wassers, mit Hilfe der Dreiecke des zweiten Typs allein die Würfel gewonnen werden, aus denen die Erde besteht. Aus diesem Grunde können die drei ersten Elemente durch die Umgestaltung der entsprechenden Partikeln ineinander übergehen, während die Erde stets Erde bleibt.

Da man aus ein und denselben elementaren Dreiecken regelmäßige Polyeder unterschiedlicher Ausmaße konstruieren kann, so stellt jedes Element keinen streng homogenen Stoff, sondern eher eine Klasse von Stoffen dar, die gewisse gemeinsame Eigenschaften aufweisen, sich in anderer Hinsicht dagegen grundlegend voneinander unterscheiden können. Vom Standpunkt der modernen Physik entspricht jede dieser Klassen einem bestimmten Aggregatzustand des Stoffes, wie es die konkreten Beispiele erweisen, die Platon zur Veranschaulichung seiner Theorie anführt.

Alle Veränderungen und Wandlungen des Stoffes sind durch eine Umstrukturierung der Partikeln bedingt, aus denen er sich zusammensetzt. Besteht der Körper aus homogenen und gleichgroßen Partikeln und unterliegt er keinen äußerlichen Einflüssen, so können an ihm keine Veränderungen erfolgen. Stellt der Stoff dagegen eine Mischung von zwei oder mehreren Arten von Partikeln dar, so beginnt zwischen den ungleichen Partikeln ein Kampf, der entweder mit der Sonderung der Partikeln der verschiedenen Arten oder mit der Zerstörung und der Umstrukturierung der schwächeren oder zahlenmäßig unterlegenen Partikeln endet. Die heftigsten Prozesse dieser Art finden statt, wenn eine der Komponenten des Gemischs das Feuer ist, denn die winzigen beweglichen Partikeln des Feuers sind nach Platon von besonderer Aggressivität. Auf der Grundlage dieser Prämissen betrachtet Platon im »Timaios« eine Reihe physikalischer Prozesse, die nach heutiger Terminologie in den Bereich des Wechsels der Aggregatzustände der Stoffe gehören.

Von besonderem Interesse ist Platons Beurteilung der Begriffe »oben« und »unten«, »schwer« und »leicht«. Die Begriffe »oben« und »unten« haben seines Erachtens relativen Charakter. Menschen, die sich an anderen Stellen der Oberfläche der Erdkugel befinden, werden nicht dasselbe hoch oder tief nennen wie wir. Das rührt daher, daß wir als tief bezeichnen, wohin die schweren Dinge fallen. Sie fallen aber in Richtung auf das Zentrum des Kosmos. Dies tun sie nicht aus ihrer eigenen Natur, sondern weil die im Zentrum des Kosmos konzentrierte Erde die ihr verwandten »erdähnlichen« Dinge nach dem Prinzip »Gleiches strebt zu Gleichem« anzieht. In entsprechender Weise würde die feurige Peripherie des Kosmos die Teile des Feuers anziehen, wenn jemand darauf verfiele, sie daraus zu lösen. Das gleiche gilt hinsichtlich des Wassers und der Luft. Bei Platon ist mithin, wenngleich gebunden an die Konzeption der vier Elemente, der Gedanke der Gravitation vorweggenommen.

Platon beschäftigte auch das Problem der Bewegung, dessen Erörterung eine Reihe von Stellen in seinen späten Dialogen seit dem »Theaitetos« gewidmet ist. Als Ergebnis dieser Überlegungen ist die Klassifikation der Bewegungen anzusehen, die in den »Gesetzen« angeführt ist. Unter zehn Arten von Bewegungen sondert Platon die Eigenbewegung aus, die dem Leben eigen ist. Ursache dieser Bewegung kann allein die Seele sein. Dabei schreibt Platon nicht allein lebendigen Organismen, sondern auch den Himmelskörpern und dem Kosmos im ganzen eine Seele zu. In der Darlegung seiner Konzeption polemisiert Platon heftig gegen die »Physiker«, welche die Eigenbewegung der Dinge aus ihrer »Natur« erklärten.

Die biologischen Anschauungen Platons stehen im Kontext seiner allgemeinen philosophischen Anschauungen. Seiner Ansicht nach begann das Leben auf der Erde mit dem Erscheinen des Menschengeschlechts. Der Schöpfer der Welt schuf den Menschen als das vollkommenste Wesen, das in höchstem Maße dem Bild der Gottheit nahekommt. Alle übrigen Arten von Lebewesen entstanden aus den Menschen als ihre unvollkommenen Modifikationen. Neben diesen phantastischen Ideen äußert Platon eine Reihe interessanter Thesen über die Beziehung zwischen dem Bau und der Funktion einzelner Organe. Der auf Alkmaion zurückgehenden Tradition folgend, maß er dem Gehirn besondere Bedeutung zu, das seines Erachtens der Sitz des höchsten, unsterblichen Teiles der Seele ist. Die beiden übrigen Teile der Seele sind sterblicher Natur und haben ihren Platz im Herzen bzw. im Bauch.

Die Frage nach dem Verhältnis des im »Timaios« entworfenen Bildes der Welt zur Wissenschaft »von der Natur« ist nicht eindeutig zu beantworten. Einerseits knüpft die Anschauung Platons an die ungegliederte Wissenschaft des 6. und 5. Jahrhunderts v. u. Z. an. Der spekulative Charakter dieser Anschauungen, die Auffassung der Welt als eines einheitlichen Ganzen, die Verbindung der kosmogonischen und der kosmologischen Problematik mit physikalischen und biologischen Fragestellungen – all das rückt Platon in die Nähe der Denker der vorangehenden Epoche. Auch einzelne Aspekte der platonischen Vorstellungen von der Welt erweisen seine Abhängigkeit von den Lehren der Vorsokratiker. Folgt Platon in seiner Kosmologie im wesentlichen den Pythagoreern, so steht die Schöpfertätigkeit seines Demiurgen in der Tradition der weltordnenden Tätigkeit des νοῦς des Anaxagoras. Die Konzeption der vier Elemente übernahm Platon von Empedokles, während seine Atomistik ungeachtet wesentlicher Divergenzen offenkundig von der atomistischen Lehre des Leukippos und des Demokrit angeregt ist.

Auf der anderen Seite treten in Platons System charakteristische Merkmale zutage, die den Lehren der Vorsokratiker abgehen. An erster Stelle zählt dazu die bereits erwähnte äußerst schroffe Ablehnung des Begriffes der »Natur«, der der Weltauffassung der meisten Vorsokratiker zugrunde lag, ferner das von Platon postulierte, wenngleich von ihm selbst nicht verwirklichte Programm der Mathematisierung der Wissenschaft und endlich die klare Scheidung der philosophischen und gnoseologischen Fragestellungen von den naturwissenschaftlichen.

Das platonische Weltbild suchte die Grenzen der Wissenschaft »von der Natur« zu überschreiten. Diese Aufgabe war jedoch allein durch die Entwicklung von Wissenschaften eines neuen Typs zu lösen, die nicht von seiten der Philosophen, sondern durch die Wissenschaftler – Mathematiker, Astronomen, Naturkundler – selbst erfolgen sollte.

Eudoxos als Begründer einer Wissenschaft neuen Typs

Eudoxos von Knidos (geboren um 400 v. u. Z.) ist eine Schlüsselfigur der griechischen Wissenschaft seiner Zeit. Er ist uns vor allem als Mathematiker und Astronom bekannt, schrieb jedoch außerdem Bücher zu Philosophie, Geographie, Musik und Medizin. Leider sind von allen seinen Werken nur einzelne Zitate in den Schriften späterer Autoren überliefert.

Vom Leben des Eudoxos teilen jüngere Schriftsteller folgendes mit: In seiner Jugend studierte er Mathematik bei Archytas aus Tarent und Medizin bei Philistion in Sizilien. Im Alter von 23 Jahren kam er nach Athen, nahm, da er sehr arm war, im Hafen Piräus Wohnung, und ging von hier täglich zu Fuß in die Platonische Akademie. Später unternahm er mit der Hilfe von Freunden eine Reise nach Ägypten, wo er bei den Priestern von Heliopolis astronomische Kenntnisse erwarb. Nach der Rückkehr in die Heimat gründete er eine eigene Schule in Kyzikos an der Südküste des Marmarameeres. Nachdem er weithin Berühmtheit erlangt hatte, weilte Eudoxos ein zweites Mal in Athen, wo er mit Platon über philosophische Themen disputierte. Er starb mit 53 Jahren in seiner Heimat Knidos.

In seinen philosophischen Anschauungen stand Eudoxos in einer

Reihe von Fragen Platon nahe. Er erkannte die Ideenlehre an, war jedoch im Unterschied zu Platon der Auffassung, daß die Ideen den sinnlich wahrnehmbaren Gegenständen in irgendeiner Weise »beigemischt« sind (etwa die Idee des Weißen den weißen Gegenständen, deren weiße Farbe sie bedingt). Das höchste Gut setzte er im Gegensatz zu Platon mit dem Genuß gleich und näherte sich somit zumindest theoretisch dem Hedonismus (gegen diese Haltung polemisiert Platon im »Philebos« möglicherweise unter dem unmittelbaren Eindruck der Gespräche mit Eudoxos). Im übrigen lag die Stärke des Eudoxos nicht auf philosophischem Gebiet, und vor allem hatten seine philosophischen Anschauungen auf seine wissenschaftlichen Forschungen keinen Einfluß.

Eudoxos war unbestreitbar ein großer Mathematiker. Indem er die Erkenntnisse des Archytas und des Theaitetos auf dem Gebiet der Theorie der Proportionen weiterentwickelte, gelangte er zu einer allgemeinen Theorie der Verhältnisse, die auf einer neuen Bestimmung der Größe beruhte. Mußten die früheren Theoreme der Proportionslehre gesondert für Zahlen, Strecken und Flächen bewiesen werden, so umfaßt der von Eudoxos eingeführte Begriff der Größe sowohl die Zahlen als auch alle anderen kontinuierlichen Größen. Dieser Begriff ist mit Hilfe der allgemeinen Axiome der Gleichheit und Ungleichheit bestimmt, denen Eudoxos ein drittes hinzufügt, das heute als Archimedisches Axiom geläufig ist: »Zwei Größen stehen untereinander in einem bestimmten Verhältnis, wenn eine von ihnen, mehrfach genommen, die andere übertreffen kann.« Auf der Grundlage dieser Axiome entwickelte Eudoxos eine stringente Theorie der Beziehungen, die Euklid in das fünfte Buch der »Elemente« aufnahm. Die eigentliche Bedeutung dieser Theorie wurde erst in der zweiten Hälfte des 19. Jahrhunderts erkannt, als die Arbeiten Dedekinds und anderer Mathematiker die Grundlagen der modernen Theorie der reellen Zahlen legten.

Der zweite bedeutende Beitrag des Eudoxos zur Mathematik war die Entwicklung der sogenannten Exhaustionsmethode, die die Grundlage für die Grenzwerttheorie und die spätere Entwicklung der mathematischen Analyse schuf. Der Exhaustionsmethode liegt die folgende Annahme zugrunde: Wenn man von einer Größe die Hälfte oder mehr wegnimmt, darauf die gleiche Operation an dem verbleibenden Rest vornimmt und in gleicher Weise fortfährt, so kann man nach einer endlichen Anzahl solcher Operationen zu einer Größe gelangen, die kleiner als jede zuvor gegebene Zahl ist. Mit Hilfe dieser Methode lieferte Eudoxos als erster den strikten Beweis, daß sich die Flächeninhalte zweier Kreise wie die Quadrate ihrer Durchmesser verhalten (das Verhältnis selbst war bereits Hippokrates von Chios bekannt). Auf dem gleichen Wege bewies er, daß der Rauminhalt einer Pyramide einem Drittel des Rauminhalts eines Prismas mit gleicher Grundfläche und Höhe, der Rauminhalt eines Kegels einem Drittel des Rauminhalts eines Zylinders mit gleicher Grundfläche und Höhe entspricht. Die beiden letzteren Annahmen schrieben die antiken Autoren, wie wir gesehen haben, bereits Demokrit zu, der sie jedoch nicht streng zu begründen vermochte. In der Folgezeit wurde die Exhaustionsmethode von Archimedes fortentwickelt. In den »Elementen« des Euklid wird sie im zwölften Buch behandelt.

Möglicherweise noch wesentlicher ist die Bedeutung des Eudoxos für die Astronomie. Eudoxos kann als der Begründer der theoretischen Astronomie der Antike als einer eigenständigen Wissenschaft gelten, die sich vollkommen aus der Abhängigkeit von den kosmologischen Spekulationen der Vorsokratiker befreit hat. Erstaunlicherweise wurde auch die eigentliche Bedeutung des Eudoxos als Astronom erst von der Wissenschaftsgeschichte des 19. Jahrhunderts erkannt. Das erklärt sich in erster Linie daraus, daß alle Schriften des Eudoxos ohne Rest verloren sind und die Nachrichten späterer Autoren – etwa des Kommentators der aristotelischen Schriften, Simplikios –, in denen von seinen Leistungen die Rede ist, fragmentarisch und ungenau sind. Nach über mehrere Generationen hinweg geführten Untersuchungen konnte schließlich der bedeutende italienische Astronom Giovanni Schiaparelli (1835–1910) eine Rekonstruktion der Theorie des Eudoxos vorlegen, die bis auf den heutigen Tag von der Mehrzahl der Historiker der Astronomie geteilt wird. Gegenwärtig stellt sich uns die astronomische Theorie des Eudoxos etwa folgendermaßen dar:

Eine Überlieferung besagt, daß der Anstoß zur Konzeption der Theorie des Eudoxos auf Platon zurückgeht. Seit den ältesten Zeiten herrschte unter den griechischen Denkern die Überzeugung, daß der Kosmos Kugelgestalt haben müsse. Diese Überzeugung wurde durch die weit verbreitete Ansicht bestärkt, daß die Kugel in gleicher Weise den vollkommenen geometrischen Körper wie der Kreis die vollkommene geometrische Fläche darstellt. Aus diesem Grunde erschien es durchaus natürlich anzunehmen, daß sich innerhalb des kugelförmigen Kosmos alle Himmelskörper auf Kreisbahnen bewegen. Diese Annahme erwies sich jedoch allein für die Fixsterne als unmittelbar zutreffend. Bereits die Bahnen von Sonne und Mond zeigten erhebliche Abweichungen von der strengen Kreisgestalt, während die Bewegungen der Planeten gegenüber den Fixsternen in einer Anzahl vor- und rückläufiger Ortsveränderungen bestanden, wobei ihre sichtbaren Trajektorien auf dem Himmelsgewölbe sonderbare Windungen und Schlingen beschrieben. Nun soll eben Platon seinen Schülern die Aufgabe gestellt haben, die Bewegungen der Himmelskörper in Gestalt von Kombinationen gleichmäßiger kreisförmiger Bewegungen darzustellen. Diese Aufgabe wurde von Eudoxos in glänzender Weise gelöst.

Das von Eudoxos vorgeschlagene Modell des Kosmos bestand aus 27 sich gleichmäßig um die Erde drehenden homozentrischen Sphären, d. h. aus Kugelschalen, deren Zentren zusammenfallen, deren Achsen jedoch, allgemein gesprochen, unterschiedliche Ausrichtung haben können. Eine dieser Sphären war die der Fixsterne, die innerhalb eines Tages eine ganze Umdrehung um ihre durch die Pole der Erde verlaufende Achse vollführte. Die übrigen 26 Kugelschalen waren auf die übrigen Himmelskörper verteilt. Sonne und Mond waren je drei, den fünf Planeten je vier Kugelschalen zugeteilt.

Betrachten wir nun, auf welche Weise Eudoxos mit Hilfe dreier rotierender Kugelschalen die sichtbare Sonnenbahn erklärte. Die Umdrehung der ersten dieser Kugelschalen fiel mit der Umdrehung der Kugelschale der Fixsterne zusammen. Mit ihrer Hilfe wurde der Tagesumlauf der Sonne beschrieben. Die zweite Kugelschale beschrieb den Jahresumlauf der Sonne auf der Ekliptik. Die Achse dieser Kugelschale war durch zwei einander gegenüberliegende Punkte der ersten Kugelschale fixiert und wies gegenüber der Achse der ersten Kugelschale (und folglich gegenüber der Erdachse) eine Neigung von etwa 24° auf. Dabei ist daran zu erinnern, daß die Griechen zur Zeit des Eudoxos noch nicht die Einteilung des Kreises in 360 Grade kannten, die sie erst später von den Babyloniern übernahmen. Der Äquator der zweiten Kugelschale, der mit der Ebene der Ekliptik übereinfiel, verlief durch den Kreis der Zodiakalgestirne (Tierkreis). Die zweite Kugelschale drehte sich um ihre Achse von West nach Ost, also der Umdrehung der ersten Kugelschale entgegengesetzt. Ihre Umlaufperiode betrug ein Jahr. Die Maximal- und die Minimalentfernung der Sonne vom Himmelsäquator fielen mit der Sommer- und der Wintersonnenwende zusammen. Den Schnittpunkten der Ekliptik mit dem Äquator entsprechen die Tag- und Nachtgleiche in Frühling und Herbst. Die Achse der dritten Kugelschale, an deren Äquator die Sonne eigentlich befestigt war, war durch zwei einander gegenüberliegende Punkte der zweiten Kugelschale fixiert und gegen deren Achse leicht geneigt. Die dritte Kugelschale vollführte eine sehr langsame Umdrehung in der gleichen Richtung, in der sich die zweite Kugelschale drehte, d. h. von West nach Ost. Nach den Worten des Simplikios war die Einführung dieser Kugelschale erforderlich, um die Tatsache zu erklären, daß die Sonne während der Sommer- und Wintersonnenwende nicht immer an derselben Stelle aufzugehen scheint.

In entsprechender Weise wurden die Bewegungen des Mondes beschrieben. Die erste Kugelschale des Mondes entsprach dem Tagesumlauf des Himmelsgewölbes von Osten nach Westen. Ihre Pole fielen mit den Polen der Kugelschale der Fixsterne überein. Die zweite Kugelschale, deren Äquator wie im Falle der Sonne mit der Ebene der Ekliptik übereinstimmte, diente zur Erklärung der Bewegung des Mondes entlang dem Kreis der Zodiakalgestirne von West nach Ost. Die Periode ihres Umlaufs entsprach einem Mondmonat. Die dritte Kugelschale, deren Äquator den Mond trug, war deshalb eingeführt, weil die Mondbahn mit der Ekliptik nicht zusammenfällt, sondern bald über, bald unter ihr verläuft. Die Achse dieser Kugelschale war durch zwei Punkte der zweiten Schale fixiert und gegen deren Achse geneigt, wobei die Neigung nach der Auskunft des Simplikios den Winkel zwischen den Achsen der zweiten und dritten Kugelschale der Sonne bei weitem übertraf. Über die Umlaufperiode dieser Kugelschale wird in den auf uns gekommenen Quellen nichts mitgeteilt. Wie im Falle der dritten Sonnenschale nennt Simplikios ihre Umdrehung »langsam«.

Die angeführte Rekonstruktion des Modells des Eudoxos unterscheidet sich in Einzelheiten von der Rekonstruktion Schiaparellis, steht jedoch in vollkommenem Einklang mit dem Zeugnis der alten Autoren, die über Eudoxos berichten.

Weitaus komplizierter sind die Verhältnisse bei der Veranschaulichung der Bewegung der fünf Planeten. Das Problem liegt darin, daß die Planeten bei ihrer Bewegung am Himmelsgewölbe nicht allein von der Ebene der Ekliptik bald in der einen, bald in der anderen Richtung abweichen, sondern nach gewissen Zeiträumen plötzlich ihre Bewegung am Zodiakus von Westen nach Osten beenden, ihre Position gegenüber den umliegenden Sternen einige Tage lang nicht verändern, um sich anschließend von Ost nach West zu bewegen (die sogenannte retrograde Bewegung der Planeten). Nach einer bestimmten Zeit, die wiederum von Planet zu Planet erheblich differiert, stehen sie gleichsam erneut still, um ihre normale Bewegung von Westen nach Osten wiederaufzunehmen. Heute wissen wir, daß dieser Charakter der sichtbaren Bewegungen der Planeten mit dem Umlauf der Erde um die Sonne zusammenhängt, der Eudoxos und seinen Zeitgenossen selbstverständlich nicht bekannt war. Die

Aufgabe, derartige Bewegungen mit Hilfe einer Kombination von mehreren gleichmäßigen Kreisbewegungen darzustellen, erscheint auf den ersten Blick als überaus schwierig.

Eudoxos löste sie auf genial-einfache Art. Für jeden Planeten führte er vier gleichmäßig umlaufende Kugelschalen ein. Die erste Kugelschale entsprach wie in den zuvor beschriebenen Fällen dem Tagesumlauf des Himmelsgewölbes um die Weltachse. Entsprechend diente die zweite Kugelschale dazu, die allmähliche Bewegung der Planeten entlang der Ebene der Ekliptik zu erklären. Ihre Umlaufperiode entsprach der siderischen Periode des entsprechenden Planeten. Als siderische Periode oder siderischen Umlauf eines Planeten bezeichnet man die Zeitspanne, in der der Planet an den gleichen Ort im Zodiakus zurückkehrt. Eine Besonderheit stellte in dieser Hinsicht die sichtbare Bewegung des Merkurs und der Venus dar, die sich niemals weit von der Sonne entfernen und zusammen mit ihr den Jahresumlauf längs des Kreises der Zodiakalgestirne vollziehen. Aus diesem Grunde nahm Eudoxos an, daß die siderische Periode dieser beiden Planeten mit dem Sonnenjahr zusammenfällt (in Wahrheit beträgt sie 88 Tage für den Merkur und 225 Tage für die Venus). Die Bestimmungen der siderischen Perioden, die Eudoxos für die übrigen Planten angibt, stimmen mit den wirklichen Verhältnissen weitaus besser überein.

Zur Veranschaulichung der oben genannten »schlaufenartigen« Bahnen der Planeten im Zuge ihrer Bewegung entlang der Ekliptik führte Eudoxos die dritte und vierte Kugelschale ein. Die Pole der dritten Schale waren durch zwei Punkte auf dem Äquator der zweiten Kugelschale, d. h. der Ekliptik, fixiert. Die Schale drehte sich wie die zweite von West nach Ost. Die Pole dieser Kugelschalen waren für die einzelnen Planeten prinzipiell verschieden und fielen lediglich für Venus und Merkur zusammen. Endlich drehte sich die vierte Kugelschale, an deren Äquator der betreffende Planet befestigt war, um eine Achse, die gegen die Achse der dritten Sphäre in einem bestimmten Winkel geneigt war, wobei der Neigungswinkel von Planet zu Planet differierte. Diese vierte Kugelschale drehte sich mit der gleichen Periode wie die dritte, doch in umgekehrter Richtung.

Anhand der entsprechenden geometrischen Konstruktion kann man zeigen, daß der Planet durch die Umdrehung der dritten und vierten Kugelschale eine eigenartige Kurve um die Ebene der Ekliptik beschreibt, die einer liegenden Acht ähnelt (vgl. Abb. 5). Diese Kurve nannte Eudoxos Ἱπποπέδη (Hippopede), was wörtlich »Pferdefessel« bedeutet. Heutzutage trägt sie die Bezeichnung »Lemniskate«. Durch die Wahl der entsprechenden Neigungswin-

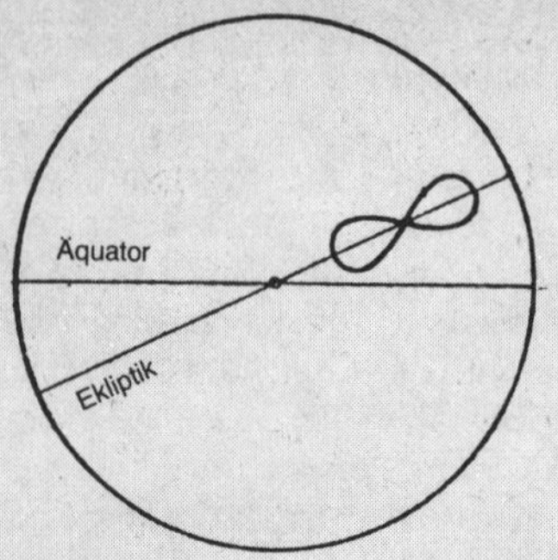

Abb. 5: Die Hippopede des Eudoxos

kel zwischen den Achsen der dritten und vierten Kugelschale war es möglich, die schlaufenförmige Bewegung des Jupiters und des Saturns mit einiger Genauigkeit nachzubilden. Für die übrigen Planeten waren die Ergebnisse weit weniger befriedigend. So ist eine Darstellung der retrograden Bewegung von Mars und Venus mit Hilfe des Modells des Eudoxos überhaupt unmöglich. Wir wissen nicht, in welchem Grade Eudoxos sich der Mängel seines Modells bewußt war. Wahrscheinlich traten sie in kurzer Zeit zutage, da nur wenig später Kallippos ein vervollkommnetes, zugleich jedoch komplizierteres Modell des Kosmos vorstellte, von dem im folgenden die Rede sein wird.

Fassen wir die prinzipiellen Besonderheiten des Modells des Eudoxos zusammen, die sich in allen anschließenden homozentrischen Modellen des Kosmos wiederholen. Jedem Himmelskörper mit Ausnahme der Fixsterne ist darin eine bestimmte Anzahl gleichmäßig umlaufender Kugelschalen zugeordnet. Diese Kugelschalen sind miteinander verbunden, doch gänzlich unabhängig von den Kugelschalen, die den übrigen Himmelskörpern zugeordnet sind. Ihre Verbindung besteht darin, daß die Pole jeder der aufeinanderfolgenden Kugelschalen an festen Punkten der vorangehenden Kugelschalen liegen. Dadurch nimmt jede Kugelschale außer an ihrer eigenen Umdrehung an den Umdrehungen aller vorangehenden Kugelschalen teil. Der Himmelskörper selbst ist an einem bestimmten Punkt des Äquators der letzten (innersten) Kugelschale befestigt. Die erste (äußerste) Kugelschale entspricht hinsichtlich des Charakters ihrer Bewegung den ersten Kugelschalen aller übrigen Himmelskörper einschließlich der Kugelschale der Fixsterne.

Nach dem Zeugnis der antiken Autoren war Eudoxos als Astronom nicht allein Theoretiker, sondern auch ein erstklassiger Beobachter. Bei seiner Schule in Kyzikos richtete er das erste Observatorium Griechenlands ein, in dem seine Schüler systematische Beobachtungen der Himmelskörper durchführten. Er gab eine detaillierte Beschreibung der Gestirne, die man über Griechenland beobachten kann, und stellte einen Katalog des Sternenhimmels zusammen. Uns sind die Titel zweier astronomischer Werke des Eudoxos überliefert – »Die Erscheinungen« (Φαινόμενα) und »Der Spiegel« (Ἔνοπτρον) –, die nach dem Zeugnis des Hipparchos ein und denselben Problemen gewidmet waren und sich lediglich in Einzelheiten unterschieden. Auf der Grundlage dieser Werke schrieb im 3. Jahrhundert v. u. Z. der Dichter *Aratos* ein Lehrgedicht, dessen erster Teil eine farbige Beschreibung der Gestirne und der mit ihnen verknüpften Legenden enthielt, während der zweite Teil im wesentlichen meteorologischen Fragen gewidmet ist. Das Lehrgedicht des Aratos, das nach dem Vorbild der Schrift des Eudoxos den Titel »Erscheinungen« trug, erfreute sich im Altertum großer Beliebtheit und war lange Zeit hindurch die wichtigste Quelle astronomischer Kenntnisse für die gebildeten Kreise der griechisch-römischen Gesellschaft.

Unter den unmittelbaren Schülern des Eudoxos nennen die antiken Quellen zwei hervorragende Mathematiker – Menaichmos und Deinostratos – und den Astronomen Polemarchos, der seinerseits der Lehrer des *Kallippos* aus Kyzikos war. In den zwanziger Jahren des 4. Jahrhunderts v. u. Z. hielt sich Kallippos in Athen auf. Dort wurde er mit Aristoteles bekannt, durch den wir von den Modifikationen erfahren, die er an dem von Eudoxos erstellten Modell des Kosmos vornahm. Nach der Versicherung des Simplikios hat Kallippos keine Bücher geschrieben, in denen seine Theorie dargelegt wäre.

Wie wir gesehen haben, erbrachte das Modell des Eudoxos gute Resultate für den Jupiter und den Saturn, weitaus schlechtere dagegen für die inneren Planeten. Daher hielt Kallippos an der Anzahl der Kugelschalen fest, die Eudoxos für die beiden äußeren Planeten vorsah, fügte jedoch für Merkur, Venus und Mars je eine Kugelschale hinzu. Über den Charakter der Bewegung dieser fünften Kugelschale teilen die antiken Autoren keine Einzelheiten mit. Schiaparelli stellte Vermutungen an, wie diese Kugelschale gearbeitet haben könnte, doch haben seine Überlegungen rein hypothetischen Charakter. Überdies fügte Kallippos je zwei Kugelschalen für Sonne und Mond hinzu. Dadurch war es ihm möglich, die unterschiedliche Dauer der Jahreszeiten zu erklären, die seit der Zeit des Euktemon wohlbekannt war, und die Unregelmäßigkeiten der Bewegung des Mondes zu berücksichtigen, die im Modell des Eudoxos unerklärt blieben.

Auf diese Weise belief sich die Anzahl der Himmelssphären bei Kallippos einschließlich der Sphäre der Fixsterne auf vierunddreißig.

Den nächsten wesentlichen Schritt zur Erstellung eines allgemeinen Modells des Kosmos tat *Herakleides Pontikos*, ein Schüler Platons, der aus Herakleia, einer Stadt an der Südküste des Schwarzen Meeres, stammte. Die Werke dieses ohne Zweifel ungewöhnlichen Denkers sind uns nicht erhalten, doch ist aus indirekten Zeugnissen bekannt, daß er den sichtbaren Tagesumlauf des Himmelsgewölbes nicht durch die Drehung äußerer Himmelsschalen um die Erde, sondern durch die Drehung der Erde um die eigene Achse erklärte. Eine Andeutung dieses Gedankens ist im übrigen bereits in Platons »Timaios« enthalten. Die antiken Quellen teilen überdies mit, daß die Hypothese von der Drehung der Erde um ihre Achse lange vor Herakleides von dem Pythagoreer Ekphantos aus Syrakus ausgesprochen worden war, über den wir jedoch so gut wie gar nichts wissen.

Herakleides Pontikos wird überdies eine andere kühne Hypothese zugeschrieben. Bekanntlich entfernen sich die beiden inneren Planeten, der Merkur und die Venus, nicht weit von der Sonne und befinden sich bald auf der einen, bald auf der anderen Seite des Tagesgestirns. In Zusammenhang damit soll Herakleides die Vermutung geäußert haben, daß Merkur und Venus nicht um die Erde, sondern um die Sonne kreisen und daß allein letztere sich auf einer Kreisbahn um die Erde bewegt. Sind diese Nachrichten verläßlich, so muß man annehmen, daß Herakleides Pontikos den ersten wesentlichen Schritt in Richtung auf das heliozentrische System des Aristarchos tat.

Die Hypothese des Umlaufs von Merkur und Venus um die Sonne ist noch in anderer Hinsicht von Bedeutung. Der wesentliche Mangel der Modelle des Eudoxos und des Kallippos lag nicht darin, daß sie irgendwelche Details der sichtbaren Bewegung der Planeten nicht oder nur unvollkommen wiedergaben, sondern darin, daß sie eine fundamentale Erscheinung unerklärt ließen: den Wechsel der Helligkeit der Planeten. In den genannten Modellen befinden sich die Planeten stets in ein und derselben Entfernung von der Erde und müßten daher stets die gleiche Helligkeit aufweisen. In Wirklichkeit ist die Helligkeit der Planeten, insbesondere der inneren, beträchtlichen Schwankungen unterworfen. Die Hypothese des Herakleides Pontikos erlaubte zumindest prinzipiell, diesen Umstand wenigstens für Venus und Merkur zu erklären.

Die Gründe, die der Annahme der Hypothese des Herakleides durch die antike Wissenschaft entgegenstanden, werden wir im folgenden in Zusammenhang mit dem Mißerfolg des heliozentrischen Weltbildes des Aristarchos von Samos behandeln.

Die Erstellung von Modellen des Kosmos, die auf die Vorstellung gleichmäßig umlaufender Kugelschalen gegründet waren, regte die Entwicklung einerseits der sphärischen Geometrie, andererseits der Kinematik bewegter Punkte, Kreise und Kugeln an. Es steht außer Zweifel, daß entsprechende Untersuchungen in der Schule des Eudoxos und vielleicht sogar in der Platonischen Akademie angestellt wurden, doch wissen wir darüber nichts Näheres. Wir kennen allein zwei kleinere Schriften, die Ende des 4. Jahrhunderts v. u. Z. von *Autolykos aus Pitane* verfaßt wurden. Die erste handelt »Über die rotierende Kugel«. Sie enthält eine rein abstrakte Betrachtung der Lageveränderung von Punkten und Kreisen, die auf einer mit gleichmäßiger Geschwindigkeit rotierenden Kugel gelegen sind. Reale astronomische Objekte werden in dieser Schrift überhaupt nicht erwähnt. Das zweite Werk – »Über Auf- und Untergänge« – hat konkreteren Charakter. Es behandelt die Sonne, die zwölf Tierkreiszeichen und die Auf- und Untergänge der Sterne, die sich auf und unter dem Zodiakus befinden. Die kleinen Traktate des Autolykos stellen die frühesten astronomischen Schriften rein theoretischen Charakters dar, die aus der griechischen Antike auf uns gekommen sind.

Aristoteles

Das allumfassende wissenschaftlich-philosophische Werk des *Aristoteles* stellt die Synthese aller Leistungen der griechischen Wissenschaft der vorangehenden Zeit dar. Obgleich es die Grenzen der frühgriechischen Wissenschaft »von der Natur« weit überschreitet, kann es in gewisser Beziehung als ihr Höhepunkt und Abschluß angesehen werden. Im System des Aristoteles tritt das Weltbild zutage, das dem Bewußtsein des Menschen der Antike am weitestgehenden entspricht. Physik, Ethik und Politik, natur- und humanwissenschaftliche Bestrebungen sind von Aristoteles zu einer nicht immer untadeligen, durch ihren Universalismus jedoch hinreißenden Einheit gebracht. Eben dieser Universalismus ist einer der

Gründe, der die jahrhundertelang ausschließliche Gültigkeit der Lehre des Aristoteles sicherte, und dies insbesondere in einer Zeit, dem Mittelalter, in der die wissenschaftlichen Einzeldisziplinen, die sich zwischen dem 3. Jahrhundert v. u. Z. und dem 3. Jahrhundert u. Z. erfolgreich zu entwickeln begonnen hatten, eine Periode der Stagnation und des Verfalls erlebten.

Aristoteles, Sohn des Nikomachos, der Leibarzt des makedonischen Königs Amyntas II., wurde im Jahre 384 v. u. Z. in Stageira, einem kleinen Städtchen auf der Chalkidike, geboren. In früher Jugend (367) kam er nach Athen, wo er mit Platon zusammentraf und in die Akademie eintrat, in der er dann etwa zwanzig Jahre verbrachte. Bereits zu dieser Zeit begann Aristoteles meist in Dialogform gehaltene Schriften zu verfassen, von denen lediglich unbedeutende Fragmente auf uns gekommen sind. Im Jahre 348, nach dem Tode Platons, verläßt er Athen und verbringt einige Jahre an der Küste des Hellespont und auf der Insel Lesbos. Darauf erhielt er die Einladung des makedonischen Königs Philippos II., die Erziehung seines Sohnes Alexander zu übernehmen. Dieses Amt nimmt er wenig länger als drei Jahre wahr (343–340). 335 kehrt er nach Athen zurück, wo er eine eigene Schule gründet, der er fast bis ans Ende seines Lebens vorsteht. Sie trägt die Bezeichnung »Lykeion« nach dem Namen der östlichen Vorstadt von Athen, in der sie gelegen war. Nach dem Tode Alexanders und dem Untergang des makedonischen Reiches (323) mußte Aristoteles Athen ein zweites Mal verlassen. Er ging ins Exil auf die Insel Euboia, wo er im Jahre 322 starb.

Die Schriften des Aristoteles, die in Gestalt des sogenannten Corpus Aristotelicum auf uns gekommen sind, sind offenbar zu der Zeit geschrieben, in der Aristoteles Vorlesungen am Lykeion hielt, wobei viele dieser Schriften, nach ihrer äußeren Form zu urteilen, nichts anderes als die Konspekte seiner Vorlesungen darstellen, während andere Aristoteles zu Unrecht zugeschrieben wurden. Die erste wissenschaftliche Ausgabe des Corpus Aristotelicum wurde 1831 von der Preußischen Akademie der Wissenschaften herausgegeben.

Die naturwissenschaftlichen Anschauungen des Aristoteles sind von seinen allgemeinen philosophischen Prinzipien nicht zu trennen. Bevor wir daher zur Darstellung seiner wissenschaftlichen Konzeption übergehen, wollen wir uns wenigstens kurz die wesentlichen Grundsätze seiner Philosophie vor Augen führen.

Den Grundpfeiler der Philosophie des Aristoteles bildet seine Lehre von Stoff und Form. Im Unterschied zu Platon war Aristoteles der Auffassung, daß nicht das Allgemeine, die Idee, die Zahl, sondern das konkrete Einzelding wahres Sein besitzt. Einzig dieses Einzelding kann Substanz sein, d. h. etwas Eigenständiges, das in sich selbst existiert und in unserem Denken als Subjekt des Urteils und nicht als dessen Prädikat oder Attribut auftritt. Jedes Einzelding stellt eine Verbindung von Stoff (ὕλη) und Form (μορφή) dar. Der Stoff ist dasjenige, aus dem das Einzelding hervorgeht, das Material (Substrat), aus dem es besteht. Das Einzelding erschöpft sich jedoch nicht in der Materie. Um Ding zu werden, muß der Stoff Form annehmen. Ohne Form ist der Stoff Ding nur der Möglichkeit, nicht aber der Wirklichkeit nach. Auf der anderen Seite kann auch die Form allein nicht zum Ding in seiner lebendigen, einmaligen Aktualität werden. Form ohne Stoff ist auf der Ebene der Erkenntnis nur der Begriff, auf der Ebene des Seins das Wesen des Dinges. Für sich genommen, ist die Form etwas Allgemeines. Um einzelnes Sein zu werden, muß sie sich mit dem Stoff verbinden. Die Verbindung des Stoffes mit der Form ist die Verwirklichung des Möglichen, d. h. die Entstehung des real existierenden, konkreten Dinges.

Die Begriffe des Stoffes und der Form sind nach Aristoteles nicht absolut, sondern bedingen sich wechselseitig. Was in einer Hinsicht Stoff ist, kann in anderer Hinsicht Form sein. Als Beispiel für die Einheit von Stoff und Form führt Aristoteles die Bronzestatue an. Als Stoff der Statue dient die Bronze. Doch auch der Bronzeklumpen, aus dem die Statue gegossen wurde, war bereits ein Einzelding, das aktuell existierte und daher eine bestimmte Einheit von Stoff und Form verkörperte, ein εἶδος (»Gestalt«, »Bild«), wie die Griechen sagten. Materie in bezug auf dieses εἶδος sind die vier Elemente Feuer, Wasser, Luft und Erde, aus deren Verbindung in bestimmten Proportionen der Stoff entsteht, der die Eigenschaften besitzt, die ihn als Bronze zu bestimmen erlauben. Doch auch die vier Elemente selbst sind nicht ohne Form. Jedes von ihnen weist eine bestimmte Verbindung von Eigenschaften auf und kann daher als εἶδος betrachtet werden. Allein der Urstoff, die πρώτη ὕλη, der keine Eigenschaften zuzuschreiben sind, ist absolut formlos und stellt daher kein εἶδος dar. Er kann nicht als einzelnes, aktuell existierendes, konkretes Ding auftreten, sondern ist lediglich dessen Möglichkeit.

So stehen in der Hierarchie der Dingwelt auf der untersten Stufe nach dem Urstoff die vier Elemente, oder wie Aristoteles sie nannte, die vier στοιχεῖα oder »Buchstaben«: Der Name deutet an, daß sich die Dinge aus den Verbindungen der Elemente wie die Wörter aus den Verbindungen der Buchstaben zusammensetzen. Die στοιχεῖα stellen den Urstoff dar, der unter der Einwirkung des einen oder anderen Paares ursprünglicher Kräfte (δυνάμεις) – des Heißen, Trockenen, Kalten und Feuchten –, Form angenommen hat. Aus der Verbindung des Trockenen und des Heißen entsteht das Feuer, Trockenes und Kaltes ergeben zusammen die Erde, Heißes und Feuchtes die Luft und Kaltes und Feuchtes das Wasser. Verbindungen einander ausschließender Kräfte, des Trockenen und des Feuchten oder des Heißen und des Kalten, gelten als unmöglich. Im Unterschied zu den vier »Wurzeln« des Empedokles können die στοιχεῖα des Aristoteles im Prinzip ineinander übergehen; die Übergänge tragen die Bezeichnung ἀλλοίωσις »Veränderung«. Überdies können die στοιχεῖα alle nur denkbaren Verbindungen eingehen und dadurch die unterschiedlichsten Dinge bilden, die bei Aristoteles als Homoiomerien (τὰ ὁμοιομέρη) bezeichnet werden. Ein solches Homoiomeres ist im angeführten Beispiel die Bronze. In der Welt der organischen Natur gehören zu den Homoiomerien das Fleisch, das Blut, das Kernholz und andere Gewebe und Flüssigkeiten tierischer und pflanzlicher Organismen. Auf der nächsthöheren Ebene der Seinshierarchie stehen die nichthomoiomerischen Bildungen, zu denen etwa die einzelnen Organe (Auge, Hand, Herz usf.) sowie die vom Menschen geschaffenen Dinge (Haus, Tisch, Statue usw.) gehören.

Zur Erklärung der Prozesse der Bewegung, der Veränderung, der Entwicklung, die in der Welt vor sich gehen, führt Aristoteles vier Klassen von Ursachen ein: stoffliche, formale, wirkende und zielgerichtete. So ist die Ursache für die Entstehung der Statue aus der Bronze zum einen die Bronze selbst (stoffliche Ursache), zum anderen die Tätigkeit des Bildhauers (wirkende Ursache), zum dritten die Form, welche die Bronze im Ergebnis dieser Tätigkeit angenommen hat (formale Ursache), und viertens das Ziel, das sich der Bildhauer gesetzt hat (zielgerichtete Ursache oder das »Weswegen«, wie Aristoteles gewöhnlich sagt). Es ist unschwer zu erkennen, daß die letzteren Ursachen einander überschneiden und der ersten, stofflichen Ursache entgegengesetzt sind. Denn das Ziel des Bildhauers bestand doch eben darin, der Bronze eine bestimmte Form zu geben, und diese Formgebung und damit das Erreichen des Ziels konnte allein im Ergebnis einer bestimmten Tätigkeit verwirklicht werden.

In entsprechender Weise behandelt Aristoteles auch diejenigen Prozesse, die sich in der organischen Welt vollziehen. Nur daß hier die Quelle der Bewegung (der Entwicklung, des Wachstums) nicht außerhalb des Dinges liegt, wie im Beispiel der Statue, sondern in ihm selbst beschlossen ist. Diese Quelle ist die »Natur« (φύσις). Die Analyse der unterschiedlichen Aspekte des Begriffs der Natur, die Aristoteles vornimmt, zeigt, daß die Natur in seinem Verständnis das den Dingen innerlich eigene Prinzip (Gesetz) der Bewegung und der Entwicklung darstellt, und hierin erweist sich Aristoteles als unmittelbarer Nachfahre der Denker der vorsokratischen Zeit.

In Zusammenhang mit dem Begriff der Natur formuliert Aristoteles die historisch erste Definition der physikalischen Wissenschaft. Die Physik ist nach seinen Worten die Wissenschaft »von der Natur«, d. h. sie hat eine bestimmte Art des Seins zum Gegenstand, die das Prinzip oder Element der Bewegung und der Ruhe in sich selbst enthält. Daraus folgt, daß die Physik nicht etwa eine Wissenschaft des Handelns (wie die Politik) oder des Schaffens (wie die Poetik) ist, da in diesen Wissenschaften das Prinzip entweder im Täter, der den Entschluß faßt, oder im Schöpfer liegt, der dem Material die eine oder andere Form gibt. Wie die Mathematik ist die Physik eine theoretische Wissenschaft, doch unterscheidet sie sich von der Mathematik dadurch, daß sie es mit einem zur Bewegung befähigten Sein und mit Formen und Gestalten zu tun hat, die nicht vom Stoff zu trennen sind. Ein Vergleich der Physik des Aristoteles mit der Physik im heutigen Verständnis lehrt vor allem, daß zu ersterer nicht allein die Gesamtheit der anorganischen, sondern auch die Gesamtheit der organischen Natur einschließlich des Menschen und seiner Seele gehört. Die aristotelische Physik kann daher als Synonym der Naturwissenschaft im weitesten Sinne des Wortes betrachtet werden.

Das wesentlich Neue im Vergleich zu den Vorgängern ist bei Aristoteles die Verwendung des Begriffs der Natur zur Erklärung der mechanischen Formen der Bewegung. Jeder Körper besitzt nach Aristoteles eine ihm eigene, von Natur (φύσει) innewohnende Form der Bewegung. Für irdische Körper ist diese natürliche Bewegung die Bewegung in gerader Linie in Richtung auf das Zentrum des Kosmos oder vom Zentrum in Richtung auf die Peripherie. Schwere Körper, wie Erde oder Wasser, und alle zusammengesetzten Körper, in denen diese Elemente überwiegen, streben ihrer Natur nach dem Zentrum des Kosmos zu, d. h. sie fallen nach unten. Umgekehrt streben Feuer und Luft und alle leichten Dinge, die vorwiegend aus diesen beiden Elementen bestehen, ihrer Natur nach vom Zentrum des Kosmos fort, d. h. sie steigen nach oben. Jede Bewegung, die ihrer natürlichen Bewegungsrichtung entgegengesetzt ist, und auch jede andere Form der Bewegung, z. B. die Bewegung im Kreis oder auf einer beliebigen anderen Kurve, ist der Natur dieser Körper zuwider und kann nur gewaltsam realisiert werden. Ein anderes Bild bietet sich in der außerirdischen Welt: Die natürliche Bewegung der Himmelskörper ist der gleichmäßige Umlauf auf einer Kreisbahn um das Zentrum der Welt, d. h. um die Erde.

Das Gesagte bildet das Fundament der Kosmologie des Aristoteles, die am ausführlichsten in seiner Schrift »Über den Himmel« dargelegt ist. Es sind lediglich zwei Thesen zu ergänzen, die im System des Aristoteles von fundamentaler Bedeutung sind. Die erste ist die Leugnung einer realen Unendlichkeit, welche die Vorstellung der Welt als begrenzt und endlich nach sich zieht. Die andere ist die Ablehnung des leeren Raumes. Beide Annahmen sind den Prinzipien der Kosmologie des Demokrit, gegen die Aristoteles an zahlreichen Stellen ausführlich polemisiert, diametral entgegengesetzt. Der Kosmos ist nach Aristoteles begrenzt. Er hat die Gestalt einer Kugel, jenseits deren es weder Raum noch Zeit, d. h. nichts gibt. Dieser Kosmos ist ewig und unbeweglich. Er entstand weder als Ergebnis eines Schöpferaktes, wie bei Platon, noch im Zuge eines natürlichen kosmogonischen Prozesses, wie bei den Vorsokratikern. Der Kosmos ist mit materiellen Körpern gefüllt, die »diesseits des Mondes« aus den vier Elementen Feuer, Wasser, Luft und Erde gebildet sind. Es ist dies der Bereich des Veränderlichen und Vorübergehenden, in dem sich die Prozesse des Entstehens, des Wachstums und des Vergehens aller nur denkbaren Dinge, darunter auch der Lebewesen vollziehen. Grundsätzlich geschieden ist davon der Bereich »jenseits des Mondes«, wo es kein Werden und Vergehen, sondern allein die Himmelskörper – Sterne, Planeten, Mond und Sonne – gibt, die ihre ewigen Kreisbahnen ziehen. Dies ist der Bereich eines fünften Elements, des Äthers, der bei Aristoteles gewöhnlich als der »erste Körper« (πρῶτον σῶμα) bezeichnet wird. Der Äther ist mit keinem anderen Stoff vermischt, er ist ewig und geht in keines der anderen Elemente über. Er besitzt jedoch weder Schwere noch Leichtigkeit, und seine natürliche Bewegung ist die Kreisbewegung. Der Äther ist nicht an allen Stellen gleich rein. Dies gilt insbesondere für den Grenzbereich der Sphären »diesseits« und »jenseits des Mondes«, wo er mit Feuer und Luft zusammentrifft, doch ist der Äther insgesamt das göttlichste der fünf Elemente.

Im Zentrum des Kosmos befindet sich die Erde, welche die Gestalt einer Kugel hat. Die Kugelgestalt der Erde sucht Aristoteles sowohl durch apriorische Überlegungen als auch durch Argumente zu beweisen, die sich auf die Beobachtung stützen. Von Aristoteles stammt die in der Geschichte der griechischen Wissenschaft erste Schätzung der Ausmaße der Erdkugel, deren Durchmesser er doppelt so groß wie den tatsächlichen Betrag annimmt. Ferner behauptet er, daß die Erde unbeweglich sei und sich nicht um ihre eigene Achse drehe. Auch die Himmelskörper haben Kugelgestalt, welche die denkbar vollkommenste ist. Hinsichtlich der Bewegungen der Himmelskörper stützte sich Aristoteles auf die von Eudoxos und Kallippos erzielten Resultate. Was jedoch bei den Astronomen lediglich Modell war, wurde bei ihm zum realen Mechanismus der Bewegung der Himmelskörper. Den ganzen Bereich des Kosmos »jenseits des Mondes« stellte er in Gestalt einer Reihe miteinander zusammenhängender Kugelschalen dar, die aus Äther bestehen und sich mit verschiedenen Geschwindigkeiten gleichmäßig um unterschiedliche Achsen drehen. An einigen dieser Kugelschalen sind die Himmelskörper befestigt, die ebenfalls aus Äther bestehen, allerdings nicht aus durchsichtigem, sondern aus leuchtendem. Die äußerste Kugelschale – die der Fixsterne – dreht sich im Laufe eines Tages einmal um die Himmelsachse. Durch ihre Bewegung zieht sie die anschließende Kugelschale mit, welche die äußere Schale des Saturn darstellt. Diese zieht ihrerseits die zweite Kugelschale des Saturn mit, die zudem eine Eigenbewegung um eine senkrecht auf der Ekliptik stehende Achse vollführt usw. Soweit haben wir die (nach Kallippos) vier Kugelschalen des Saturns betrachtet und gehen zu denen des Jupiter über. Es versteht sich, daß die Kugelschalen des Saturns (mit Ausnahme der ersten, welche den Tagesumlauf des Himmelsgewölbes wiederholt) in keiner Weise die Umdrehung der Kugelschalen des Jupiter beeinflussen dürfen, da dieser anderenfalls über seine Eigenbewegung hinaus an allen Bewegungen des Saturn teilhätte. Um dies zu vermeiden, setzt Aristoteles zwischen die innere Sphäre des Saturn und die äußere Kugelschale des Jupiter drei weitere Sphären, welche den Umlauf der drei inneren Sphären des Saturn in umgekehrter Richtung wiederholen und auf diese Weise gleichsam neutralisieren. Im Ergebnis wirkt auf die äußere Sphäre des Jupiters nurmehr die Bewegung einer einzigen Kugelschale, die der äußeren Sphäre des Saturn, die sich im Laufe eines Tages einmal um die Weltachse dreht. In entsprechender Weise nimmt Aristoteles je drei oder vier neutralisierende Sphären unterhalb jedes der fünf Planeten und der Sonne an. Sie erübrigen sich allein für den Mond, da dieser der letzte der Himmelskörper ist, die Kreisbahnen beschreiben. Auf diese Weise beläuft sich die Gesamtzahl der Kugelschalen bei Aristoteles auf 56 (eine Gegenüberstellung der Anzahl der Kugelschalen der einzelnen Himmelskörper nach der Lehre des Eudoxos, des Kallippos und des Aristoteles enthält Tabelle 2).

Die Frage nach der Quelle der Bewegung der Himmelssphären wird von Aristoteles nicht eindeutig beantwortet. In der Schrift »Über den Himmel« wird die Bewegung der äußeren Sphäre (der Sphäre der Fixsterne) als ihre uranfängliche, »göttliche« Eigenschaft behandelt. In den letzten Büchern der »Physik« und in der »Metaphysik« entwickelt Aristoteles die Konzeption des göttlichen, ewig wirkenden »ersten Bewegers«, der, selbst unbeweglich, die Himmelssphären in Bewegung setzt. Im achten Kapitel des zwölften Buches der »Metaphysik«, das direkte Verweise auf Eudoxos und Kallippos enthält, räumt Aristoteles neben dem ersten Beweger, der die Sphäre der Fixsterne in Bewegung setzt, die Existenz anderer ewiger und unbeweglicher göttlicher Wesen ein, die für die Bewegung der übrigen Himmelskörper verantwortlich sind und in der Welthierarchie eine gegenüber dem »ersten Beweger« untergeordnete Stellung einnehmen. Im Mittelalter hat Thomas von Aquin diese Konzeption nach den Bedürfnissen der christlichen Theologie fortentwickelt.

Tabelle 2
Die Unterschiede der drei homozentrischen Modelle des Kosmos

Himmelskörper	Anzahl der Himmelssphären		
	Modell des Eudoxos	Modell des Kallippos	Modell des Aristoteles
Fixsterne	1	1	1
Saturn	4	4	4 + 3 *
Jupiter	4	4	4 + 3 *
Mars	4	5	5 + 4 *
Venus	4	5	5 + 4 *
Merkur	4	5	5 + 4 *
Sonne	3	5	5 + 4 *
Mond	3	5	5
Gesamt	27	34	56

* Neutralisierende Sphären

Sind für den Bereich »jenseits des Mondes« ewige, gleichmäßige Bewegungen auf Kreisbahnen charakteristisch, so können die Bewegungen im Bereich »diesseits des Mondes« allein räumlich und zeitlich sein. Sie gliedern sich in natürliche, deren Ursache in der

Natur des sich bewegenden Körpers liegt, und gewaltsame, die unter dem Einfluß einer äußeren Kraft geschehen. Die Analyse der gewaltsamen Ortsveränderungen regte Aristoteles zu einem ersten Entwurf der Dynamik mit den Grundbegriffen der Kraft, der Schnelligkeit und des Widerstands an. Die Kraft wird von Aristoteles als die Quelle der Bewegung bestimmt. Da er der Auffassung war, daß mit dem Aufhören der Ursache auch deren Wirkung aufhört, muß die Bewegung des Körpers in seiner Dynamik ununterbrochen durch die einwirkende Kraft in Gang gehalten werden. Die Schnelligkeit des in Bewegung versetzten Körpers ist der auf ihn einwirkenden Kraft proportional, so daß eine Veränderung der Größe der Kraft eine entsprechende Veränderung der Schnelligkeit des Körpers hervorruft. Den Grund dafür, daß der in Bewegung versetzte Körper auch dann fortfährt, sich zu bewegen, wenn er sich von der Quelle der Bewegung entfernt, erblickt Aristoteles in der Luft, die den Körper umgibt. Ohne die Luft würde der Körper mit dem Aufhören der Einwirkung der bewegenden Kraft augenblicklich stillstehen. Andererseits setzt die jeweilige Umgebung des Körpers seiner Bewegung einen Widerstand entgegen. Die Schnelligkeit eines Körpers ist daher genauer dem Verhältnis der auf ihn einwirkenden Kraft zum Widerstand seiner jeweiligen Umgebung proportional. Fiele der Widerstand der Umgebung fort, so würde eine beliebige Kraft dem Körper eine unendlich große Geschwindigkeit verleihen. Dies ist eines der Argumente, die Aristoteles benutzt, um die Unmöglichkeit der Existenz des leeren Raumes zu beweisen: Die Dynamik des Aristoteles ist eine Dynamik von Körpern, die sich in materieller Umgebung bewegen.

Außer der Beschreibung der mechanischen Bewegung formulierte Aristoteles eine allgemeine Theorie der qualitativen Veränderungen und Wandlungen der Körper, die in seiner Schrift »Über Werden und Vergehen« und teilweise im vierten (letzten) Buch der »Meteorologie« dargelegt ist.

Aristoteles war kein Mathematiker und schrieb kein einziges mathematisches Werk, doch war er mit den Erkenntnissen der griechischen Mathematiker wohlvertraut, und in seinen Schriften finden sich wichtige Bemerkungen von unmittelbarem Bezug auf mathematische Probleme. Aristoteles zählt die Mathematik neben der Physik und der »ersten Philosophie« zu den theoretischen Wissenschaften. Gegenstand der Mathematik ist nach seiner Auffassung nicht irgendeine Klasse sinnlich wahrnehmbarer Objekte, sondern eine Art von Eigenschaften, die beliebigen Objekten zu eigen sind, und zwar diejenigen Eigenschaften, die mit der Kategorie der

Menge in Beziehung stehen. Unter die Kategorie der Menge fallen erstens die Zahlen und zweitens die ausgedehnten Körper. Die Mathematik untersucht die mengenmäßigen Eigenschaften, indem sie von allen sinnlich wahrnehmbaren Eigenschaften der Gegenstände abstrahiert. Daher werden die mathematischen Wahrheiten nicht mit Hilfe der Sinnesorgane, sondern mit Hilfe des Verstandes erkannt. Hieraus erklären sich die Besonderheiten der mathematischen Methode: Die Mathematik geht von Bestimmungen und Axiomen, d. h. von unbestreitbaren Annahmen aus, aus denen ihre Theoreme und sonstigen Folgerungen mit Hilfe rein logischer Schlüsse abgeleitet werden. Es ist bezeichnend, daß fast alle Beispiele von Beweisen, die Aristoteles in der »Zweiten Analytik« anführt, dem mathematischen Bereich entnommen sind.

Außer der reinen Mathematik nennt Aristoteles eine Reihe anderer Disziplinen, die mengenmäßige Eigenschaften bestimmter Klassen von Objekten untersuchen. Es sind dies die Astronomie, die Mechanik, die Optik, die Harmonienlehre usw. Diese Wissenschaften stehen in Beziehung zur Physik wie zur Mathematik. Hinsichtlich ihres Gegenstandes stehen sie der ersteren, hinsichtlich ihrer Methode der zweiten näher.

Einen besonders wichtigen Teil der wissenschaftlichen Hinterlassenschaft des Aristoteles stellen diejenigen seiner Werke dar, die sich auf das Gebiet der belebten Natur beziehen. Es sind uns vier umfangreiche und elf kleinere biologische Schriften überliefert, in denen mit erschöpfender Vollständigkeit die Gesamtheit dessen dargestellt ist, was zu seiner Zeit auf diesem Gebiet bekannt war. In diesen Schriften erscheint Aristoteles als der eigentliche Begründer der biologischen Wissenschaft, und die Behauptung, daß er bei aller Universalität in erster Linie Biologe war, ist von der Wahrheit nicht allzuweit entfernt.

Die Aufmerksamkeit des Aristoteles gilt der Tier- wie der Pflanzenwelt. Die botanischen Arbeiten des Autors waren jedoch weniger bedeutend und sind uns nicht überliefert. Das erklärt sich zum Teil aus dem Umstand, daß das Studium der Pflanzenwelt in glänzender Weise von seinem Schüler Theophrastos fortgeführt wurde, der seinen Lehrer auf diesem Gebiet bei weitem übertraf. Dagegen sind alle zoologischen Schriften des Aristoteles erhalten und geben eine beeindruckende Vorstellung von der Reichweite seiner naturkundlichen Forschungen.

Vor allem erstaunt der Umfang des Materials, über das Aristoteles gebot. Es umfaßt nicht allein die eigenen Beobachtungen des Philosophen, sondern überdies Informationen, die aus den unterschiedlichsten Quellen flossen: aus den Erzählungen von Jägern, Fischern und Hirten, aus medizinischen Werken usw. In seinen zoologischen Werken beschrieb Aristoteles 495 Arten verschiedener Tiere (d. h. eine größere Anzahl, als wir sie in der um mehrere Jahrhunderte später geschriebenen »Naturalis historia« des Plinius finden), darunter 160 Arten von Vögeln, 120 Arten von Fischen, 60 Arten von Säugetieren, 60 Arten von Insekten usw. Nach ihrem Verbreitungsgebiet umfaßt die von Aristoteles untersuchte Fauna die Ufer des Ägäischen Meeres und den Archipelagos, vor allem aber Makedonien, die Troas und die Insel Lesbos.

Aristoteles entwarf die erste Klassifikation der Tierwelt in der Geschichte der Wissenschaft. Zunächst teilt er die Tiere in solche mit und ohne Blut (τὰ ἔναιμα und τὰ ἄναιμα) ein. Da Aristoteles unter Blut allein die rote Körperflüssigkeit verstand, entspricht diese Einteilung, grob gesprochen, der Gliederung in Wirbeltiere und Wirbellose. Aristoteles weist unter anderem selbst darauf hin, daß Tiere »mit Blut« eine Wirbelsäule haben und gewöhnlich vier Extremitäten aufweisen, benutzt diese Daten jedoch nicht für seine Klassifikation. Die Tiere »mit Blut« werden weiter in vierfüßige lebendgebärende, vierfüßige eierlegende, zweifüßige (Vögel) und fußlose (Fische) eingeteilt. Außerdem gliedert er besondere Gruppen aus, die sich seiner Klassifikation entziehen. Hierzu gehören die lebendgebärenden Wassertiere (Walfische, Delphine), lebendgebärende Flugtiere (Fledermäuse), Schlangen usw. Diese Gruppen ordnet er anhand anderer Merkmale entweder den lebendgebärenden Vierfüßlern (Säugetieren) oder den eierlegenden Vierfüßlern (Reptilien) zu. Der Vergleich der Tiere nach ihrem inneren Bau bewog Aristoteles zur Einordnung der Lebewesen in eine kontinuierliche Skala, d. h. zum ersten Versuch der Aufstellung einer »Stufenleiter der Natur«.

In den biologischen Schriften des Aristoteles und insbesondere in seiner herausragenden »Tiergeschichte« ist eine Fülle von Beobachtungen der Lebensweise und der Gewohnheiten der Tiere, der Art ihrer Vermehrung, ihrer Paarungszeiten, des Verlaufs der Trächtigkeit bei den Lebendgebärenden, des Nestbaus und der Eierablage der Vögel, der Besonderheiten der Entwicklung der Fische usw. enthalten. Aristoteles beschreibt die Aufenthaltsorte der Tiere, macht Angaben über ihre Ernährungsweise, ihre Wanderungen, ihren Winterschlaf, die Mauser, die Pflege des Nachwuchses und erörtert die Frage günstiger und ungünstiger Lebensbedingungen der Tiere.

Im Traktat »Über die Entstehung der Tiere« werden Kenntnisse aus dem Gebiet der Embryologie von Mensch und Tier ausgebreitet. Überdies werden darin Fragen des Ursprungs der Geschlechtsunterschiede, der Vererbung von Merkmalen, der Entstehung von Mißbildungen und Mehrfachgeburten sowie der Herausbildung von Merkmalen in der postembryonalen Entwicklung behandelt.

Von der Genauigkeit der Kenntnisse, über die Aristoteles verfügte, mag das folgende Beispiel Zeugnis ablegen. Aristoteles schrieb, daß es eine Gruppe lebendgebärender Fische (Haie und Rochen) gebe, und stellte fest, daß bei einem der Haie mit dem Gattungsnamen Galeos die Eier von dem Weibchen in einem Organ getragen werden, das der Plazenta der lebendgebärenden Vierfüßler gleicht. Diese Beobachtung des Aristoteles galt viele Jahrhunderte hindurch als unzutreffend, bis in der Mitte des 19. Jahrhunderts der deutsche Zoologe J. Müller ihre Richtigkeit erwies. Oder ein anderes Beispiel: In dem Kapitel der »Tiergeschichte«, das den Kephalopoden gewidmet ist, weist Aristoteles darauf hin, daß die Tintenfische (Sepien, Kalmare, Blackfische) zwei lange Saugrüssel haben (die den Kraken fehlen), mit deren Hilfe sie ihre Nahrung ergreifen und zum Munde führen und mit denen sie sich im Winter an einem Felsen festsaugen und gleichsam wie Schiffe vor Anker gehen. Auch diese Beobachtung blieb lange Zeit unbestätigt, bis der bedeutende französische Naturforscher des 19. Jahrhunderts Georges Cuvier, der nach Aristoteles als erster die Anatomie der kephalopoden Mollusken studierte, den erschöpfenden und präzisen Charakter der Beschreibung seines Vorgängers bestätigte.

Mit nicht geringerer Präzision, wenngleich vielleicht nicht immer der gleichen Vollständigkeit beschrieb Aristoteles auch andere Klassen von Tieren – die Krebstiere, die Gastropoden, die Stachelhäuter, die Insekten, die Vögel usw. Dabei ist bemerkenswert, daß er zahlreiche anatomische Sektionen der untersuchten Tiere vornahm, aufs sorgfältigste die Verdauungs- und Fortpflanzungsorgane sowie andere Körperteile untersuchte und seine Beobachtungen in Gestalt von Zeichnungen festhielt. Alben dieser Zeichnungen, die den Titel »Anatomien« (ἀνατομή: »Sektion«) trugen, dienten als Beilage der »Tiergeschichte«. Leider sind diese Alben in der Folgezeit ohne Rest verlorengegangen.

Mit den Sinnesorganen, dem Ursprung und dem Charakter der Empfindungen und der Verstandestätigkeit des Menschen verbundene Fragen behandelt Aristoteles in einer Reihe von Schriften, unter denen die Abhandlung »Über die Seele« an erster Stelle steht. Die menschliche Seele hat nach Aristoteles dreifachen Charakter: Sie besteht aus der vegetativen oder »nährenden«, der empfindenden und der denkenden Seele. Die denkende Seele existiert allein im

Menschen, während die Tiere die nährende und die empfindende, die Pflanzen allein die nährende Seele besitzen.

Unsere Darstellung der wissenschaftlichen Anschauungen des Aristoteles wäre unvollständig, wenn wir seine Schriften zur Logik unberücksichtigt ließen. Es ist allgemein bekannt, daß Aristoteles als der Begründer der formalen Logik, d. h. der Lehre von den Schlüssen und Beweisen, gilt. Diese Lehre, die Aristoteles selbst die »Analytik« nannte, ist in einer eigenen Abhandlung dargelegt, die aus zwei Teilen, der »Ersten« und der »Zweiten Analytik« besteht. Aristoteles betrachtet die Logik jedoch nicht als eine gesonderte Wissenschaft. Nach seiner Auffassung ist sie eher ein Hilfsmittel (ὄργανον) jeder Wissenschaft, da keine Wissenschaft, die diesen Namen verdient, ohne Schlüsse und Beweise auszukommen vermag. Es ist jedoch festzustellen, daß Aristoteles in seinen Schriften zur Logik den Rahmen der rein formalen Logik überschreitet. Dies wird insbesondere bei der Lektüre seiner »Topik« deutlich, einer der interessantesten logischen Abhandlungen des Autors, in der er die Grundprinzipien der Erlangung eines nicht zuverlässigen, sondern lediglich wahrscheinlichen Wissens entwickelt. Diesen Zweig der logischen Untersuchungen bezeichnete Aristoteles im Unterschied zur »Analytik« als »Dialektik«.

In seinen logischen Schriften tritt Aristoteles als der Begründer eines unermeßlichen neuen Wissensgebietes hervor. Alles, was vor ihm von den Eleaten, den Sophisten oder von Platon auf dem Gebiet der Logik geleistet worden war, waren Näherungslösungen, Erklärungsversuche einzelner Prinzipien und Methoden ohne jede Systematisierung und Zusammenfassung zu einem einheitlichen und geordneten Ganzen. Nicht zufällig schreibt Aristoteles in seinem Traktat »Sophistische Widerlegungen« mit einem berechtigten Anflug von Selbstbewußtsein:

»... auf dem Gebiet der Rhetorik gab es vieles und längst Gesagtes. Was jedoch die Lehre von den Schlüssen betrifft, so haben wir nichts gefunden, was vor uns gesagt worden wäre, so daß wir sie selbst unter großem Aufwand von Zeit und Kraft zu schaffen hatten.«

Die Peripatetische Schule

Aristoteles wurde der Begründer einer der wichtigsten wissenschaftlich-philosophischen Schulen der Antike. Sie erhielt den Namen der Peripatetischen Schule, weil Aristoteles die Gewohnheit hatte, mit seinen Schülern, während er mit ihnen die eine oder andere philosophische Frage erörterte, durch den Garten des Lykeion zu wandeln (περιπατέω: »wandeln, spazierengehen«). Zu den bedeutendsten Schülern des Aristoteles zählen Theophrastos aus Eresos auf der Insel Lesbos, Eudemos von Rhodos, Aristoxenos aus Tarent und Dikaiarchos aus Messene. Sie alle waren eigenständige Gelehrte, welche den allgemeinen Geist des Begründers der Schule bewahrten, in einzelnen Fragen jedoch wesentliche Abweichungen von den Ansichten ihres Lehrers vertraten.

Der begabteste unter ihnen war ohne Zweifel *Theophrastos* (372–287 v. u. Z.), der die Leitung der Schule übernahm, als Aristoteles kurz vor seinem Tode Athen zum letzten Male verließ, und 36 Jahre lang an ihrer Spitze stand. Theophrastos schrieb eine große Anzahl von Werken aus den unterschiedlichsten Wissensgebieten, von denen lediglich zwei umfangreiche Abhandlungen über die Botanik, »Pflanzenkunde« und »Pflanzenphysiologie«, einigermaßen vollständig auf uns gekommen sind. Beide Schriften haben für die Entwicklung der Botanik die gleiche Bedeutung wie die »Tiergeschichte« des Aristoteles für die Zoologie. Außer mehr oder minder bedeutenden Bruchstücken aus anderen naturwissenschaftlichen Schriften des Theophrastos, z. B. »Über Steine«, »Über Winde«, besitzen wir eine Anzahl von Fragmenten aus seinem umfangreichen Werk über die »Lehren der Naturphilosophen«, das in streng systematischer Anordnung die Anschauungen der vorsokratischen Philosophen darlegt. Über den Charakter dieses Werkes kann man anhand des erhaltenen Fragments »Über die Empfindungen« urteilen. Sein Verlust ist vor allem deswegen bedauerlich, weil das Werk die Hauptquelle der Kenntnis der Vorsokratiker für alle späteren Autoren der Antike (Aetios, Diogenes Laertios, Plutarch, Stobaios u. a.) war, die nur teilweise erhaltene historisch-philosophische oder philosophisch-biographische Kompilationen hinterließen. Die »Charaktere« des Theophrastos endlich, die sich in der Vergangenheit, insbesondere im 18. Jahrhundert, einer ungeheuren Popularität erfreuten, sind offenbar als eine Sammlung von Auszügen aus einem umfangreicheren Werk über die Ethik anzusehen.

Eudemos, über dessen Leben so gut wie keine Nachrichten vorliegen, war als Denker weniger eigenständig und produktiv als Theophrastos. In den ersten Jahren nach dem Tode des Aristoteles arbeitete er zusammen mit Theophrastos an der Fortentwicklung der Aristotelischen Logik und kehrte danach in seine Heimat auf der Insel Rhodos zurück, wo er einen Ableger der Schule gründete. Von großem Interesse waren offenbar seine Arbeiten über die Geschichte der Astronomie und der Mathematik, auf die in der Folge der Neuplatoniker Proklos verschiedentlich Bezug nahm.

Aristoxenos war ein Zögling der pythagoreischen Schule, deren Einfluß sich in seinen Werken offenbar stark bemerkbar machte. So spielte in seinen Erörterungen über die Beziehung von Seele und Körper der pythagoreische Harmoniebegriff eine große Rolle. Er schrieb eine Reihe von Werken über die Geschichte und die Theorie der Musik, die in einer Anzahl von Fragmenten auf uns gekommen sind.

Dikaiarchos beschäftigte sich vor allem mit Geographie, Geschichte und Politik. Von seinen geographischen Arbeiten wird im folgenden die Rede sein.

Außer den Genannten, die unmittelbare Schüler des Aristoteles waren, ist der jüngere *Straton* aus Lampsakos zu erwähnen, der die Schule nach dem Tode des Theophrastos (von 287 bis 269 v. u. Z.) leitete. Straton war ohne Zweifel ein hervorragender Gelehrter. Seine Interessen lagen in erster Linie auf dem Gebiet der Physik und der Psychologie. Leider sind von seinem Werk nur wenige und unbedeutende Fragmente erhalten. Aufgrund indirekter Quellen kann man schließen, daß Straton von Aristoteles in einer Reihe der wesentlichsten Punkte abwich. Der Grundbegriff seiner Lehre war der Begriff der »Natur« (φύσις), die er als universelle und von der Materie untrennbare Kraft ansah. Auf der anderen Seite lehnte er die Vorstellung eines göttlichen Wesens und der Seele als eigenständig wirkender Agentien entschieden ab. Er verwarf die aristotelische Konzeption der natürlichen Lokalisierung der Elemente und nahm an, daß alle vier Elemente verschiedene Schweregrade aufwiesen. Straton unterzog auch die atomistische Lehre seines Zeitgenossen Epikur einer ausführlichen Kritik, was ihn jedoch nicht hinderte, einige Positionen der Atomistik zu übernehmen. Die Materie besteht seines Erachtens aus im Prinzip teilbaren Partikeln, die untereinander durch Zwischenräume getrennt sind, welche weniger Raum einnehmen als die Partikeln selbst. Auf diese Weise erklärte er die Komprimierbarkeit vieler Körper, die als eines der wesentlichsten Argumente zugunsten der Atomistik galt. Außer Anstoß und Gewicht nahm Straton die Existenz anderer Wirkkräfte an, zu denen er speziell Wärme und Kälte zählte. Die Seele hielt Straton im Unterschied zu Platon und Aristoteles für einheitlich. Nach seiner Auffassung ist sie die Quelle sowohl der Wahrnehmungen und Empfindungen als auch des Denkens und hat ihren Sitz im Vorderteil des Kopfes zwischen den Augenbrauen. Die Empfindungen entstehen nur scheinbar in den Sinnesorganen. Diese dienen allein als Empfänger der äußeren Reize, die der Seele durch einen Vermittler, das πνεῦμα (Luft, wörtlich »Hauch«), mitgeteilt werden. Ob Straton annahm, daß auch die Seele selbst aus πνεῦμα besteht, ist nicht bekannt. Die Wahrnehmungen können in der Seele über einen längeren Zeitraum bewahrt werden. Als Ergebnis ihrer Bewegung entsteht das Denken, denn wir können nichts denken, das nicht zuvor von uns wahrgenommen wäre.

Insgesamt stellt die Lehre des Straton eine eigenwillige materialistische Umgestaltung der peripatetischen Physik und Psychologie dar und enthält eine Anzahl von Annahmen unbestreitbar fortschrittlicher Bedeutung. Daß in der Folge sowohl diese Lehre als auch die Persönlichkeit des Straton weitgehend in Vergessenheit gerieten, erklärt sich aus dem Zusammentreffen einer Reihe von Umständen, unter denen der historische Zufall offenbar nicht die letzte Rolle spielte.

Der Nachfolger des Straton in der Leitung der Schule war *Lykon* (gest. 225 v. u. Z.). Er war kein großer Gelehrter, obgleich er der Autor einer Anzahl von Schriften ist, die sich weniger durch die Tiefe ihres Inhalts als durch die Vollendung ihrer Form auszeichnen. Nach seiner Tätigkeit begann eine längere Periode des Verfalls der peripatetischen Schule. Während dieser Zeit gerieten die Werke, die heute das Corpus Aristotelicum ausmachen, praktisch in Vergessenheit. Populär und gelesen waren statt dessen allein die frühen Werke des Philosophen, die er geschrieben hatte, als er noch der platonischen Akademie angehörte (auf sie bezieht sich etwa Cicero in seinen philosophischen Schriften). Die Lage ändert sich erst, als gegen Ende des ersten Jahrhunderts v. u. Z. eine Sammlung aristotelischer Schriften nach Rom gelangt, wo sie geordnet, einer textkritischen Bearbeitung unterzogen und mit dem Kommentar des *Andronikos* von Rhodos versehen werden. Damit beginnt eine neue Phase der peripatetischen Schule, in der ihre Vertreter ihre Anstrengungen auf die Erforschung und Kommentierung der Texte des großen Begründers der Schule richten.

IV. Die Wissenschaft der hellenistischen Zeit

Der Hellenismus und die Geburt der alexandrinischen Wissenschaft

Die Entstehung des Weltreichs Alexanders des Großen bedeutet den endgültigen Untergang der politisch-gesellschaftlichen Form des griechischen Stadtstaates und stellt einen Wendepunkt, den Beginn einer neuen Ära nicht allein der politischen, sondern auch der kulturellen Geschichte der Alten Welt dar. Diese Ära ist die Epoche des Hellenismus. Die Feldzüge Alexanders weiteten die Grenzen der den Griechen bekannten Welt beträchtlich aus und trugen durch die Erweiterung des Horizonts zur Festigung einer neuen Weltsicht bei, die den Bewohnern des klassischen Hellas fremd war. Auch vordem waren die Griechen keineswegs in den Mauern ihrer Städte geblieben. Sie befuhren die Meere und gründeten Kolonien an den Küsten des Schwarzen und des Mittelmeeres. Diese Kolonien waren rein griechische Ansiedlungen in barbarischer Umgebung, und mit einigen Ausnahmen, etwa Naukratis in Ägypten, konnte von einem nennenswerten Einfluß dieser Umgebung auf Sitten, Weltbild und kulturelle Interessen der griechischen Siedler keine Rede sein. Nun aber befanden sich unter der Herrschaft Alexanders die bedeutendsten Zivilisationen der Antike, welche die griechische in vieler Hinsicht übertrafen, und der unmittelbare Kontakt mit diesen Zivilisationen mußte für die griechische Kultur und vor allem für das Verhältnis der Griechen zu ihrer Umwelt die weitreichendsten Folgen haben. Die Züge des Partikularismus, des Nationalstolzes und des Gefühls der eigenen Einzigartigkeit, die für die Griechen der klassischen Zeit bezeichnend waren, wichen einem Kosmopolitismus, der in der Folgezeit zu einem Wesensmerkmal der gesamten Spätantike wurde. Die Entstehung des römischen Weltreichs und der Sieg des Christentums haben diese kosmopolitischen Tendenzen nicht nur nicht zum Erlöschen gebracht, sondern sie vielmehr verstärkt. Das zweite wichtige Moment der historischen Entwicklung lag darin, daß das alte Griechenland seine frühere kulturelle Hegemonie verlor. Während Athen auch weiterhin die Heimstätte der wichtigsten philosophischen Schulen blieb, fanden die Spezialwissenschaften, die sich zu jener Zeit herausbildeten, einen für ihre Entwicklung günstigeren Boden in den Hauptstädten der neuen Staaten, in die das Großreich Alexanders nach dem Tode seines Gründers zerfallen war. Diese Staaten stellten eigentümliche Konglomerate griechischer und lokaler Elemente dar, wobei ihre kulturelle Elite nahezu durchweg aus Griechen bestand und die griechische Sprache zur Sprache der gebildeten Schichten der Gesellschaft und zugleich zum übernationalen Verständigungsmittel der neuen Epoche wurde. Den ersten Platz unter den neuen Hauptstädten nahm bald Alexandreia ein, wo bereits der Begründer der herrschenden Dynastie, Ptolemaios I. Soter (323–283 v. u. Z.), *Demetrios* von Phaleron, einem Schüler des Theophrastos, eine Wirkungsstätte eingerichtet hatte, der als der erste Vermittler der aristotelischen Traditionen nach Alexandreia gelten kann. Wenig später wurde *Straton* aus Lampsakos nach Alexandreia eingeladen, um – ähnlich wie Aristoteles an der Erziehung Alexanders des Großen – an der Erziehung des Thronfolgers, des späteren Ptolemaios II., mitzuwirken. Straton blieb in Alexandreia bis zum Tode des Theophrastos im Jahre 287 v. u. Z. Darauf kehrte er nach Athen zurück, um die Leitung der dortigen Schule zu übernehmen. Unter den ersten Herrschern der ptolemäischen Dynastie wurde die berühmte alexandrinische Bibliothek gegründet, deren Fundamente Demetrios gelegt hatte, und das Museion geschaffen, eine wissenschaftliche Anstalt, an der die bedeutendsten Gelehrten und Schriftsteller wirkten. Sie bezogen ein staatliches Gehalt, das hinreichte, ihnen die ausschließliche Beschäftigung mit der Wissenschaft zu ermöglichen. Einen großen Aufschwung erlebte in Alexandreia die Buchproduktion, wozu in nicht geringem Maße das ägyptische Papyrusmonopol beitrug. Noch war Papyrus das einzige weitverbreitete Schreibmaterial. Infolgedessen wurde Alexandreia bald zum bedeutendsten Zentrum des Buchhandels. All dies hatte zur Folge, daß bereits im 3. Jahrhundert v. u. Z. die alexandrinische Wissenschaft auf nahezu allen Wissensgebieten, die sich zu jener Zeit herausbildeten, eine Blütezeit erlebte.

Nicht allein Ptolemaios Soter und seine Nachfahren, sondern auch die übrigen Diadochen, wie die ehemaligen Feldherren Alexanders, die seine Herrschaft untereinander aufgeteilt hatten, genannt wurden, waren Mäzene der Wissenschaften und der Künste. Dazu bewogen sie teils Prestigegründe, teils jedoch auch persönliches Interesse. So entstanden bedeutende Bibliotheken und mit ihnen Zentren der Wissenschaft in Pella (Makedonien), Pergamon (westl. Kleinasien) und Antiocheia (Syrien), doch auch in Städten, die nicht zu den Hauptstädten der Diadochen zählten – so in Rhodos auf der gleichnamigen Insel, in Smyrna und in Ephesos. Interesse an den Wissenschaften zeigten auch die sizilischen Tyrannen, mit denen sich noch im 4. Jahrhundert v. u. Z. Platon vergeblich einzulassen versucht hatte. Später wurde einer von ihnen – Hieron, der im Jahre 269 v. u. Z. die Macht in Syrakus an sich gerissen hatte – zum Schirmherren des Archimedes.

Welches aber waren die charakteristischen Merkmale der Wissenschaften, die sich in den genannten Zentren mit mehr oder minder großem Erfolg entwickelten und sich des Schutzes der lokalen Machthaber erfreuten? Diese Wissenschaften hatten bereits keine Gemeinsamkeiten mehr mit der frühgriechischen Wissenschaft »von der Natur«. Sie zeichneten sich zum einen durch die strikte Abgrenzung gegenüber der Philosophie, zum anderen durch eine klare Differenzierung und Spezialisierung aus. Mathematik und Astronomie, Mechanik und Optik, Physiologie und Embryologie, Geographie und Geschichte, endlich eine ganze Anzahl humanwissenschaftlicher Disziplinen entwickelten sich selbständig mit jeweils spezifischer Problematik und jeweils eigenen Untersuchungsmethoden. Dem stand selbstverständlich nicht entgegen, daß einige der größten Gelehrten der hellenistischen Zeit – Euklid, Archimedes, Eratosthenes – sich auf mehr als einem Wissensgebiet hervortaten.

Die eingetretenen Veränderungen machen im folgenden Teil unseres Buches ein anderes Verfahren der Darstellung erforderlich: Das Material wird nicht mehr wie bisher nach den Lehren individueller Autoren, sondern nach den wissenschaftlichen Einzeldisziplinen behandelt.

Die grundlegenden philosophischen Lehren der hellenistischen Zeit

Im Unterschied zu den Spezialwissenschaften fand die Philosophie der hellenistischen Zeit in den Hauptstädten der neuen Staaten keinen günstigen Boden und blieb in der Hauptsache in Athen beheimatet. Neben dem Platonismus und den Peripatetikern entstanden im 3. Jahrhundert v. u. Z. neue philosophische Schulen, die heftige Auseinandersetzungen untereinander führten und um Erfolg und Einfluß wetteiferten. Vom Standpunkt der Wissenschaftsgeschichte sind lediglich zwei dieser Schulen von Interesse: der Epikureismus und der Stoizismus.

Der Begründer der ersteren dieser Schulen war *Epikur* (342–270 v. u. Z.), Sohn des Atheners Neokles, der sich auf Samos angesiedelt hatte. Mit achtzehn Jahren wurde Epikur Schüler des Nausiphanes, der der atomistischen Lehre des Demokrit anhing, und übernahm von ihm die Grundlagen der Atomistik. Großen Einfluß insbesondere auf ethischem Gebiet übte auf ihn darüber hinaus die Lehre des Pyrrhon, des Begründers der skeptizistischen Schule, aus, der etwa zur gleichen Zeit mit wenigen Schülern in Elis lebte. Nach der Entwicklung eines eigenen Systems lehrte Epikur einige Jahre hindurch in Lampsakos und in Mytilene auf der Insel Lesbos. Darauf verlegte er seine Schule im Jahre 306 nach Athen, wo er mit seinen Schülern und Freunden im »Garten« (κῆπος) lebte, der auch nach seinem Tode die Heimstatt der epikureischen Schule blieb.

Epikur übernahm die atomistische Lehre des Demokrit, suchte sie jedoch in den Fragen zu vervollkommnen, die von ihren Gegnern am schärfsten kritisiert worden waren. So erkannte er die Existenz des absoluten Gegensatzes von Oben und Unten an. Nach seiner Vorstellung strebt im unendlichen Abgrund des Raumes die unendliche Vielzahl der Atome der Schwerkraft folgend von oben nach unten. Die Schwere der Atome ist ihrer Größe proportional, doch haben die Unterschiede der Schwere keinen Einfluß auf ihre Fallgeschwindigkeit im Raum. Diese Theorie leitete Epikur aus der Vorstellung von der diskreten Struktur des Raumes ab. Er nahm an, daß aus der unendlichen Teilbarkeit der räumlichen Intervalle in Einklang mit den Argumenten des Zenon von Elea die Unmöglichkeit jeder Bewegung folge. Die Atome können in ihrem Fall mit gleicher Geschwindigkeit von der streng vertikalen Richtung abweichen. Diese Abweichungen, die später von Lucretius mit dem lateinischen Terminus »clinamen« bezeichnet wurden, sind geringfügig, doch willkürlich. Bei diesen Abweichungen können die Atome aufeinandertreffen, sich miteinander verbinden und Anhäufungen und Wirbel bilden, die zur Entstehung der Welten führen.

Quelle allen Wissens sind nach der Lehre Epikurs die sinnlichen Wahrnehmungen. In dieser Hinsicht war Epikur der Vertreter eines konsequenten Sensualismus in der griechischen Philosophie. Die Angemessenheit der sinnlichen Wahrnehmungen begründete Epikur mit Hilfe der Theorie der Ausflüsse und der »Bildchen« des Demokrit.

In Einklang mit den Anschauungen der Begründer der Atomistik hielt Epikur die Seele für körperlich: Sie besteht aus den feinsten und beweglichsten Atomen. Dabei unterteilte er sie in mehrere Bestandteile, die verschiedene Funktionen erfüllen. Die Einheit der

Seele ist durch ihre körperliche Hülle gewährleistet, die diese Bestandteile zusammenhält. Geht die Hülle verloren, so verflüchtigt sich die Seele und zerfällt in einzelne Atome. Überhaupt ist Epikurs Lehre von der Seele sehr detailliert ausgearbeitet, da sie die Grundlage seiner Ethik darstellt, die den Kern und den wichtigsten Teil seines gesamten philosophischen Systems ausmacht.

Wie Demokrit erkannte Epikur die Existenz der Götter an, leugnete jedoch, daß sie den Gang des Weltprozesses in irgendeiner Weise beeinflußten: Die Götter, welche die Räume zwischen den Welten bewohnen, leben im Zustand ewiger Glückseligkeit, der durch keine Sorgen oder Leidenschaften getrübt wird.

Aus der Feder des Epikur sind uns nur wenige Texte überliefert: drei philosophische Briefe (an Pythokles, an Herodotos und an Menoikeus), eine Sammlung der wichtigsten epikureischen Maximen (Κύριαι δόξαι »Hauptlehrsätze«) und eine Reihe von Fragmenten. Der Einfluß des Epikureismus auf die Folgezeit ging nicht so sehr von dem eigenen Werk des Epikur wie von dem Lehrgedicht »De rerum natura« des römischen Dichters *Lucretius Carus* (um 96–55 v. u. Z.) aus, der ein Anhänger des Philosophen war.

War der Epikureismus noch in jeder Hinsicht ein Produkt hellenischen Geistes, so hatte die einflußreichste philosophische Schule der Zeit, der Stoizismus, zahlreiche lokale Einflüsse in sich aufgenommen. Bezeichnenderweise sind fast alle führenden Vertreter der Schule in der einen oder anderen Weise mit dem Orient verbunden. Ihr Begründer *Zenon* (um 336–262 v. u. Z.) stammte aus der phönizischen Kolonie Kition auf Zypern. Seine Schule erhielt ihren Namen nach dem Tagungsort ihrer Studien, der στοά ποικίλη (»bunte Säulenhalle«) in Athen. Großen Einfluß erlangte die stoische Schule gegen Ende des 3. Jahrhunderts v. u. Z., als der bedeutende Gelehrte *Chrysippos* aus Soloi in Kilikien ihre Leitung übernahm. Der Nachfolger des Chrysippos war *Diogenes* von Seleukeia in Babylonien, und der letzte bedeutende Vertreter der griechischen Stoa, *Poseidonios* von Rhodos, der in der ersten Häfte des ersten Jahrhunderts v. u. Z. wirkte, stammte aus Apameia in Syrien.

Die Philosophie gliedert sich nach der Auffassung der Stoiker in drei Hauptzweige: die Logik, die Physik und die Ethik. Im Unterschied zu Aristoteles, der der Logik lediglich den Status eines Hilfsmittels für jede Art von Erkenntnis zuerkannte, betrachteten die Stoiker die Logik als eine eigenständige Wissenschaft. Diese Wissenschaft untersucht nach ihrer Auffassung sowohl die sprachlichen Zeichen (die Laute, Silben, Wörter und Sätze) als auch das von ihnen Bezeichnete (die Begriffe, Urteile und Schlüsse). Daher rechneten die Stoiker zur Logik auch die Grammatik und die Sprachphilosophie. In den Ansichten der Stoiker über die Logik finden sich viele interessante Gedanken, die wir an dieser Stelle nicht im einzelnen behandeln können.

Auch die physikalisch-kosmologischen Anschauungen der Stoiker zeichnen sich durch ihre bemerkenswerte Originalität aus. Die Stoiker nahmen als Elemente allen Seins ebenfalls vier Grundstoffe an, unter denen sie jedoch zwischen »höheren« (Feuer und Luft) und »niederen« (Wasser und Erde) unterschieden. Aus der Verbindung von Feuer und Luft geht das πνεῦμα hervor, das als eine Art »Seele« alle Dinge und die Welt als Ganzes durchdringt. Obgleich diese Seele materiell ist, besitzt sie Aktivität und formgebende Kraft. Demgegenüber sind Wasser und Erde passiv, inert und erhalten ihre Form durch das Pneuma. Pneuma und Materie durchdringen sich wechselseitig in spezifischer Weise. Das Pneuma ist kontinuierlich und erfüllt den ganzen Raum, darunter auch diejenigen Punkte, die bereits von den materiellen Dingen eingenommen werden.

In diesem Sinne ist das Pneuma dem Äther der neueren Physik vergleichbar. Der Vergleich ist um so zutreffender, als sich das Pneuma kraft der in ihm vorgehenden inneren Bewegungen stets im Zustand einer gewissen Spannung (τόνος) befindet. Der Grad dieser Spannung bestimmt die unterschiedlichen Gradationen der Formen des Pneumas. Größe und Gestalt der Körper ergeben sich wie alle übrigen ihrer Eigenschaften aus der Wirkung des Pneumas. In der Welt der organischen Natur bedingt das Pneuma die Lebenstätigkeit der Lebewesen, wobei der Organisationsgrad der betreffenden Tier- oder Pflanzengattung von der Feinheit der pneumatischen Form abhängt. Das Pneuma gewährleistet die Einheit des Kosmos im ganzen und erfaßt alles, was in ihm enthalten ist. Es existiert nur ein Kosmos. Er hat Kugelgestalt und ist vom unendlichen leeren Raum umgeben. Der Kosmos ist ein lebendiges, vernunftbegabtes Wesen, das eine zyklische Entwicklung durchmacht. Er entsteht aus dem ursprünglichen Feuer, durchläuft verschiedene Stadien, in denen sich in ihm die ganze Vielfalt des Seienden entwickelt, und löst sich endlich infolge einer allgemeinen Verbrennung (ἐκπύρωσις) in den Grundstoff des Feuers auf. Dieser Prozeß ist notwendig und ebenso kausal bedingt wie jedes einzelne Ereignis des Weltprozesses, darunter die scheinbar willkürlichen Handlungen der Lebewesen. Diesen einen und notwendigen Kausalzusammenhang allen Geschehens nannten die Stoiker εἱμαρμένη (»Schicksal«).

Eine zentrale Stellung in der Philosophie der Stoiker nahm die

Ethik ein. Obgleich die Probleme der Ethik wie überhaupt der Humanwissenschaften außerhalb unserer Betrachtung liegen, sind einige Worte über die grundlegenden ethischen Prinzipien der Stoiker unerläßlich.

Ähnlich wie die Epikureer und in Übereinstimmung mit den allgemeingültigen Anschauungen der Antike hielten die Stoiker das Glück (εὐδαιμονία) für das oberste Ziel des menschlichen Lebens. Während jedoch die Epikureer unter Glück den Genuß verstanden, sahen die Stoiker als höchstes Glück der Menschen ein Leben an, das seiner »Natur« entspricht. Das bedeutet, daß der Mensch ein Höchstmaß der Vollkommenheit durch die Entwicklung seiner natürlichen Anlagen und Fähigkeiten anstreben muß. Das Höchstmaß der Vollkommenheit des Menschen aber ist mit der Tugend identisch. Folglich ist nach der Lehre der Stoiker ein Leben in Einklang mit der »Natur« nichts anderes als ein tugendhaftes Leben. In dieser Frage unterschieden sich die Stoiker prinzipiell von einer weiteren philosophischen Richtung der Zeit, der kynischen Schule, deren Begründer *Antisthenes* ein Schüler des Sokrates, war. Nach der Auffassung der Kyniker war die Übereinstimmung mit der »Natur« gleichbedeutend mit der Ablehnung jeglicher Art menschlicher Normen und Einrichtungen. Deshalb lehrten sie ein durch nichts gehemmtes Ausleben der »natürlichen« Instinkte und Triebe. Beiläufig sei erwähnt, daß über Antisthenes' Schüler *Diogenes* von Sinope, den krassesten Vertreter der kynischen Schule, der als Diogenes in der Tonne bekannt ist, ungezählte Anekdoten in Umlauf waren.

Während also die Kyniker die von den Sophisten entwickelte Lehre des Gegensatzes von »Natur« und »Gesetz« (φύσις und νόμος) auf die Spitze trieben, war der Begriff der »Natur« bei den Stoikern radikal neu gefaßt. Indem sie die »Natur« mit dem Streben nach der Tugend gleichsetzten, hoben die Stoiker den sophistischen Gegensatz prinzipiell auf.

Die Geographie

Die Geographie war diejenige Wissenschaft, welche die Auswirkungen der Feldzüge Alexanders des Großen am unmittelbarsten und im weitesten Ausmaß erfuhr. Vordem unterschied sich der geographische Horizont der Griechen kaum wesentlich von den Vorstellungen der Ökumene, die in den Schriften Herodots niedergelegt waren. Gewiß nehmen im 4. Jahrhundert v. u. Z. Reisen in ferne

Gegenden und Beschreibungen fremder Länder im Vergleich zum vorangehenden Jahrhundert zu. Die berühmte »Anabasis« des *Xenophon* enthält zahlreiche interessante Daten über Geographie und Ethnographie Kleinasiens und Armeniens. *Ktesias von Knidos,* der siebzehn Jahre lang (415–399) als Arzt am persischen Hof tätig war, hinterließ eine Anzahl historischer und geographischer Schriften, von denen außer einer Beschreibung Persiens im Altertum und im Mittelalter eine Beschreibung Indiens besondere Popularität erlangte, die eine Fülle sagenhafter Nachrichten über die Natur und die Einwohner des Landes enthielt. Später – um 330 v. u. Z. – unternahm *Pytheas von Massalia* eine Reise entlang der Westküste Europas. Er durchfuhr die Meerenge von Gibraltar, entdeckte den bretonischen Landvorsprung und erreichte endlich die sagenhafte Insel Thule, die manche Forscher mit dem heutigen Island, andere dagegen mit Norwegen gleichsetzen. Fragmente aus dem Werk des Pytheas (»Über den Ozean«) sind in den Schriften des Polybios und des Straton angeführt.

Gleichwohl hatten sowohl Alexander der Große als auch seine Feldherren, als sie ihre Feldzüge begannen, nur sehr ungefähre Vorstellungen von den Ländern, die sie erobern sollten. Das Heer Alexanders des Großen begleiteten Geometer oder besser »Schrittmesser« (βηματισταί), welche die zurückgelegten Entfernungen durch die Zählung der Schritte bestimmten, Beschreibungen der Marschroute erstellten und die betreffenden Territorien auf der Karte eintrugen. Als Alexander aus Indien zurückkehrte, schickte er einen Teil seines Heeres auf dem Seeweg heim und befahl dem Flottenkommandeur *Nearchos,* den Küstenstreifen des Indischen Ozeans zu erkunden. *Nearchos* verließ die Mündung des Indus, erreichte wohlbehalten das Zweistromland und schrieb einen Bericht über seine Reise, der später von Strabon und Arrianus, den Historiographen der Feldzüge Alexanders des Großen, benutzt wurde. Die während der Feldzüge Alexanders gesammelten Daten erlaubten es *Dikaiarchos* aus Messene, einem Schüler des Aristoteles, eine Karte aller zu seiner Zeit bekannten Gebiete der Ökumene zu erstellen.

Die Vorstellung von der Kugelgestalt der Erde, die sich in Griechenland in der Zeit Platons und Aristoteles' endgültig durchgesetzt hatte, stellte die griechische Geographie vor neue prinzipielle Aufgaben. Die wichtigste dieser Aufgaben war die Bestimmung der Ausmaße der Erdkugel. Es war Dikaiarchos, der den ersten Versuch unternahm, diese Aufgabe durch die Messung der Stellung des Zenits auf verschiedenen Breiten, in der Gegend von Lysimacheia an den Dardanellen und bei Assuan in Ägypten, zu lösen. Er errechnete einen Erdumfang von 300000 Stadien, d. h. etwa 50000 km anstelle des tatsächlichen Betrages von 40000 km. Die Breite der Ökumene von Norden nach Süden bestimmte Dikaiarchos auf 40000 Stadien, ihre Länge von Westen nach Osten auf 60000 Stadien.

Überdies befaßte sich Dikaiarchos mit der Bestimmung der Höhen von Berggipfeln und verfaßte eine Beschreibung Griechenlands in drei Büchern. Alles in allem kann Dikaiarchos mit vollem Recht als der erste professionelle Geograph Griechenlands angesehen werden.

Mit der Geographie beschäftigte sich auch ein weiterer Vertreter der peripatetischen Schule. *Straton* aus Lampsakos stellte die Hypothese auf, das Schwarze Meer sei einst ein See gewesen, der nach seiner Verbindung mit dem Mittelmeer seine überschüssigen Wassermengen an das Ägäische Meer abgebe. Die Existenz der Strömung in den Dardanellen war eine bekannte Tatsache, die insbesondere Aristoteles behandelte und die auch in der Geschichte vom Brückenschlag über die Meerenge für das Heer des Xerxes ihre Rolle spielte. Ein See war nach Ansicht des Straton von Hause auch das Mittelmeer. Nachdem es durch die schmale Meerenge bei Gibraltar gebrochen war, die damals den Namen »Säulen des Herkules« trug, senkte sich sein Niveau, das Wasser gab die Küstengebiete frei und hinterließ auf dem Festland Muscheln und Salzablagerungen. Diese Hypothese wurde später von Eratosthenes, Hipparchos und Strabon lebhaft diskutiert.

Die größten Leistungen der alexandrinischen Geographie sind mit dem Namen des *Eratosthenes* von Kyrene verbunden, der lange Zeit (234–196 v. u. Z.) die alexandrinische Bibliothek leitete. Eratosthenes war eine ungewöhnlich vielseitige Persönlichkeit. Er hinterließ Schriften zur Mathematik, Astronomie, Geschichte (Chronologie), Philosophie, Ethik und zu anderen Disziplinen, doch haben seine geographischen Arbeiten wohl die größte Bedeutung.

Die umfangreiche »Geographie« des Eratosthenes, die aus drei Büchern bestand, ist nicht erhalten. Ihr Inhalt und die polemische Kritik des Hipparchos sind jedoch von Strabon einigermaßen vollständig wiedergegeben. Im ersten Buch des Werkes skizzierte Eratosthenes die Geschichte der Geographie seit den ältesten Zeiten. Dabei äußert er sich kritisch über die geographischen Nachrichten des »untrüglichen« Homer, berichtet von den ersten geographischen Karten des Anaximandros und des Hekataios und verteidigt die Reisebeschreibung des Pytheas, die von den Zeitgenossen viel-

Abb. 6: Das Verfahren des Eratosthenes zur Bestimmung des Erdumfangs

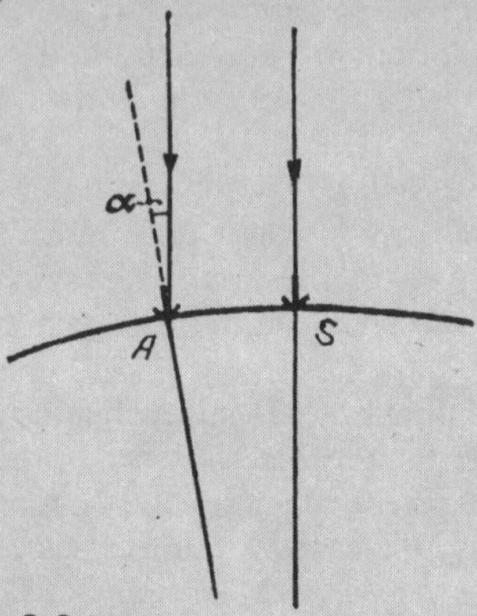

A: Alexandreia, S: Syene.

fach verspottet wurde. Im zweiten Buch führt Eratosthenes Beweise für die Kugelgestalt der Erde an, erwähnt sein Verfahren zur Messung der Ausmaße der Erdkugel und entwickelte seine Vorstellungen von der Ökumene, die er für eine von allen Seiten vom Ozean umgebene Insel hielt. Auf dieser Grundlage spricht er zum ersten Mal den Gedanken aus, daß man Indien von Europa auf dem Seeweg nach Westen erreichen könne. Das dritte Buch des Werkes stellt einen detaillierten Kommentar zu der von Eratosthenes erstellten geographischen Karte dar.

Die Methode, die Eratosthenes zur Bestimmung des Erdumfangs anwandte, ist ausführlich in einem gesonderten Werk beschrieben. Sie bestand in der Messung der Länge des Schattens, den ein Gnomon in Alexandreia in demselben Augenblick warf, in dem die Sonne in Syene (Assuan), das ungefähr auf dem gleichen Meridian liegt, senkrecht über dem Beobachter steht (vgl. Abb. 6). Der Winkel zwischen der Senkrechten und der Sonnenrichtung beträgt in Alexandreia ein Fünfzigstel des vollen Kreises. Indem er die Entfernung von Alexandreia nach Syene mit 5000 Stadien, d. h. etwas weniger als 800 km annahm (Eratosthenes benutzte offenbar das ägyptische Stadion von 157,5 m), berechnete er den Erdumfang auf etwa 250000 Stadien. Genauere Berechnungen ergaben einen Betrag von 252000 Stadien oder 39690 km, was lediglich um 310 km unterhalb des tatsächlichen Wertes liegt. Das Ergebnis des Eratosthenes blieb bis ins 17. Jahrhundert unübertroffen.

Der bedeutende Astronom des 2. Jahrhunderts v. u. Z., *Hipparchos* von Nikaia, ist der Verfasser eines Werkes, in dem er die »Geographie« des Eratosthenes einer scharfen Kritik unterzog. Die Kritik betraf insbesondere die Verfahren der Ortsbestimmung geographischer Objekte. Hipparchos hielt es für unzulässig, dem Zeugnis von Reisenden oder Seeleuten über Entfernungen und Lage solcher Objekte ernsthaft Vertrauen zu schenken. Er erkannte allein auf exakte objektive Daten gegründete Methoden an. Zu diesen Daten zählte er die Höhe der Sterne über dem Horizont, die Länge des Gnomonschattens, die Zeitunterschiede beim Eintritt der Mondfinsternis usw. Hipparchos führte das Netz der Längen- und Breitengrade als Grundlage für die Erstellung geographischer Karten ein und wurde damit zum Begründer der mathematischen Kartographie.

Am Beispiel der Geographie können wir erkennen, daß selbst diese Wissenschaft, die vordem rein deskriptiv war, in der alexandrinischen Zeit der Mathematisierung unterlag. In weit größerem Umfang war dieser Prozeß für die Entwicklung der Astronomie, der Mechanik und der Optik charakteristisch. Daher kann man mit Fug und Recht feststellen, daß zu eben dieser Zeit die Mathematik zuerst als Königin der Wissenschaften anerkannt wurde. Bevor wir zu den übrigen Disziplinen übergehen, empfiehlt es sich daher, die bemerkenswerten Leistungen der hellenistischen Mathematik zu betrachten.

Die Mathematik

Ende des 4. Jahrhunderts v. u. Z. wurde nahezu die gesamte zu jener Zeit bekannte Mathematik in den »Elementen« (Στοιχεῖα) des *Euklid* zusammengefaßt, einem einzigartigen Werk, das zum Vorbild und zum Ideal von mehr als zwei Jahrtausenden werden sollte.

Über die Persönlichkeit Euklids wissen wir so gut wie nichts. Bekannt ist lediglich, daß er ein Zeitgenosse Ptolemaios' I. Soter war und in Alexandreia Mathematik lehrte. Es wird angenommen, daß er seine mathematische Ausbildung in Athen (vielleicht an der Akademie?) erhielt. Da Archimedes in einem seiner Werke einen Satz zitiert, der den »Elementen« des Euklid entnommen ist, war das grundlegende Werk offenbar bereits zu seiner Zeit wohlbekannt. Der eigene Beitrag des Euklid zur Mathematik ist schwer abzuschätzen, da er offenbar weniger ein schöpferisches Genie in der Art eines Eudoxos oder Archimedes als vielmehr ein glänzender Pädagoge und Systematiker war. Den wesentlichen Inhalt der »Elemente« des Euklid bilden die Entdeckungen des Hippokrates von Chios, des Theaitetos, des Eudoxos und anderer Mathematiker vor ihm, wobei Euklid dem dargestellten Material logische Stringenz und vollendete Form verlieh.

Der uns überlieferte Text der »Elemente« besteht aus fünfzehn Büchern, von denen die beiden letzten nicht aus der Feder des Euklid stammen, sondern spätere Beifügungen sind. Wir wollen den Inhalt jedes dieser Bücher kurz zusammenfassen.

Die ersten vier Bücher der »Elemente« des Euklid sind der planimetrischen Geometrie gewidmet. In ihnen ist das Material ausgebreitet, das vermutlich bereits im Werk des Hippokrates von Chios enthalten war. Das bedeutet jedoch nicht, daß Euklid in seiner Darstellung Hippokrates einfach wiederholte. Dies gilt insbesondere für das erste Buch, das mit den Definitionen, Postulaten und Axiomen beginnt. Unter den Postulaten findet sich das berühmte fünfte Postulat über die Parallelen, dessen Umformulierung in neuerer Zeit zur Entdeckung der nichteuklidischen Geometrien führte. Es folgen die Lehrsätze, welche die wichtigsten Eigenschaften der Dreiecke, Parallelogramme und Trapeze beschreiben. Am Ende des Buches ist der Satz des Pythagoras angeführt.

Das zweite Buch der »Elemente« behandelt die Grundlagen der geometrischen Algebra. Das Produkt zweier Größen wird darin in Gestalt eines aus zwei Strecken konstruierten Rechtecks behandelt. Ferner wird die Distributivität der Multiplikation bezüglich der Addition festgestellt (wenn $a = a_1 + a_2 + a_3$, so ist $ba = ba_1 + ba_2 + ba_3$), eine Anzahl wichtiger Gleichungen bewiesen (z. B. $(a+b)^2 = a^2 + 2ab + b^2$) und die geometrische Formulierung einer Reihe von Aufgabentypen gegeben, die Aufgaben zu quadratischen Gleichungen entsprechen.

Das dritte Buch ist den Eigenschaften des Kreises, seiner Tangenten und Sehnen gewidmet.

Endlich behandelt das vierte Buch die regelmäßigen Vielecke. Es werden darin regelmäßige n-Ecke mit $n = 3, 4, 5, 10, 15$ konstruiert, wobei die Konstruktion des Fünfzehnecks offenbar auf Euklid selbst zurückgeht.

Das fünfte und das sechste Buch der »Elemente« belegen den Beitrag des Euklid zur Proportionslehre und ihrer Anwendung auf die Lösung algebraischer Aufgaben. Einen besonderen Grad der Vollkommenheit erreicht das fünfte Buch. Es ist der allgemeinen Verhältnislehre gewidmet, welche sowohl die rationalen als auch die irrationalen Größen umfaßt (wir haben darüber bereits im dritten Kapitel im Abschnitt über Eudoxos gesprochen).

Im siebten bis neunten Buch ist die Arithmetik behandelt, d. h. die Theorie der ganzen und rationalen Zahlen, die, wie oben dargelegt, von den Pythagoreern nicht später als im 5. Jahrhundert v. u. Z. entwickelt wurde. Außer den Lehrsätzen, die sich auf die Addition und die Multiplikation ganzer Zahlen und die Multiplikation ihrer Verhältnisse beziehen, werden hier auch Fragen der Zahlentheorie behandelt: Es wird der »euklidische Algorithmus« eingeführt, die Grundlagen der Theorie der Teilbarkeit ganzer Zahlen dargelegt und der Lehrsatz von der unendlichen Anzahl einfacher Zahlen bewiesen. Diese drei Bücher sind offenbar auf der Grundlage nicht überlieferter Werke des Archytas geschrieben.

Das zehnte Buch, das die Darstellung der von Theaitetos erzielten Resultate umfaßt, ist den quadratischen Irrationalitäten gewidmet, deren Klassifikation (in Binomiale, Apotome, Mediale usw.) es enthält.

Im elften Buch werden die Grundlagen der Stereometrie beschrieben. Es enthält die Lehrsätze von den Geraden und den Flächen im Raum, räumliche Konstruktionsaufgaben usw.

Das zwölfte Buch behandelt die Exhaustionsmethode des Eudoxos. Mit ihrer Hilfe werden Lehrsätze bewiesen, die sich auf die Kreisfläche und den Kugelinhalt beziehen, und die Verhältnisse der Rauminhalte der Pyramiden und Kegel zu den Rauminhalten der entsprechenden Prismen und Zylinder abgeleitet.

Die Ergebnisse des dreizehnten Buches, das der Untersuchung der fünf regelmäßigen Polyeder gewidmet ist, gehen im wesentlichen auf Theaitetos zurück.

In späterer Zeit wurden den »Elementen« ein dreizehntes und vierzehntes Buch beigefügt, die nicht aus der Feder des Euklid stammen, sondern nach seinem Tode – das erste im 2. Jahrhundert v. u. Z., das andere im 6. Jahrhundert u. Z. – geschrieben wurden. Von ihrem Inhalt wird später die Rede sein.

Bei allem Reichtum des in Euklids »Elementen« beschlossenen Materials war dieses Buch keineswegs eine allumfassende Enzyklopädie der antiken Mathematik. So fehlen darin z. B. die Lehrsätze über die »Möndchen« des Hippokrates von Chios und die drei berühmten Aufgaben der Antike von der Verdoppelung des Würfels, der Dreiteilung des Winkels und der Quadratur des Kreises, von denen wir im zweiten Kapitel gesprochen haben. Nicht einmal erwähnt sind ferner die Kegelschnitte, deren Theorie zu jener Zeit nicht zuletzt durch Euklid selbst in Angriff genommen war.

Zweifellos hatte Euklid bei der Entwicklung des deduktiven Systems der Mathematik Vorgänger. Über Hippokrates von Chios haben wir bereits gesprochen. In seinen Kommentaren zu den »Elementen« des Euklid berichtet der Neuplatoniker Proklos, daß entsprechende Versuche bereits von zwei Mathematikern des 4. Jahrhunderts, einem gewissen Leon und einem Theudios von Magnesia, Anhänger der platonischen Akademie, unternommen worden waren. Euklid war ohne Zweifel mit ihren Arbeiten vertraut, ohne daß seine eigenen Verdienste dadurch im mindesten geschmälert würden. Es ist kaum ein Zufall, daß die »Elemente« über Jahrhunderte erhalten sind, während die Arbeiten der unmittelbaren Vorgänger des Euklid verloren und vergessen sind und nicht einmal Nachrichten über ihren Inhalt vorliegen. Auch in diesem Falle wird das Urteil der Geschichte kaum ungerecht ausgefallen sein.

Außer den »Elementen« wird Euklid eine Reihe anderer Werke zugeschrieben, die verschiedenen Zweigen der mathematischen Wissenschaft gewidmet sind. In der Abhandlung »Data« (Δεδομένα) behandelt Euklid 95 Fälle, in denen bestimmte Größen (Teile geometrischer Figuren, ihre Lagen, ihr wechselseitiges Verhältnis usw.) durch eine bestimmte Anzahl gegebener Größen bestimmt werden. Die kleine Schrift »Über Teilungen« (Περὶ διαιρέσεων), die allein in arabischer Übersetzung erhalten ist, behandelt die Aufgabe der Zweiteilung einer gegebenen geometrischen Figur in einem gegebenen Verhältnis durch eine Gerade, deren Richtung vorgegeben ist oder die durch einen gegebenen Punkt verläuft. Einige der mathematischen Werke des Euklid sind nicht überliefert. So nennen die antiken Quellen eine Schrift über »Fehlschlüsse« (Ψευδάρια), und ein Buch über »Kegelschnitte« (Κωνικά), das lange vor der berühmten Abhandlung des Archimedes zum gleichen Thema geschrieben war.

Außer rein mathematischen Schriften verfaßte Euklid eine Reihe anderer Werke, die nach heutiger Terminologie unterschiedliche Bereiche der mathematischen Physik betrafen. Erhalten sind die »Erscheinungen« (Φαινόμενα), welche die elementare sphärische Astronomie behandeln, die »Optik« und die »Katoptrik«, von denen weiter unten die Rede sein wird, und endlich die »Kanonschnitte« (Κατατομὴ κάνωνος), die zehn Thesen über die musikalischen Intervalle enthält. Auch in diesen Schriften ist die Darstellung streng deduktiv, indem die Lehrsätze aus präzise formulierten physikalischen Hypothesen und mathematischen Postulaten abgeleitet werden.

Der bedeutendste Gelehrte der hellenistischen Zeit gehörte formell nicht der alexandrinischen Schule an. *Archimedes* wurde im Jahre 287 v. u. Z. in Syrakus geboren, wo er nahezu sein ganzes Leben verbrachte. Es gilt jedoch als ausgemacht, daß er Alexandreia besuchte und dort Kontakt mit den alexandrinischen Gelehrten aufnahm, von dem sein Briefwechsel mit Konon, Dositheos und Eratosthenes zeugt.

Als Sohn des syrakusanischen Hofastronomen und Mathematikers Pheidias erhielt Archimedes bereits in seiner Jugend eine solide mathematische Ausbildung. Gleichwohl begann er verhältnismäßig spät, sich mit eigentlich mathematischen Fragen zu beschäftigen. Zu einer nicht näher bekannten Zeit seines Lebens besuchte er Alexandreia, wo er in nähere Beziehung zu dem bereits genannten Konon von Samos trat, der am Hofe des dritten Repräsentanten der ptolemäischen Dynastie, Ptolemaios III. Euergetes (246–221 v. u. Z.), das Amt des Astronomen innehatte. Konon, der zu jener Zeit bereits in fortgeschrittenem Alter stand, war ohne Zweifel ein hochqualifizierter Mathematiker, und es wird angenommen, daß er es war, der Archimedes zur Beschäftigung mit rein mathematischen Problemen anregte. Nach seiner Rückkehr nach Syrakus unterhielt Archimedes eine regelmäßige Korrespondenz mit Konon, die er nach dessen Tod mit seinem Schüler Dositheos fortsetzte. Es sind fünf Briefe des Archimedes an Dositheos erhalten. Sie stellen im Grunde fünf mathematische Abhandlungen dar, deren jede einem bestimmten Problemkreis gewidmet ist. Nach ihrem Inhalt tragen diese Brieftraktate die Titel: 1. »Parabelquadratur«, 2.–3. »Über Kugel und Zylinder«, 4. »Über Konoide und Sphäroide«, 5. »Über Spiralen«. Die Bedeutung dieser Briefe ist kaum zu überschätzen. In ihnen gelangt Archimedes unmittelbar zu den Methoden der höheren Mathematik. Bedient sich der Autor im ersten Brief, der die Aufgabe der Flächeninhaltsbestimmung eines durch eine Gerade abgeteilten Parabelsegments behandelt, noch der Exhaustionsmethode des Eudoxos, so entwickelte er in den anschließenden Briefen seine eigene Methode, die er auf die Berechnung der Oberflächen und der Rauminhalte einer Anzahl geometrischer Körper anwandte.

Das Verfahren des Archimedes stellt eine Fortentwicklung und Vervollkommnung der Methode des Eudoxos dar. Wie wir im vorangehenden Kapitel gesehen haben, bestimmte Eudoxos die gesuchten Flächeninhalte, Oberflächen und Volumen durch die unendliche Vermehrung der Glieder einer Reihe von Größen, deren Summe den gesuchten Wert als Grenzwert ergab. Dabei war Eudoxos jedoch noch nicht die Formulierung des allgemeinen Prinzips des Verfahrens gelungen, so daß die Überlegungen für jeden Einzelfall aufs neue angestellt werden mußten. Im Unterschied zu Eudoxos schloß

Archimedes die zu bestimmende Größe zwischen zwei integrale Summen ein, deren Unterschied kleiner als jede vorgegebene Summe gemacht werden konnte. Die gesuchte Größe erscheint dabei als der gemeinsame Grenzwert beider Summen bei unendlicher Vermehrung der Anzahl der Summanden, was der Aufgabe der Berechnung eines bestimmten Integrals entspricht. Bei der Bestimmung der Kugeloberfläche, der Berechnung des Inhalts der Segmente von Paraboloid und Hyperboloid wie des Drehellipsoids berechnete Archimedes de facto die Integrale

$$\int_0^a \sin x \, dx \quad \text{und} \quad \int_0^a (ax^2 + bx) \, dx.$$

Mit Hilfe des gleichen Verfahrens löste er auch schwierigere Aufgaben, so die Bestimmung von Bogenlängen und der Flächeninhalte einer Reihe gekrümmter Oberflächen.

Alle diese Aufgaben sind in den Abhandlungen »Über Kugel und Zylinder«, »Über Konoide und Sphäroide« und »Über Spiralen« behandelt. Ob sich Archimedes bewußt war, daß es in jeder der behandelten Aufgaben um ein und denselben mathematischen Begriff, den Begriff des bestimmten Integrals, ging, ist schwer zu sagen. Jedenfalls verfügte er noch nicht über die erforderlichen Mittel, die es ihm erlaubt hätten, eine allgemeine Definition des Integrals zu geben. Zudem interessierten Archimedes in all diesen Aufgaben in erster Linie nicht die Methoden, sondern die Ergebnisse, z. B. daß die Oberfläche der Kugel viermal größer als der Flächeninhalt ihres größten Kreises ist oder daß der Rauminhalt der Kugel zwei Dritteln des Rauminhalts des umschriebenen Zylinders entspricht. Diese Erkenntnis erfüllte Archimedes mit besonderem Stolz, weshalb auf seinem Grab ein Gedenkstein errichtet wurde, der eine in einen Zylinder eingeschriebene Kugel darstellte.

Außer den Verfahrensweisen der Berechnung von Flächen und Rauminhalten entwickelte Archimedes eine Methode zur Bestimmung der Tangente einer Kurve, die faktisch auf die Entdeckung der Ableitung hinausläuft. Aus nicht näher bekannten Gründen ist diese Methode allein in der Abhandlung »Über Spiralen« besprochen, wo sie zur Bestimmung der Tangente der Spirale $\varrho = \alpha\varphi$, der sogenannten archimedischen Spirale (vgl. Abb. 7), dient, doch haben die Überlegungen des Archimedes allgemeine Gültigkeit und sind auf jede differenzierbare Kurve anwendbar. Die gleiche Methode benutzt Archimedes bei der Bestimmung der Extremwerte algebraischer Ausdrücke, die in Gestalt geometrischer Kurven dargestellt werden können. In heutiger Terminologie ausgedrückt, lei-

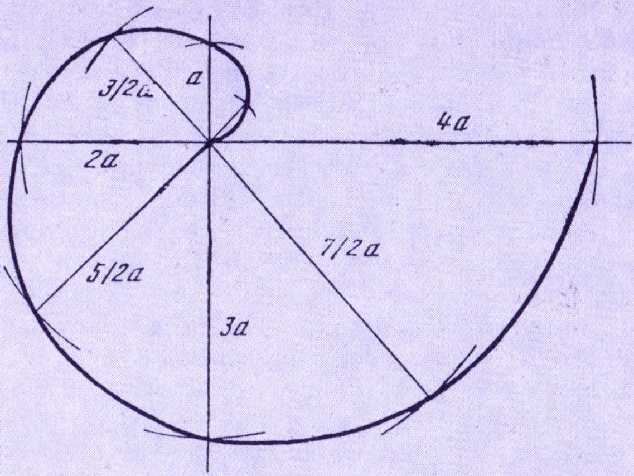

Abb. 7: Die archimedische Spirale ($\varrho = \alpha\varphi$)

stete Archimedes die vollständige Untersuchung der Existenz der positiven Wurzeln kubischer Gleichungen eines bestimmten Typs. Das Problem der Bestimmung der Extremwerte führt Archimedes auf das Problem der Bestimmung der Tangente zu der entsprechenden Kurve zurück.

Außer den fünf Briefen an Dositheos sind einige andere Schriften des Archimedes ganz oder teilweise auf uns gekommen. So besitzen wir ein Fragment seiner Abhandlung über die »Kreismessung«, in dem eine Anzahl die Eigenschaften des Kreises betreffender Lehrsätze bewiesen wird. Ein vollständiger Text des Werkes ist in arabischer Übersetzung erhalten. In einem der Lehrsätze beweist Archimedes unter Verwendung der Exhaustionsmethode, daß der Flächeninhalt des Kreises dem Flächeninhalt des rechtwinkligen Dreiecks gleich ist, dessen Katheten dem Radius bzw. dem Umfang des Kreises entsprechen. Dabei bestimmt Archimedes als Nebenergebnis den ungefähren Wert des Verhältnisses der Länge des Kreisumfangs zum Durchmesser, d. h. die Zahl π. Indem er die Umfänge der in und um den Kreis gezeichneten Vielecke berechnet, stellt er für diese Zahl die Ungleichungen

$$3\tfrac{10}{71} < \pi < 3\tfrac{10}{70}$$

fest. Beide Brüche ergeben ausdividiert die ersten drei Ziffern der Zahl $\pi = 3{,}14\ldots$

Neben streng mathematischen Verfahren bedient sich Archimedes zuweilen scharfsinniger heuristischer Kunstgriffe zur Erzielung der gleichen Ergebnisse. Bereits im ersten Brief an Dositheos über die »Parabelquadratur« wird der Flächeninhalt des Parabelsegments nicht allein mit Hilfe der Exhaustionsmethode des Eudoxos, sondern auch mit Hilfe eines von Archimedes selbst erdachten »mechanischen« Verfahrens bestimmt. Die Begründung ähnlicher Verfahren enthält ein früher unbekanntes Werk des Archimedes, das von dem Privatdozenten der Petersburger Universität Papadopulos-Kerameus in Konstantinopel entdeckt und in den Jahren 1906–1908 von dem bekannten dänischen Philologen J. L. Heiberg gelesen wurde. In diesem Werk, der sogenannten »Ephodos«, führt Archimedes unter Verwendung der Hebelgesetze die Beweise einer Reihe von Lehrsätzen an, die er in anderen seiner Schriften mit Hilfe der Integralrechnung beweist. Nach seinen eigenen Worten ist »manches von dem, was ich früher mit Hilfe der Mechanik betrachtete, später auch geometrisch bewiesen worden«. Es versteht sich, daß derartige »mechanische« Verfahren nicht auf alle Aufgaben dieser Art anwendbar waren, die Archimedes außerdem löste. Die mechanischen Verfahrensweisen, die Archimedes verwandte, stellen eine Umgehung der Integration in Fällen dar, in denen es möglich ist, die einen Integrale durch andere, bereits bekannte auszudrücken. Dem steht nicht entgegen, daß Archimedes die mechanischen Verfahrensweisen weitaus früher verwandte, als er das Integralverfahren entwickelte, das die Fortentwicklung der Exhaustionsmethode des Eudoxos darstellt.

Bereits im Altertum erlangte ein Werk des Archimedes große Popularität, das vollständig erhalten ist. Es trägt den Titel Ψαμμίτης, was man etwa mit »Sandrechnung« übersetzen könnte. Die Schrift gehört zu den Spätwerken des großen Syrakusers und stand, wie der Anfang verrät, in engster Beziehung zur astronomischen Problematik. Der mathematische Inhalt der »Sandrechnung« besteht in der Entwicklung eines Systems der Klassifikation großer Zahlen. Diese Klassifikation, die uns heute unangemessen kompliziert erscheint, endet mit einer Zahl, die in heutiger Bezeichnung als

$$10^{8 \cdot 10^{16}}$$

geschrieben werden kann. Die ungeheure Größe dieser Zahl sollte die Zeitgenossen in Erstaunen versetzen, die nicht gewohnt waren, mit sehr großen Zahlen zu operieren. Im Vergleich zu dieser Zahl kam die Menge der Sandkörner, die eine leere Kugel von den Ausmaßen der Kugelschale der Fixsterne füllten, nach den Berechnungen des Archimedes einer unvergleichlich geringeren Zahl, nämlich 10^{63}, gleich.

Nicht alle mathematischen Werke des Archimedes sind erhalten. So sind uns seine Schriften »Lemmata«, »Über das Siebeneck«, »Über einander berührende Kreise« allein in arabischer Auslegung bekannt. Einige der von Archimedes bewiesenen Lehrsätze sind in einem mathematischen Traktat des bedeutenden mittelasiatischen Gelehrten Al-Biruni (973–1048) erhalten. Von einer Reihe anderer Schriften, darunter der Abhandlung »Über parallele Linien«, sind allein die Überschriften auf uns gekommen. Das Erhaltene ist jedoch mehr als ausreichend, um Archimedes als den bedeutendsten Mathematiker der Antike und als den Vorläufer der Begründer der höheren Mathematik der Neuzeit zu erkennen.

Der dritte große Mathematiker der hellenistischen Zeit war *Apollonios* von Perge in Pamphylien, einem kleinen Gebiet an der Südküste Kleinasiens. Apollonios lebte und arbeitete Ende des 3. Jahrhunderts v. u. Z. in Alexandreia, Pergamon und Ephesos. Sein Hauptwerk, die »Kegelschnitte« (Κωνικά), ist der Theorie der Kurven zweiter Ordnung (Ellipse, Hyperbel und Parabel) gewidmet, die sich ergeben, wenn ein Kegel von einer Ebene in unterschiedlichen Winkeln zu seiner Achse geschnitten wird. Das Werk des Apollonios ist nicht vollständig erhalten. Von seinen ursprünglich acht Büchern besitzen wir den griechischen Text allein der ersten vier und die arabische Übersetzung der drei anschließenden Bücher. Das achte Buch muß als verloren gelten, doch können wir über seinen Inhalt anhand der Darstellung in den »Sammlungen« des Pappos von Alexandreia (um 320) urteilen. Das Werk des Apollonios blieb lange Zeit ohne Einfluß auf die Entwicklung der Wissenschaft. Zu einer Wiederentdeckung seiner Gedanken kam es erst im 17. Jahrhundert in Zusammenhang mit der Entwicklung der analytischen Geometrie, der Mechanik und der von Kepler entwickelten neuen Theorie der Planetenbewegung. Apollonios' Theorie der Kegelschnitte zählt zu den mathematischen Theorien, die lange vor dem Zeitpunkt entstanden, an dem sich ihre Notwendigkeit für die mathematische Naturwissenschaft ergab.

Von den übrigen mathematischen Arbeiten des Apollonios ist – in arabischer Übersetzung – allein eine kleine Abhandlung in zwei Büchern, »Über den Schnitt in gegebenem Verhältnis«, vollständig erhalten. Sie behandelt die folgende Aufgabe: Gegeben sind zwei Geraden, die in einer Ebene liegen, und ein Punkt auf jeder von ihnen. Durch einen dritten Punkt ist eine Gerade so zu ziehen, daß sie auf

Abb. 8: Der Lehrsatz des Apollonios über den Schnitt in gegebenem Verhältnis

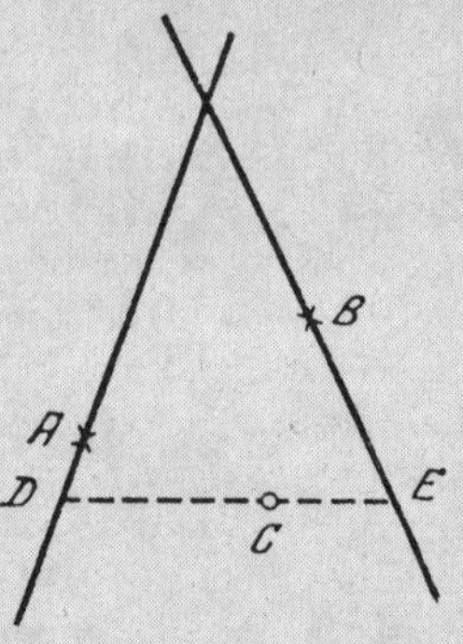

AD/BE = p, worin p die gegebene Zahl bedeutet.

den gegebenen Geraden Strecken abteilt, die, von den gegebenen Punkten gerechnet, untereinander in einem gegebenen Verhältnis stehen. Das erste Buch behandelt den Fall, daß die gegebenen Geraden Parallelen sind, das zweite den Fall, daß sie einander schneiden (vgl. Abb. 8). Apollonios zeigt, daß die Aufgabe auf die Lösung einer bestimmten quadratischen Gleichung hinausläuft.

Apollonios schrieb zwei weitere Abhandlungen über ähnliche Themen, über die wir allein aus der Darstellung des Pappos unterrichtet sind. Die erste dieser Abhandlungen trägt den Titel »Über den Schnitt mit einer gegebenen Fläche«. Sie behandelt eine der voranstehenden analoge Aufgabe: Die abgeteilten Strecken sollen, miteinander multipliziert, ein Rechteck mit gegebenem Flächeninhalt ergeben. Die zweite Abhandlung unter dem Titel »Über einen bestimmten Schnitt« behandelt die folgende Aufgabe: Auf einer Geraden sind vier Punkte, A, B, C, D, gegeben. Zu bestimmen ist ein Punkt P auf der gleichen Geraden, so daß das Produkt AP × CP zu dem Produkt BP × DP in einem gegebenen Verhältnis steht.

Einige Schriften des Apollonios sind uns allein dadurch bekannt, daß Pappos und andere spätere Autoren auf sie Bezug nehmen. Hierzu zählt die Abhandlung »Über Berührungen«, die das berühmte Problem des Apollonios bespricht: Gegeben sind drei Größen, deren jede einen Punkt, eine Gerade oder einen Kreis darstellen kann. Zu finden ist der Kreis, der durch jeden der gegebenen Punkte verläuft bzw. jede der gegebenen Geraden bzw. Kreislinien berührt.

In der Abhandlung »Über ebene geometrische Orte« beweist

Apollonios eine Anzahl von Lehrsätzen über geometrische Orte in bezug auf Geraden und Kreislinien. Einige dieser Lehrsätze werden von Pappos zitiert. Dabei ist von Interesse, daß in dieser Abhandlung zum ersten Mal die Inversion in der Ebene und die Homothetie als Umwandlungen »ebener Orte« (Geraden und Kreise) in ebensolche »Orte« verwendet werden.

Die Abhandlung »Über den Vergleich von Dodekaeder und Ikosaeder« wird von Hypsikles in der Einleitung des sogenannten vierzehnten Buches der »Elemente« des Euklid erwähnt. Darin wird bewiesen, daß sich, wenn ein Dodekaeder und ein Ikosaeder in die gleiche Kugel eingeschrieben werden, ihre Oberflächen zueinander wie ihre Rauminhalte verhalten.

Endlich sind die Überschriften einiger weiterer Werke des Apollonios bekannt, über deren Inhalt wir keine näheren Angaben besitzen. Hierzu zählt eine Arbeit »Über ungeordnete Irrationalitäten«, in der vermutlich die in den »Elementen« des Euklid gegebene Klassifikation der irrationalen Größen auf weitere Klassen von Irrationalitäten ausgedehnt war. Leider besitzen wir keine Anhaltspunkte dafür, wie weit Apollonios auf diesem Gebiet gelangte.

Was wir von den Leistungen des Apollonios, sei es aus seinen originalen Texten, sei es nach dem Zeugnis späterer Mathematiker wissen, berechtigt indes zu dem Schluß, daß die hellenistische Epoche in seiner Gestalt einen Mathematiker ersten Ranges hervorgebracht hat, in dessen Werken die griechische geometrische Algebra ihre höchste Entfaltung erfuhr. Nach ihm beginnt diese Richtung der Mathematik allmählich dahinzusiechen und zu versiegen. Für die weitere erfolgreiche Entwicklung der antiken Mathematik bedurfte es neuer Impulse, welche die zeitgenössische Wirklichkeit nicht zu geben vermochte.

Die »kleineren« Mathematiker der hellenistischen Zeit

Neben den überragenden Gestalten des Euklid, des Archimedes und des Apollonios lebten und wirkten in Alexandreia und den übrigen Kulturzentren des 3.–2. Jahrhunderts v. u. Z. Mathematiker geringeren Formats, die keine neuen Gedanken formulierten und keine prinzipiell neuen Theorien entwickelten; einige ihrer Namen verdienen indes, vor dem Vergessen bewahrt zu werden.

Von *Konon*, dem älteren Freund des Archimedes, war bereits die Rede. Von seinen eigenen mathematischen Leistungen ist uns nichts bekannt. Auch scheint er eher Astronom als Mathematiker gewesen zu sein.

Die mathematischen Arbeiten eines anderen Freundes des Archimedes, des *Eratosthenes* von Kyrene, waren weniger bedeutsam als seine Arbeiten auf dem Gebiet der Geographie und der Chronologie, doch legen auch sie Zeugnis für den originellen und schöpferischen Geist des Autors ab. So gelang Eratosthenes die mechanische Lösung der berühmten Aufgabe der Verdoppelung des Würfels. Diese Lösung war auf der Wand eines der alexandrinischen Tempel in Stein gehauen. Eratosthenes beschäftigte sich überdies mit der Zahlentheorie und legte ein originelles Verfahren zur Aussonderung der Primzahlen aus der Folge der natürlichen Zahlen vor (das sogenannte »Sieb« der Eratosthenes). In dem Dialog »Platonikos« gab er eine Darstellung der Grundlagen der antiken Arithmetik, in der speziell die Regeln für die Bildung unterschiedlicher Proportionen formuliert sind.

Nikomedes (um 180 v. u. Z.), des Archimedes älterer Zeitgenosse, ist in erster Linie dadurch bekannt, daß er eine neue algebraische Kurve, die Konchoide, entdeckte. Sie ist definiert als der geometrische Ort aller Punkte, die von den Enden der Strahlen bezeichnet werden, die von einem Punkt C ausgehen und eine Gerade schneiden, so daß der Abstand zwischen der Geraden und dem Ende der Strahlen stets gleich a bleibt (Abb. 9). In polaren Koordinaten hat die Gleichung dieser Kurve die Gestalt:

$$\varrho = a + \frac{b}{\cos \varphi}.$$

Die Quellen berichten, daß Nikomedes sehr stolz auf die Entdekkung dieser Kurve war und ein Gerät erfand, mit dem sie gezeichnet werden konnte. Er benutzte seine Kurve für die Lösung der Aufgaben der Verdoppelung des Würfels und der Dreiteilung des Winkels.

In die zweite Hälfte des 2. Jahrhunderts v. u. Z. fällt das Schaffen des *Diokles*, der eine andere algebraische Kurve untersuchte. Die sogenannte Zissoide des Diokles wird folgendermaßen konstruiert: Gegeben sind zwei senkrecht aufeinanderstehende Kreisdurchmesser AB und CD. Zwei Punkte K und L sollen sich nach beiden Seiten so von B entfernen, daß sie stets in gleichem Abstand vom Durchmesser AB bleiben. Wir fällen das Lot von L auf den Durchmesser CD. Der Schnittpunkt dieses Lots mit der Geraden KD ergibt den Punkt, der mit zunehmender Entfernung von K und L von B die Zissoide beschreibt (vgl. Abb. 10). Mit Hilfe dieser Kurve löste Diokles auch die Aufgabe der Verdoppelung des Würfels. Außerdem legte er eine eigene Lösung der archimedischen Aufgabe der

Abb. 9: Die Konchoide des Nikomedes. Bei beliebigem α (< 90°) ist AB = DE

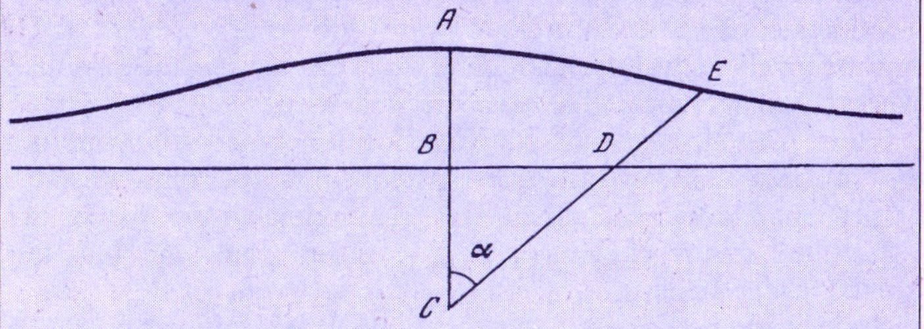

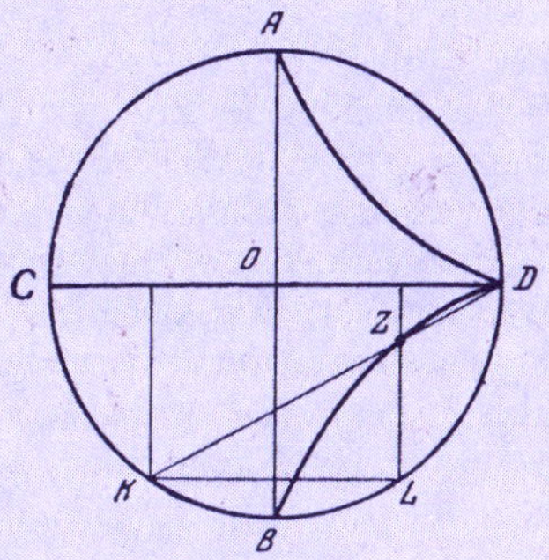

Abb. 10: Die Konstruktion der Zissoide

Teilung der Kugel in einem gegebenen Verhältnis vor. Diese Lösung ist jedoch bereits in der Antike verlorengegangen.

Zwischen dem 3. Jahrhundert v. u. Z. und der Zeitenwende lebte *Zenodoros*, der Verfasser einer Abhandlung »Über isoperimetrische Figuren«. Die Abhandlung bewies, 1. daß von zwei gleichmäßigen Vielecken mit gleichem Umfang das Vieleck mit der größten Seitenzahl den größeren Flächeninhalt hat; 2. daß bei Gleichheit zwischen dem Umfang eines Kreises und dem Umfang eines regelmäßigen Vielecks der Flächeninhalt des Kreises stets größer als der Flächeninhalt des Vielecks ist, und 3. daß von allen Vielecken gleichen Umfangs und gleicher Seitenzahl das regelmäßige Vieleck den größten Flächeninhalt hat.

Aus diesen Lehrsätzen folgt, daß von allen isoperimetrischen Figuren der Kreis den größten Flächeninhalt hat. Zenodoros behauptete überdies, daß von allen räumlichen Körpern gleicher Oberfläche den größten Rauminhalt die Kugel aufweist. Diese im Grunde richtige These wurde von ihm jedoch nicht bewiesen. Er vermochte allein die folgenden Lehrsätze zu beweisen, die in seinem Werk an dreizehnter und vierzehnter Stelle stehen:

Dreht man ein regelmäßiges Vieleck mit gerader Seitenzahl um die längste seiner Diagonalen, so entsteht ein Körper mit konischen Oberflächen, der kleiner als eine Kugel mit gleicher Oberfläche ist.

Jeder der fünf regelmäßigen Polyeder ist kleiner als eine Kugel mit gleicher Oberfläche.

Endlich ist *Hypsikles* zu nennen, der im 2. Jahrhundert v. u. Z. in Alexandreia lebte. Er schrieb ein Werk über regelmäßige Polyeder, das inhaltlich an das dreizehnte Buch der »Elemente« des Euklid anknüpfte. Wahrscheinlich aus diesem Grunde wurde es später den »Elementen« als vierzehntes Buch beigefügt und blieb auf diese Weise für die Nachwelt erhalten. In diesem Werk untersucht Hypsikles den Dodekaeder und den Ikosaeder, die in die gleiche Kugel eingeschrieben sind, und zeigt, daß die Rauminhalte beider Körper sich wie ihre Oberflächen verhalten. Außerdem beweist er, daß das aufgezeigte Verhältnis dem Verhältnis der Kante des eingeschriebenen Würfels zur Kante des Ikosaeders entspricht. Von anderen rein mathematischen Arbeiten des Hypsikles haben wie keine Kenntnis, doch finden sich in den Quellen Nachrichten, daß er über Vieleckzahlen schrieb, d. h. an die pythagoreische Tradition anknüpfte.

Diokles, Zenodoros und Hypsikles, wie überhaupt alle Mathematiker der hellenistischen Zeit nach Apollonios, werden gewöhnlich als »Epigonen« bezeichnet. Und in dem Sinne, daß sie zu dem allgemeinen Reichtum der antiken Mathematik, der von den hervorragenden Mathematikern des 4. und 3. Jahrhunderts v. u. Z. zusammengetragen wurde, lediglich Kleinigkeiten beifügten, die nicht über den Rahmen der bereits vorhandenen Gedanken und Theorien hinausgingen, tut ihnen diese Bezeichnung gewiß kein Unrecht.

Die Astronomie

Im vorangehenden Kapitel sind wir bei der Darstellung der Leistungen der antiken Astronomie der klassischen Zeit bis zu Herakleides Pontikos gelangt, der ein Modell der Welt entwarf, in dem sich die Erde im Laufe eines Tages einmal um ihre Achse dreht, während Merkur und Venus um die Sonne kreisen. Das System des Herakleides trug Schwierigkeiten Rechnung, die sich aus dem Wechsel der Helligkeit der Planeten ergaben. Dieser Wechsel ist nicht allein für die Venus, sondern auch für den Mars charakteristisch: Stand er in Opposition zur Sonne, so wies der Mars eine weitaus größere Helligkeit auf als zur Zeit der Konjunktion, wobei Oppositionen und Konjunktionen an beliebigen Stellen des Tierkreises eintreten konnten. Die Erscheinung konnte auf zweierlei Weise erklärt werden: Entweder kreist der Mars um die Sonne und diese um die Erde, oder aber die Erde befindet sich zwischen Sonne und Mars und kreist um die erstere. Den ersten Weg beschritt bereits in der Neuzeit der berühmte dänische Astronom Tycho Brahe. In seinem System kreisen alle fünf sichtbaren Planeten um die Sonne, während die Sonne selbst sich – der herkömmlichen geozentrischen Anschauung entsprechend – um die Erde drehte. Die zweite der genannten Annahmen, die den Übergang zum heliozentrischen Weltbild bezeichnet, wurde von dem bedeutenden hellenistischen Astronomen Aristarchos ausgesprochen.

Aristarchos von Samos wurde in der zweiten Hälfte des 4. Jahrhunderts geboren und starb vermutlich um die Mitte des 3. Jahrhunderts v. u. Z. Er war mithin ein Zeitgenosse des Euklid, des Epikur und des Straton. Über sein Leben liegen so gut wie keine Nachrichten vor. Wir wissen lediglich, daß er in den Jahren zwischen 288 und 277 in Alexandreia mit astronomischen Beobachtungen beschäftigt war. Das Hauptwerk des Aristarchos, in dem sein Weltsystem dargestellt war, ist nicht erhalten. Über seinen Inhalt berichtet Archimedes mit wenigen Worten in der »Sandrechnung«. Überliefert ist lediglich der Text einer wenig umfangreichen, aber höchst interessanten Abhandlung des Aristarchos »Über die Größen und Entfernungen der Sonne und des Mondes«. Die Abhandlung des Aristarchos ist nach dem Vorbild der mathematischen Schriften der Zeit abgefaßt. Sie besteht aus einer Reihe auseinander abgeleiteter Theoreme, denen sechs grundlegende Annahmen oder »Hypothesen« vorangehen. Sie sind im wesentlichen den Beobachtungsdaten entnommen, die beim Durchlauf des Mondes durch den Erdschatten während der Mondfinsternisse gewonnen wurden. Aus diesen Daten schließt Aristarchos, 1. daß die Entfernung zwischen Erde und Sonne etwa 18- bis 20mal so groß wie die Entfernung zwischen Erde und Mond ist, 2. daß die Durchmesser von Sonne und Mond sich zueinander wie ihre Entfernungen zur Erde verhalten, 3. daß das Verhältnis des Durchmessers der Sonne zum Durchmesser der Erde zwischen $^{19}/_{3}$ und $^{43}/_{6}$ liegen muß. Daraus folgt, daß das Volumen der Sonne etwa $(^{19}/_{3})^3$ beträgt, d. h. annähernd 250mal so groß wie das Volumen der Erde ist.

Abb. 11: Das Verfahren zur Bestimmung des Verhältnisses der Entfernungen zwischen Erde und Mond bzw. Erde und Sonne nach Aristarchos

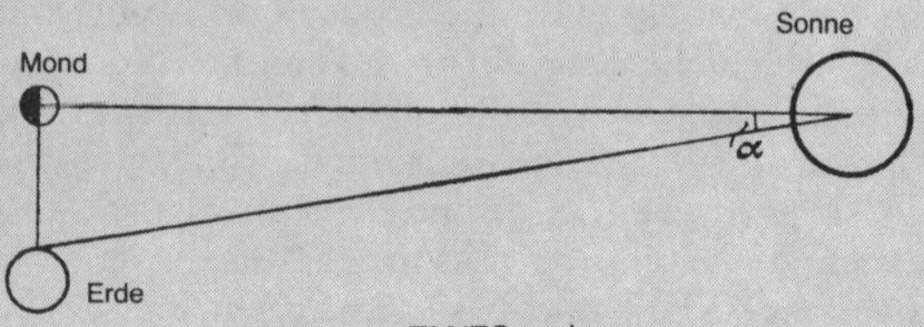

EM/ES = sin α ≃ α.

Wie ermittelte Aristarchos diese Werte, die von der Wirklichkeit durchweg weit entfernt sind? Zur Veranschaulichung wollen wir das erste der angeführten Verhältnisse – das Verhältnis der Entfernungen zwischen Erde und Sonne bzw. zwischen Erde und Mond – betrachten. Aristarchos geht von dem Moment aus, in dem sich der Mond exakt im ersten bzw. letzten Viertel befindet, d. h. in dem wir eine Hälfte des Mondes erleuchtet sehen. Augenscheinlich bilden die Geraden, welche den Mond mit der Erde bzw. mit der Sonne verbinden, in diesem Moment einen rechten Winkel. Darauf bestimmte Aristarchos den Winkel α, den zur gleichen Zeit die Geraden bilden, welche die Sonne mit der Erde bzw. mit dem Mond verbinden (vgl. Abb. 11). Dieser Winkel entspricht nach seinen Beobachtungen einem Dreißigstel des rechten Winkels, d. h. in heutiger Bezeichnung einem Winkel von $\alpha = 3°$. Die Aufgabe besteht nun darin, zu bestimmen, wie viele Male die Entfernung zwischen Erde und Sonne (ES) die Entfernung zwischen Erde und Mond (EM) übertrifft, oder, in trigonometrischer Ausdrucksweise, in der Bestimmung von sin α. Mit Hilfe entsprechender geometrischer Konstruktionen stellt Aristarchos Ungleichungen auf, die das Verhältnis ES/EM in hinreichend enge Grenzen schließen. Nach seiner Auffassung ist $18 < ES/EM < 20$. Die mathematischen Überlegungen des Aristarchos sind unanfechtbar. Daß sich der von ihm angenommene Näherungswert des Verhältnisses von ES/EM dennoch von der Wirklichkeit weit entfernt, hat seinen Grund darin, daß der angenommene Betrag des Winkels α etwa 18mal zu groß ist; er beträgt in Wirklichkeit nicht mehr als etwa 10′. Unzulänglich war nicht das mathematische Verfahren, sondern die Beobachtungstechnik des Aristarchos.

Wenn wir das Verhältnis ES/EM kennen und zugleich berücksichtigen, daß die sichtbaren Durchmesser von Sonne und Mond annähernd gleich sind, so erkennen wir unschwer, daß der Durchmesser der Sonne etwa 19mal größer als der Durchmesser des Mondes sein muß.

Etwas komplizierter verhält es sich mit der Bestimmung des Verhältnisses der Durchmesser von Sonne und Erde. Bei der Herleitung dieses Verhältnisses geht Aristarchos von einer der sechs Hypothesen aus, die zu Beginn der Abhandlung formuliert sind. Sie besagt, daß der Durchmesser des Erdschattens, der während der Mondfinsternis auf den Mond fällt, doppelt so groß wie der Durchmesser des Mondes angenommen wird. Mit Hilfe dieser Hypothese und des genannten Verhältnisses zwischen den Entfernungen von Mond und Erde bzw. Erde und Sonne gelangt Aristarchos zu dem angeführten Verhältnis von $^{19}/_{3}$.

Unter den sechs »Hypothesen« des Aristarchos begegnet auch diese Feststellung: »Der Durchmesser des Mondes ist einem Fünfzehntel eines Tierkreiszeichens gleich« (d. h. 2°). Das ist ein grober Fehler, der vielfach als Beleg für die Unzulänglichkeit der Observationsmittel des Aristarchos angeführt wird. In Wirklichkeit entspricht der sichtbare Durchmesser des Mondes 0,5°. Auf der anderen Seite berichtet Archimedes in der »Sandrechnung«, daß der Durchmesser der sichtbaren Sonnenscheibe (und also auch des Mondes?) nach Aristarchos den siebenhundertzwanzigsten Teil des Kreises ausmacht, was der Wirklichkeit entspricht. Woher kommt also der genannte Fehler? Entstand er möglicherweise durch die Unachtsamkeit eines Kopisten? Wie immer diese Einzelfrage zu beantworten ist, darf es als ausgemacht gelten, daß Aristarchos der Genauigkeit der Beobachtungsdaten, auf die er sich stützte, keine übermäßige Bedeutung beimaß. Er ging an die Lösung der astronomischen Probleme eher als Mathematiker denn als Astronom heran, für den die Präzision der Beobachtungen vorrangige Bedeutung besitzt.

Diese kritischen Bemerkungen sollen die Rolle des Aristarchos für die Entwicklung der exakten Naturwissenschaft keineswegs schmälern. Sie ist in der Geschichte der Mathematik dadurch bestimmt, daß er als einer der ersten, wenngleich in noch unbestimmter Form, die trigonometrischen Funktionen benutzte. Dabei kommt Aristarchos in dieser Hinsicht keineswegs absolute Priorität zu. Etwa zu gleicher Zeit wandte Euklid in seiner »Katoptrik« ein analoges Verfahren der annähernden Berechnung des Tangens an. In der Geschichte der astronomischen Wissenschaft besteht die Bedeutung des Aristarchos vor allem darin, daß er als erster versuchte, anhand von Beobachtungsdaten die relativen Ausmaße der Himmelskörper (Sonne, Mond und Erde) sowie ihre relativen Entfernungen zu bestimmen. Es war dies ein Schritt von höchster Bedeutung, im Grunde genommen vielleicht wichtiger noch als die erste Konzeption des heliozentrischen Weltbildes, die herkömmlich als die wesentliche Leistung des Aristarchos auf astronomischem Gebiet angesehen wird.

Es besteht in der Tat aller Grund für die Annahme, daß Aristarchos das heliozentrische Modell des Kosmos als die natürliche Konsequenz der von ihm erzielten Bestimmung der relativen Distanzen von Sonne und Erde ansah. Im 5. Jahrhundert v. u. Z. räumte Anaxagoras ein, daß die Sonne hinsichtlich ihrer Größe die Peloponnes übertreffen könnte, was zu seiner Zeit eine äußerst kühne Hypothese darstellte. Nur wenig weiter ging dem Anschein nach Aristoteles. Nun sollte sich herausstellen, daß das Volumen der Sonne 250mal das Volumen der Erde übertraf. Wenngleich auch diese Zahl weit hinter der Wirklichkeit zurückbleibt – wie wir heute wissen, übertrifft das Volumen der Sonne das der Erde zumindest um den Faktor 1000000 –, reicht sie hin, Zweifel an der Richtigkeit des überkommenen geozentrischen Weltbildes zu wecken. Wenn die Sonne um so viel größer als die Erde ist, ist es dann nicht natürlicher anzunehmen, daß eben sie das Zentrum der Welt darstellt? Und dies um so mehr, als diese Annahme eine radikale Vereinfachung der Ordnung des Kosmos zur Folge hätte und auf natürliche Weise das Problem der wechselnden Helligkeit mancher Planeten erklärte. Eben dieses Problem war, wie wir gesehen haben, der schwächste Punkt in den homozentrischen Modellen des Weltalls, die von den Gelehrten des 4. Jahrhunderts entworfen worden waren.

Aller Wahrscheinlichkeit nach hat Aristarchos seine heliozentrische Konzeption in dieser oder ähnlicher Weise begründet. Dem natürlichen Einwand, daß sich im Falle des Umlaufs der Erde um die Sonne die sichtbaren Konfigurationen der Fixsterne ändern müßten, begegnete Aristarchos mit dem Hinweis auf die enorme Größe des Radius der Sphäre der Fixsterne. Wie Archimedes in der »Sandrechnung« bezeugt, steht die Sphäre, auf der nach Aristarchos die Erde um die Sonne kreist, im gleichen Verhältnis zur Sphäre der Fixsterne, in dem im herkömmlichen geozentrischen Modell die Erde zu dem steht, was man als den Kosmos bezeichnet.

Ungeachtet aller vom heutigen Standpunkt äußerst überzeugenden Argumente zugunsten des heliozentrischen Modells des Kosmos, wie es von Aristarchos entworfen wurde, fand dieses Modell bei der Mehrzahl der Astronomen der Antike keine Zustimmung. Der einzige bekannte Anhänger des Modells war *Seleukos* von Seleukeia, ein äußerst origineller Denker, der im 2. Jahrhundert v. u. Z. lebte. Eben Seleukos war der erste Gelehrte, der die Abhängigkeit von Ebbe und Flut von der Stellung des Mondes feststellte. Er verfocht überdies die These von der Unendlichkeit des Weltalls, mit der er den Atomisten und möglicherweise Herakleides Pontikos folgte.

Gegen die Hypothese des Aristarchos wurden Beweise vorgebracht, die zu jener Zeit als hinreichend gewichtig erschienen. So argumentierte etwa Ptolemaios, wenn die Erde sich mit der Geschwindigkeit bewegte, die aus der Annahme ihrer Umdrehung um die eigene Achse und um so mehr aus der Annahme ihres Umlaufs um die Sonne folgte, müsse alles, was sich auf der Oberfläche der Erde befindet und nicht mit dieser fest verbunden ist, z. B. die Wolken, hinter ihrer Bewegung zurückbleiben und scheinbar in die entgegengesetzte Richtung fliegen. Vom Standpunkt der aristotelischen Dynamik, der das Trägheitsgesetz unbekannt war, war diesem Argument nichts entgegenzusetzen. Andere Einwände gegen das System des Aristarchos hatten rein astronomischen Charakter. Nach Aristarchos bewegen sich alle Planeten, Mond und Erde gleichmäßig auf Kreisbahnen um die Sonne. Diese Auffassung bot jedoch keine Möglichkeit, die beobachteten Unregelmäßigkeiten der Bewegung der Himmelskörper zu erklären, denen im geozentrischen Weltbild durch die Einführung zusätzlicher Kreisbahnen Rechnung getragen werden konnte. Bereits die athenischen Astronomen des 5. Jahrhunderts v. u. Z. – Meton und Euktemon – wußten, daß die Dauer der vier Jahreszeiten ungleich ist, so als ob sich die Sonne auf ihrer Umlaufbahn bald schneller, bald langsamer bewegte. Offenbar zur Erklärung dieses Umstands hatte Kallippos in seinem Weltmodell eine vierte Kugelschale für die Sonne eingeführt. Nach dem heliozentrischen System des Aristarchos mußte die Dauer der vier Jahreszeiten dagegen stets dieselbe sein. Ferner ist zu berücksichtigen, daß den Griechen im 3. Jahrhundert v. u. Z. die Ergebnisse der jahrhundertelangen Beobachtungen der babylonischen Astronomie bekannt wurden. Die babylonischen Erkenntnisse ermöglichten die Präzisierung der griechischen Beobachtungen der Bewegungen der Himmelskörper, wobei die Korrekturen in der Regel nicht zugunsten des Systems des Aristarchos sprachen.

Ähnliche Einwände wurden im 15. Jahrhundert gegen das heliozentrische Weltsystem des Kopernikus erhoben. Sie erschienen wesentlich, wurden jedoch nach kurzer Zeit von den bedeutenden Entdeckungen Keplers entkräftet, die den wahren Charakter der Bewegung der Himmelskörper nicht auf kreisförmigen, sondern auf elliptischen Bahnen erwiesen. Die antike Astronomie besaß ihren Kopernikus in der Gestalt des Aristarchos, nicht jedoch ihren Kepler.

Leider sind wir über die astronomischen Arbeiten des *Archimedes* nur unvollkommen unterrichtet. Aus seinen eigenen Äußerungen kann man schließen, daß er kein Anhänger des heliozentrischen Weltbildes des Aristarchos war, sondern in Einklang mit der herrschenden Auffassung annahm, daß sich die Erde im Zentrum des Kosmos befindet. Nach den Worten des römischen Schriftstellers Macrobius (um 400) errechnete Archimedes, wie viele Stadien die Erde von Mond, Venus, Merkur, Sonne, Mars, Jupiter und Saturn entfernt ist. Ist das Zeugnis des Macrobius verläßlich, so wäre es von großem Interesse zu ermitteln, worauf Archimedes seine Berechnungen stützte, doch wissen wir darüber nichts.

In der »Sandrechnung« gab Archimedes eine detaillierte Beschreibung des Verfahrens, mit dem er den sichtbaren Durchmesser der Sonne ermittelte. Diese Beschreibung bezeugt die große experimentelle Meisterschaft des Archimedes. So ist bemerkenswert, daß er in seinen Berechnungen sogar die Größe der menschlichen Pupille berücksichtigt. Für den ermittelten Wert gibt er die Ober- und Untergrenze an (in heutiger Bezeichnung 32′55″ bzw. 27′), wobei die Obergrenze dem tatsächlichen Wert, der zwischen 31′28″ und 32′37″ liegt, sehr nahe kommt.

Überdies ist bekannt, daß Archimedes ein Planetarium errichtete: eine rotierende Hohlkugel mit einem Mechanismus, der die Bewegung des Mondes, der Sonne und der fünf Planeten darzustellen erlaubte. Nach dem Tode des Archimedes wurde das Planetarium nach Rom gebracht, wo es noch Cicero begeisterte. Möglicherweise bezog sich auf dieses Planetarium die nicht erhaltene Abhandlung des Archimedes »Über die Verfertigung von Kugelschalen«.

Unter den zeitgenössischen Astronomen geringeren Formats sind außer Konon und Dositheos, mit denen Archimedes in Briefwechsel stand, zwei Astronomen zu erwähnen, die in der ersten Hälfte des 3. Jahrhunderts v. u. Z. ebenfalls in Alexandreia lebten. Im Unterschied zu den astronomischen Mathematikern oder, wie wir heute sagen würden, Theoretikern, waren *Aristyllos* und *Timocharis* typische Observatoren, die sich mit der präzisen Messung der Positionen der Gestirne, der exakten Bestimmung der Tag- und Nachtgleiche usw. beschäftigten. Sie bedienten sich dabei besonderer Instrumente, die mit graduierten Kreisen versehen waren. Die Beobachtungen des Aristyllos und des Timocharis wurden später von Hipparchos benutzt.

In unmittelbarem Zusammenhang mit der Astronomie stand die

Messung der Ausmaße der Erdkugel durch *Eratosthenes*, von der im Abschnitt über die Geographie die Rede war. Eratosthenes gehören jedoch weitere astronomische Arbeiten. Insbesondere wird ihm die genaue Bestimmung der Neigung der Ekliptik zugeschrieben. In der Mitte des 4. Jahrhunderts v. u. Z. hatte Eudoxos diese Neigung als den Kreisbogen, der die Seiten eines regelmäßigen Fünfzehnecks umschreibt, d. h. auf 24° bestimmt. Nach Eratosthenes dagegen beträgt der Unterschied zwischen den Höhen der Sonne während der Sommer- und der Wintersonnenwende etwa $^{11}/_{83}$ des Halbkreises, was in heutiger Ausdrucksweise einer Neigung von 23°51′ entspricht und dem tatsächlichen Wert sehr nahe kommt. Daraus folgt unter anderem, daß der Bogen zur Zeit des Eratosthenes noch nicht nach Graden, sondern nach Teilen des Kreisbogens gemessen wurde.

Das Sechzigersystem der Gradeinteilung begegnet zum erstenmal im 2. Jahrhundert v. u. Z. bei *Hypsikles*, dem Autor des vierzehnten Buchs der »Elemente« des Euklid. In der Abhandlung »Über Aufgänge« (᾿Αναφορικόν) legt Hypsikles ein Näherungsverfahren für die Bestimmung der Zeitspannen dar, in denen einzelne Zeichen des Tierkreises auf- und untergehen, wobei er den Tag nach der Art der Babylonier in 360 »Zeitgrade« einteilt. In dieser Schrift des Hypsikles ist der babylonische Einfluß unverkennbar. Es wird die Ansicht vertreten, daß Hypsikles selbst in diesem Werk lediglich die ersten Sätze zuzuschreiben sind, während alles übrige die Wiedergabe eines babylonischen astronomischen Textes darstelle.

Der bedeutendste Astronom der hellenistischen Zeit war *Hipparchos*. Er stammte aus Nikaia in Bithynien im Nordwesten Kleinasiens und wirkte etwa um die Mitte des 2. Jahrhunderts v. u. Z. (zwischen 160 und 120). Er führte an verschiedenen Orten, darunter in Alexandreia, Observationen durch, lebte jedoch in erster Linie auf Rhodos. Von den zahlreichen Werken des Hipparchos sind auf uns allein die »Kommentare zu Aratos« gekommen, doch sind wir über seine astronomischen Leistungen glücklicherweise aus den einigermaßen detaillierten Angaben unterrichtet, die Ptolemaios in seinem »Almagest« mitteilt.

Die Verdienste des Hipparchos um die Vervollkommnung des geozentrischen Weltbildes wie auf dem Gebiet der beobachtenden Astronomie sind kaum zu überschätzen. In der Geschichte der Astronomie ist sein Name vor allem mit der Epizykeltheorie verbunden. Zwar begann die Entwicklung dieser Theorie bereits im 3. Jahrhundert v. u. Z., wobei sie schon damals als Alternative zu den Modellen des Kosmos betrachtet wurde, die auf der Kombination homozentrischer Kugelschalen basierten. Einen wesentlichen Beitrag zur Vervollkommnung dieser Theorie leistete *Apollonios* von Perge. Ptolemaios gibt eine ausführliche Darstellung eines der Lehrsätze des Apollonios, der die Zeitpunkte betrifft, zu denen der Planet, der sich auf einer kleinen Kreisbahn um ein Zentrum bewegt, das seinerseits auf einer großen Kreisbahn um die Erde kreist, stillzustehen scheint. Die babylonischen Gelehrten hatten diese Stillstände sorgfältig beobachtet und in ihren Tabellen verzeichnet, vermochten und versuchten sie jedoch in keiner Weise zu erklären. Apollonios formulierte das Problem der Stillstände als eine rein geometrische Aufgabe und zeigte, daß bei bestimmten Verhältnissen der Winkelgeschwindigkeiten des Zentrums des Epizykels und des Planeten Zeitintervalle auftreten, in deren Verlauf der Planet als ruhend erscheint.

Hipparchos verlieh der Epizykeltheorie vollendete Gestalt und errichtete mit ihrer Hilfe ein vervollkommnetes geozentrisches Modell des Kosmos. Dabei stellte er fest: Wenn die Periode der Bewegung des Himmelskörpers auf dem Epizykel der Periode der Bewegung des Zentrums des Epizykels, das sich in umgekehrter Richtung um die Erde bewegt, gleich ist, so erfolgt die resultierende Bewegung des Himmelskörpers auf einer Kreisbahn, deren Zentrum nicht mit der Erde zusammenfällt (vgl. Abb. 12). Derartige Umlaufbahnen bezeichnete Hipparchos als Exzenter. Er nahm an, daß die Unterschiedlichkeit der Jahreszeiten daraus resultiert, daß das Zentrum der Sonnenkreisbahn nicht die Erde, sondern ein anderer Punkt sei, die Sonne sich also auf einem solchen Exzenter bewege. Anhand der Dauer der vier Jahreszeiten, die ihm bekannt war, gab Hipparchos eine genaue Bestimmung des Zentrums der Sonnenbahn. Leistete Hipparchos die vollständige Ausarbeitung der Theorie der Sonnenbewegung, so wurde die detaillierte Theorie der Planetenbewegungen auf der Grundlage der Begriffe von Epizykel und Exzenter erst dreihundert Jahre später von Klaudios Ptolemaios geschaffen.

Die Rolle des Hipparchos in der Geschichte der astronomischen Wissenschaften erschöpft sich jedoch keineswegs in der Einführung der Exzentren. Hipparchos gilt zu Recht als der Begründer der exakten beobachtenden Astronomie. Ptolemaios erwähnt drei Abhandlungen des Hipparchos unter den Titeln »Über die Länge des Jahres«, »Über die Interkalation von Monaten und Tagen« und »Über die Veränderung von Sonnenwenden und Äquinoktien«. Wir wollen versuchen, die Ergebnisse, die Hipparchos in diesen Abhandlungen darlegt, kurz zusammenzufassen.

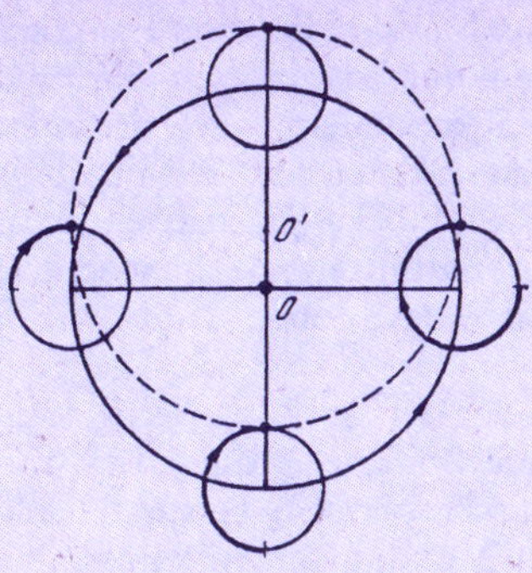

Abb. 12: Epizyklen und Exzenter

Eine bedeutende Leistung des Hipparchos war die Entdeckung der Erscheinung der Präzession der Äquinoktien. Sie zeugt von dem hohen Grad der Genauigkeit, den die griechische Astronomie in alexandrinischer Zeit erreicht hatte. Beim Vergleich seiner Beobachtungen mit den etwa anderthalb Jahrhunderte zuvor angestellten Beobachtungen des Timocharis stellte Hipparchos fest, daß sich in dieser Zeit der Punkt des Herbstäquinoktiums auf der Ekliptik um 2° nach Westen verschoben hatte. Dieser Wert entspricht dem tatsächlichen Betrag ziemlich genau. Nach jüngsten Messungen beträgt die Präzession 50,3″ pro Jahr. Daraus schloß Hipparchos, daß die Dauer des tropischen Jahres, das durch die Zeitspanne zwischen zwei aufeinanderfolgenden Durchgängen der Sonne durch den Punkt des Äquinoktiums im Frühling oder Herbst bestimmt ist, von der Dauer des siderischen Jahres abweicht, das der Zeitspanne entspricht, in der die Sonne zu ein und denselben Sternen zurückkehrt. Hipparchos berechnete die Dauer des tropischen Jahres auf 365 Tage 5 Stunden 55 Minuten und 16 Sekunden, was um 1/300 Tag unterhalb des gewöhnlich angenommenen Wertes von 365 1/4 Tagen liegt. Auch war der Wert des Hipparchos nicht absolut genau. Nach heutigen Berechnungen betrug die Dauer des Jahres zur Zeit des Hipparchos 365 Tage 5 Stunden 48 Minuten und 56 Sekunden, was um 6 Minuten 20 Sekunden unter dem Wert des Hipparchos liegt. Dabei ist jedoch zu berücksichtigen, daß die Bestimmung der Momente der Tag- und Nachtgleiche zu jener Zeit keine geringen Schwierigkeiten bereitete, und selbst Ptolemaios schrieb, daß dabei Fehler »von mehr als einem Vierteltag« unterlaufen könnten.

Große Aufmerksamkeit widmete Hipparchos auch dem Studium der Bewegungen des Mondes. In dieser Frage konnte er an die babylonischen Daten anknüpfen, da die chaldäischen Astrologen die Mondbewegung mit besonderer Sorgfalt untersucht hatten. Hipparchos verglich diese Daten mit den Ergebnissen seiner eigenen Beobachtungen. Es ist bekannt, daß er zwischen 146 und 135 v. u. Z. mehrere Mondfinsternisse beobachtete. Hipparchos bestimmte die Perioden des Mondumlaufs, für die er die folgenden Werte ermittelte:

Sinodische Periode: 29 Tage 12 Stunden 44 Minuten 3,3 Sekunden
Siderische Periode: 27 Tage 7 Stunden 43 Minuten 13,1 Sekunden

Unter der sinodischen Periode versteht man die Zeitspanne zwischen zwei gleichen Mondphasen, unter der siderischen dagegen die Zeit zwischen zwei gleichen Stellungen des Mondes am Himmelsgewölbe.

Beide Werte des Hipparchos stimmen bis auf eine Sekunde mit den tatsächlichen Werten überein und unterscheiden sich praktisch nicht von den in den babylonischen Tabellen festgehaltenen Werten. Ferner entwickelte Hipparchos eine Theorie der Bewegung des Mondes, indem er als seine Umlaufbahn einen exzentrischen Kreis annahm, der eine akzeptable Erklärung für die Änderung der Geschwindigkeit des Mondes auf seiner Umlaufbahn erlaubte. Unter Berücksichtigung der Beobachtung, daß bei der Sonnenfinsternis, die in der Gegend des Hellespont vollständig war, in Alexandreia nur ⅘ der Sonnenscheibe verdeckt waren (gemeint ist vermutlich die Sonnenfinsternis des Jahres 129 v. u. Z.), konnte Hipparchos mit einiger Genauigkeit die Entfernung zwischen Erde und Mond bestimmen, da die Entfernung zwischen den Punkten, an denen die Beobachtungen angestellt wurden, wohlbekannt war. Hipparchos wird auch ein zweites scharfsinniges Verfahren zur Bestimmung der Entfernung zwischen Erde und Mond zugeschrieben, das auf der Messung der Ausmaße des Erdschattens beruht, wenn dieser vom Mond durchlaufen wird.

In seinen Berechnungen bediente sich Hipparchos in weitem Umfang der trigonometrischen Funktionen, dabei selbstverständlich in anderer Bezeichnung, als wir sie heute benutzen. Anstelle der Tabellen von Sinus und Cosinus, Tangens und Cotangens stellte er eine Tabelle der Sehnen auf, in der die Sehnenlängen in Abhängigkeit von den von ihnen umschriebenen Winkeln angeführt waren. Es wird angenommen, daß diese Tabelle in seiner Schrift »Über die Theorie der Geraden im Kreis« enthalten war. Leider ist weder diese Abhandlung noch die Sehnentabelle auf uns gekommen, so daß wir nicht sagen können, auf welche Weise Hipparchos die in der Tabelle angegebenen Sehnenwerte berechnete. Dabei ist festzuhalten, daß Hipparchos bereits in weitestem Umfang das babylonische System der Einteilung des Kreises in 360 Grade und die entsprechenden Minuten und Sekunden benutzte, das seit dieser Zeit allgemeine Verwendung fand.

Einen nicht geringen Beitrag leistete Hipparchos auch auf dem Gebiet der Sternenkunde. Er stellte einen Katalog der Fixsterne auf, der, wie man annimmt, etwa 850 Sterne zählte, deren Position am Himmelsgewölbe nach ihrer Länge und Breite in bezug auf die Ekliptik bestimmt wurde. In späteren Jahren teilt Plinius mit, daß Hipparchos die Arbeit an der Zusammenstellung des Sternenkatalogs unternahm, nachdem ein neuer Stern am Himmel entdeckt worden war. Ob es sich tatsächlich so verhielt, wissen wir nicht. Desgleichen haben wir keine Kenntnis davon, welche Apparatur Hipparchos für die Bestimmung der Positionen der Sterne zur Verfügung stand. Wahrscheinlich benutzte er ein Gerät des Typs, das später den Namen »Armillarsphäre« erhielt.

Da sich Hipparchos mit der Bestimmung der Dauer des Jahres und der Mondphasen beschäftigte, war es natürlich, daß er sich auch mit der Vervollkommnung des Mond-Sonnen-Kalenders befaßte. Im zweiten Kapitel war davon die Rede, daß der athenische Astronom Meton im 5. Jahrhundert v. u. Z. zur Harmonisierung von Sonnen- und Mondkalender einen 19jährigen Zyklus aufstellte, der 235 Mondmonate umfaßte, von denen 110 je 29 und 125 je 30 Tage enthielten. Insgesamt umfaßte der Zyklus 6940 Tage. Der »Zyklus des Meton« erlangte in der Antike weite Verbreitung. Er wies jedoch einen kleinen Mangel auf: Bei der allgemein angenommenen Dauer des Jahres von 365¼ Tagen umfaßte der Zyklus keine ganze Anzahl von Tagen (6939,75). Um diesen Mangel zu beseitigen, machte *Kallippos*, der die Anzahl der homozentrischen Kugelschalen des eudoxianischen Modells vermehrte, den Vorschlag, vier metonische Zyklen zu je 6940 Tagen zusammenzufassen und dabei einen Tag auszulassen. Der »Zyklus des Kallippos« umfaßte mithin 27759 Tage, die in 940 Monate gegliedert waren, von denen 441 je 29 und 499 je 30 Tage hatten. Dieser Zyklus gliederte sich exakt in 76 Jahre zu 365¼ Tagen und in 940 sinodische Perioden mit einer Dauer von 29 Tagen 12 Stunden 44 Minuten und 25,5 Sekunden, was den tatsächlichen Wert der sinodischen Periode nur um 22 Sekunden übertrifft.

Der Zyklus des Kallippos fand in den offiziellen Festlegungen des Kalenders niemals Verwendung und wurde allein von den Gelehrten berücksichtigt. Hipparchos entschloß sich jedoch, weitere Verbesserungen daran anzubringen, indem er ihn mit dem von ihm selbst errechneten Wert des tropischen Jahres in Einklang brachte. Er vervierfachte die 76jährige Kalenderperiode des Kallippos und nahm von den resultierenden 304 Jahren einen weiteren Tag fort. Auf diese Weise erhielt er einen Zyklus, der in genau 304 Jahre und 3760 Mondmonate zerfiel, deren Dauer den von Hipparchos ermittelten Werten entsprach. Der Zyklus des Hipparchos fand zu keiner Zeit Verwendung, nicht zuletzt deshalb, weil er bei all seinerKompliziertheit nicht als absolut genau gelten kann: Wie wir bereitsaus dem Voranstehenden wissen, übertrifft die von Hipparchos ermittelte Dauer des tropischen Jahres den tatsächlichen Wert um 6 Minuten, wobei dieser Unterschied im Laufe der Zeit wächst.

Aus dem Gesagten erhellt wohl zur Genüge, welch hohes Niveau die griechische Astronomie in der Blütezeit der hellenistischen Wissenschaft erreichte. In der Genauigkeit ihrer Beobachtungen stand sie der babylonischen Astronomie bereits in nichts nach und übertraf sie in theoretischer Hinsicht. Den Babyloniern verblieb nurmehr ein Vorzug: die größere Menge des über viele Jahrhunderte zusammengetragenen Beobachtungsmaterials. Doch auch dieses Material wurde den Griechen in der hellenistischen Zeit zugänglich und wurde bereits von Hipparchos in weitestem Umfang benutzt, der die griechischen Beobachtungen mit den babylonischen verglich und die Daten der einen anhand der Daten der anderen überprüfte.

Die Mechanik

Im ersten Kapitel haben wir den vom heutigen Standpunkt erstaunlichen Umstand erwähnt, daß sich die antike Technik und die antike Wissenschaft in beträchtlichem Maße unabhängig voneinander entwickelten. So befanden sich Handwerk, Metallurgie, Bauwesen und die Lösung einiger technischer Probleme in Griechenland bereits im 6. Jahrhundert v. u. Z. auf einem verhältnismäßig hohen Niveau, während die Wissenschaft zu jener Zeit noch in ihren Anfängen steckte.

Die folgenden drei Jahrhunderte sind durch die stürmische Entwicklung der griechischen Wissenschaft gekennzeichnet. Besondere Erfolge erzielten bis zum Beginn des 3. Jahrhunderts v. u. Z. die Mathematik und die Astronomie (wir lassen die Philosophie, die Logik, die Medizin und andere Gebiete, die ihrem Wesen nach keine technischen Auswirkungen haben konnten, in diesem Zusammenhang beiseite). Diese Erfolge fanden jedoch keinerlei Niederschlag in der Entwicklung der Technik. Beide Zweige der Wissenschaft entwickelten sich als rein theoretische Disziplinen, die sich, vielleicht mit Ausnahme der Erstellung des Kalenders, keine irgendwie ernsthaften praktischen Aufgaben stellten. Der Wissenschaftszweig, der einen positiven Einfluß auf den technischen Fortschritt hätte ausüben können, die theoretische Mechanik, wurde erst zur Zeit des Archimedes geboren. Erinnern wir uns, wie rückständig die Anschauungen des Aristoteles auf dem Gebiet der theoretischen Mechanik mit ihrer Annahme natürlicher und erzwungener Bewegungen, ihrer Vorstellung von der Rolle der Luft bei der Bewegung geworfener Körper usw. waren. Diese Vorstellungen und Ideen entstanden gänzlich losgelöst von der realen Wirklichkeit des Menschen, wurden nicht in der Praxis überprüft und konnten daher keine technische Anwendung finden.

Nur zwei Bereiche der Technik hatten in der klassischen Zeit der griechischen Zivilisation mehr oder minder bedeutende Erfolge zu verzeichnen. Der eine ist der Bereich der Theatertechnik, die unter anderem mechanische Hebevorrichtungen erforderte. Zur Bezeichnung dieser Vorrichtungen diente das griechische Wort μηχανή, (»Vorrichtung, Maschine«), woraus sich u. a. der lateinische Ausdruck »deus ex machina« erklärte. Später diente das Wort generell zur Bezeichnung von Maschinen. Der andere Bereich technischer Erfolge war die Kriegstechnik, die zur Schaffung einer ballistischen Artillerie und neuer Typen von Kriegsschiffen führte. Eine besonders stürmische Entwicklung nahm die Kriegstechnik in der Zeit, die unmittelbar auf die Feldzüge Alexanders des Großen folgte. Die Quellen berichten von scharfsinnig erdachten Kriegsmaschinen des *Archimedes*, welche die Einnahme von Syrakus durch die Römer erschwerten. Die Auseinandersetzung wurde jedoch nicht durch das Genie des Archimedes entschieden, da auch der römische Feldherr Marcellus, der die Stadt belagerte, über die entsprechenden Angriffswaffen verfügte (die Geschichte der Belagerung von Syrakus erzählt in kräftigen Farben der Historiker Polybios). In den Kriegen zwischen den Nachfolgern Alexanders des Großen spielten Wurfgeräte und andere kriegstechnische Vorrichtungen eine vordem nicht gekannte Rolle. In diesem Zusammenhang ist vor allem die Belagerung von Rhodos durch Demetrios, den Sohn des Antigonos, zu erwähnen, die ihm den Beinamen Poliorketes (»der Städtebelagerer«) eintrug.

Archimedes war offenbar eine Art Kriegsingenieur am Hofe des syrakusischen Tyrannen Hieron, der im übrigen sein Verwandter war. Seine Leistungen auf technischem Gebiet beschränkten sich jedoch keineswegs auf Kriegsgerätschaften. Von seinem künstlichen Planetarium, das die Zeitgenossen begeisterte, war bereits die Rede. Überdies wird ihm die Erfindung der sogenannten archimedischen Schraube zugeschrieben, die zur Bewässerung der Felder Verwendung fand. Auch wird berichtet, daß Archimedes mit Hilfe technischer Vorrichtungen das schwer beladene Schiff des Hieron über Land beförderte.

Ein spezifischer Zweig der Technik war die im 3. Jahrhundert v. u. Z. entstandene Pneumatik, unter der man die Nutzung des Luftdrucks zur Realisierung verschiedenartiger mechanischer Einrichtungen verstand. Als Begründer dieser Disziplin gilt *Ktesibios*, ein Zeitgenosse des Archimedes, der in Alexandreia lebte und arbeitete. Die Schriften des Ktesibios sind nicht überliefert, doch sind Nachrichten über seine Erfindungen in den Werken einer Reihe späterer Autoren enthalten, so bei Philon, Vitruvius, Athenaios, Plinius und Heron. Aus diesen Quellen erfahren wir, daß Ktesibios u. a. der Erfinder einer mit Saug- und Druckventilen versehenen zweizylindrigen Wasserpumpe, einer mit Druckluft betriebenen Wasserorgel und einer Wasseruhr war, die sich durch eine Neuerung von der alten Klepsydra unterschied: Die Uhr enthielt einen Schwimmer, dessen Bewegung sich einer Figur mitteilte, welche auf einer speziellen Skala die Zeit anzeigte. Auch gibt es Nachrichten über von ihm verfertigte Wurfgeräte, die den Druck von Preßluft nutzten.

Der zweite »Pneumatiker« war Ktesibios' Schüler *Philon* aus Byzanz. In seiner Jugend war er nach Alexandreia gekommen, um die berühmten Mechanikermeister kennenzulernen, die in dieser Stadt tätig waren. Einen großen Teil seines weiteren Lebens verbrachte er auf der Insel Rhodos, wo er ein umfangreiches Werk unter dem Titel »Die Mechanik« schrieb, dessen neun Bücher alle Bereiche der antiken Technik umfaßten. Der ursprüngliche Text des Werkes ist nicht erhalten, doch sind einige Teile in arabischer Überarbeitung auf uns gekommen. Nach einer allgemeinen Einleitung beschrieb Philon unterschiedliche Wurfapparate. Dabei untersuchte er unter anderem die Wirkung des Hebels. Darauf folgte die Darstellung der Konstruktion von Automaten und des Puppentheaters, während im Abschnitt über die Pneumatik, der mit dem experimentellen Nachweis der Elastizität der Luft begann, die verschiedenartigsten Vorrichtungen beschrieben wurden, die zur Unterhaltung des Publikums in den Parkanlagen und während der öffentlichen

Feste dienten: Zauberbecher, Gießgefäße, aus denen nach Wunsch verschiedene Flüssigkeiten flossen, Brunnen mit trinkenden Tieren und singenden Vögeln und andere Belustigungen der Art. Außerdem beschrieb Philon Apparaturen zu praktischen Zwecken, z. B. Wasserräder, Schöpfräder, einen Automaten für die Waschungen beim Betreten des Tempels usw. Die Mehrzahl dieser Apparaturen beruhte auf der Nutzung des Luftdrucks. Den überlieferten Beschreibungen ist überdies zu entnehmen, daß Philon mit dem Prinzip des Siphons wohlvertraut war.

Ktesibios und Philon waren offenbar in erster Linie praktisch ausgerichtete Erfinder. Über ihre theoretischen Anschauungen wissen wir nichts. Als erster Versuch einer theoretischen Erfassung verschiedenartiger Mechanismen ist die Abhandlung über »Mechanische Probleme« anzusehen, die früher Aristoteles zugeschrieben wurde und bis auf den heutigen Tag dem Corpus der Aristotelischen Schriften zugeordnet wird, in Wahrheit aber erst später, am ehesten wohl im 3. oder 2. Jahrhundert v. u. Z., in Alexandreia entstand. Diese Abhandlung ist von erheblicher Bedeutung für die Geschichte der Mechanik und muß uns daher an dieser Stelle beschäftigen.

Die »Mechanischen Probleme« bestehen aus 36 Kapiteln in Form von Fragen und Antworten. Diese Kapitel behandeln zahlreiche Mechanismen – den Hebel, die Waage, den Brunnenkran, die Zange, das Beil, den Keil, das Rad, die Walze, Ruder und Steuer, die Töpferscheibe und manche andere. Der Autor führt die Wirkung jedes dieser Mechanismen auf das Hebelprinzip zurück, das seinerseits aus erstaunlichen Eigenschaften des Kreises erklärt wird. Die Rückführung des Hebels auf den Kreis ist einer der originellsten Züge des Werkes, der in den anschließenden Werken über die Mechanik keine Entsprechung findet.

Der Autor bespricht die Drehung einer Strecke um eines ihrer Enden und weist darauf hin, daß keiner der Punkte, die sich auf der Strecke befinden, sich mit gleicher Geschwindigkeit bewegt. Die vom Zentrum entfernteren Punkte bewegen sich vielmehr mit größerer Geschwindigkeit als die dem Zentrum nähergelegenen Punkte. Dabei wird die Kreisbewegung als Summe zweier Bewegungen behandelt: der geraden Bewegung in Richtung der Tangente des Kreises und der zentripetalen Bewegung in Richtung auf den Mittelpunkt des Kreises. Die erste dieser Bewegungen ist natürlich, die zweite erzwungen. Ein Punkt, der sich auf einem äußeren (großen) Kreis bewegt, weicht in geringerem Maß in Richtung des Zentrums ab als ein Punkt, der die gleiche Strecke auf einem inneren (kleinen) Kreis zurücklegt. Daraus folgt, daß die Bewegung auf einem äußeren Kreis geringere Anstrengung erfordert als die Bewegung auf einem inneren Kreis, wobei die Geschwindigkeit auf dem äußeren Kreis dennoch größer ist. Auf eben diesem Umstand beruht nach Ansicht des Autors die Wirkung des Hebels.

Die angeführten Überlegungen stellen eine eigentümliche Mischung metaphysischer Spekulationen und zutreffender Beobachtungen dar. Von einer wissenschaftlichen Mechanik ist die Abhandlung weit entfernt, doch einzelne Gedanken des Autors sind ohne Zweifel von Interesse. Die Ansicht, daß die geradlinige Bewegung die »natürliche« Bewegung darstellt, führt über den Rahmen der peripatetischen Vorstellungen hinaus und kann als die erste, wenngleich noch durchaus ungenaue Formulierung des Trägheitsprinzips gelten. Überdies enthält die Feststellung, daß die größere Abweichung von der geradlinigen Bewegung eine größere Anstrengung erfordert, bereits die Andeutung eines Zusammenhangs von Kraft und Beschleunigung, d. h. des zweiten Gesetzes der Dynamik. Aufmerksamkeit verdient endlich der Umstand, daß der Autor der »Mechanischen Probleme« bereits das Prinzip des Geschwindigkeitsparallelogramms, dabei sowohl in Form der Addition wie der Zerlegung der Geschwindigkeiten, kannte.

Diese Ansätze sollten jedoch Ansätze bleiben. Die Tendenzen, die sich in den »Mechanischen Problemen« ankündigen, fanden keine weitere Entwicklung. Ungeachtet der weiten Verbreitung militärischer Wurfgeräte in hellenistischer und römischer Zeit ist auf dem Gebiet der Erforschung der Dynamik bis zum 6. Jahrhundert u. Z., d. h. praktisch bis zum Beginn des Mittelalters, keinerlei Fortschritt zu verzeichnen. Daraus erhellt noch einmal die Loslösung des theoretischen Denkens von der praktischen Tätigkeit des Handwerkers oder des Ingenieurs, die für die Sklavenhaltergesellschaft charakteristisch war.

Der Hebel blieb im Zentrum der Aufmerksamkeit der hellenistischen Gelehrten, wurde von ihnen jedoch allein auf statischer Ebene, vor allem in Zusammenhang mit der Waage und dem Wiegen, behandelt. So werden die Bedingungen des Gleichgewichts des Hebels etwa in dem pseudoeuklidischen »Buch über die Waage« besprochen, das allein in arabischer Übersetzung auf uns gekommen ist. Der Autor dieses Werkes bestimmt das Gewicht als das Maß der Schwere oder Leichtheit eines Gegenstandes, der mit Hilfe der Waage mit anderen Gegenständen verglichen wird. Danach bestimmt er durch die Verschiebung ein und derselben Lasten entlang des in gleiche Abschnitte geteilten Waagebalkens das Gesetz des Gleichgewichts des Hebels. Dabei benutzt der Autor den Begriff der »Kraft des Gewichts«, die sich in Abhängigkeit von der Stellung der Last auf dem Waagebalken ändert. Nach dem Tenor der angestellten Überlegungen entspricht diese »Kraft des Gewichtes« dem statischen Moment, d. h. dem Produkt der Last und ihrer Entfernung vom Auflagepunkt.

Das Hebelproblem beschäftigte insbesondere *Archimedes*. Zwar sind seine frühen Schriften zu diesem Problem – »Über die Waage« und »Über Hebel« – nicht überliefert, doch beginnt die erhaltene Abhandlung »Über das Gleichgewicht ebener Figuren« mit einer Darlegung der mathematischen Theorie des Gleichgewichts des Hebels, der eine Darstellung der allgemeinen Theorie des Gleichgewichts folgt. Der zentrale Begriff dieser Darstellung ist der Begriff des Schwerpunkts, der in der Abhandlung als bekannt vorausgesetzt wird. Die Form der Darstellung ist hier wie in den übrigen Schriften des Archimedes streng axiomatisch. Nachdem er eine Reihe allgemeiner Lehrsätze bewiesen hat, bestimmt Archimedes den Schwerpunkt einer Reihe ebener Figuren – des Dreiecks, des Parallelepipeds, des Trapezes und – im zweiten Teil der Abhandlung – des Parabelsegments und des Parabeltrapezes.

In einer seiner späteren Arbeiten erwähnt Archimedes seine Schrift »Über das Gleichgewicht«. Daß dieses Werk mit der Abhandlung über das Gleichgewicht ebener Figuren nicht identisch ist, machen die Bezugnahmen des Autors auf die Schwerpunkte des Kreises, des Zylinders, des Prismas, des Kegels und des Drehparaboloids deutlich. Möglicherweise bildete die Abhandlung »Über das Gleichgewicht der ebenen Figuren« nur einen Teil der umfangreicheren Arbeit »Über das Gleichgewicht«, an den sich ein zweiter, dem Gleichgewicht der Körper gewidmeter Teil anschloß.

Von den nicht erhaltenen Schriften des Archimedes ist eine Reihe von Bruchstücken auf uns gekommen, die von Heron (in der »Mechanik«), von Pappos (in den »Sammlungen«) und von anderen Autoren zitiert werden. Heron führt insbesondere ein langes Fragment aus einem frühen Werk des Archimedes, den »Büchern der Auflager«, an. Es verrät noch nicht die Stringenz, welche die reifen Werke des großen Syrakusers auszeichnet, und enthält eine Reihe von Fehlern, welche die Verteilung der Auflagerkräfte betreffen und zeigen, daß Archimedes zur Zeit der Niederschrift des Werkes noch nicht wußte, daß das Gewicht eines Körpers als in seinem Schwerpunkt konzentriert angesehen werden kann.

Aus einem nicht näher bekannten, verlorenen Werk des Archimedes – vielleicht dem Buch »Über Hebel« – zitiert Pappos die berühmte Definition des Schwerpunkts, die wir im Wortlaut anführen wollen: »Als den Schwerpunkt eines Körpers bezeichnen wir einen in seinem Inneren gelegenen Punkt, der die Eigenschaft hat, daß der schwere Körper, wenn man ihn in Gedanken daran aufhängt, in Ruhe bleibt und seine vorherige Lage beibehält.«

Schließlich wollen wir kurz bei dem letzten Werk des Autors verweilen, das offenbar unmittelbar vor seinem Tode entstand. Es ist nicht ausgeschlossen, daß die Niederschrift der Abhandlung »Über schwimmende Körper«, welche die mathematische Grundlage einer neuen Wissenschaft – der Hydrostatik – schuf, durch die bekannte Geschichte von der »goldenen« Krone des sizilischen Tyrannen Hieron angeregt wurde. Lange Zeit war die Abhandlung allein in einer lateinischen Übersetzung des 13. Jahrhunderts bekannt. Der griechische Text von drei Vierteln der Arbeit wurde erst im Jahre 1905 gleichzeitig mit dem Brief an Eratosthenes (der sogenannten »Ephodos«), von dem bereits im Abschnitt über die Mathematik die Rede war, von J. L. Heiberg in Konstantinopel gefunden.

Die Abhandlung »Über schwimmende Körper« gliedert sich in zwei Bücher. Das erste Buch beginnt mit der Annahme, daß die Flüssigkeit eine Gesamtheit aneinander anliegender Partikeln ist, von denen die weniger komprimierten von den stärker komprimierten verdrängt werden, wobei jede einzelne Partikel von der senkrecht über ihr befindlichen Flüssigkeit komprimiert wird. Aus dieser fundamentalen Annahme leitete Archimedes eine Reihe von Schlußfolgerungen ab. In den beiden ersten dieser Schlußfolgerungen wurde festgestellt, daß die freie Oberfläche des Wassers, das die Erde umgibt, sphärische Gestalt hat, wobei das Zentrum der Kugel mit dem Mittelpunkt der Erde zusammenfällt. Wenngleich die Kugelgestalt der Erde zu jener Zeit bereits ein allgemein anerkanntes Faktum war, war die Schlußfolgerung des Archimedes keineswegs trivial und rief sogar den Widerspruch eines so bedeutenden zeitgenössischen Gelehrten wie des Eratosthenes hervor.

Die folgenden Lehrsätze betreffen Fragen des Gleichgewichts und der Stabilität in Flüssigkeit getauchter Körper. Insbesondere wird die heutzutage als das Archimedische Prinzip bekannte These formuliert. Darauf werden die Bedingungen des Gleichgewichts eines in einer Flüssigkeit schwimmenden Segments einer Kugel und – im zweiten Teil der Abhandlung – eines Paraboloids bestimmt. Beide Aufgaben werden mit Hilfe von zwei voneinander unabhängigen und sehr scharfsinnigen mathematischen Verfahren gelöst. Eben diesen Verfahren galt in erster Linie das Interesse des Archimedes, da beide Aufgaben zu seiner Zeit offenbar noch keinerlei praktische Bedeutung hatten.

Das Beispiel des Archimedes ist sehr aufschlußreich und erlaubt einige allgemeine Schlußfolgerungen. Als genialer Mathematiker und zugleich als bedeutender Ingenieur war Archimedes mehr als irgendein anderer Gelehrter seiner Zeit imstande, den tieferen Zusammenhang zwischen theoretischen – oder, wie wir heute sagen würden, fundamentalen – Untersuchungen und ihrer technischen Anwendung zu erhellen. Dabei sind selbst bei ihm die Forderungen der Praxis bestenfalls zufällige Beweggründe für die Formulierung der einen oder anderen wissenschaftlichen Aufgabe. Die Lösungen dieser Aufgaben sind keineswegs durch ihre mögliche Verwendbarkeit im praktischen Leben, sondern vor allem durch die reine Wißbegierde des Gelehrten angeregt. Es war dies ein allgemeines Spezifikum der antiken Wissenschaft, das sie im gesamten Verlauf ihrer jahrhundertelangen Geschichte auszeichnete. Aufgrund dieses Mankos verlief die Entwicklung der antiken Wissenschaft, in der Sprache der modernen Automatik ausgedrückt, ohne Rückkopplung, die den Ansporn zu stets neuen und neuen Aufgaben gegeben hätte. Hieraus erklärt sich zum Teil die Stagnation der antiken Wissenschaft, die auf ihren stürmischen Aufschwung im 3. und 2. Jahrhundert v. u. Z. folgte.

Die Optik

Die Optik war jener Teil der Physik, der bereits im Altertum dem Prozeß der Mathematisierung unterlag und die Konturen einer wissenschaftlichen Disziplin im heutigen Verständnis erhielt. Um Mißverständnisse auszuschließen, muß man hinzufügen, daß die Griechen dem Terminus »Optik« eine engere Bedeutung beimaßen, als wir es heute tun: für sie war sie die Wissenschaft vom Sehen. Ferner unterschieden sie die Katoptrik als die Wissenschaft von der Reflexion von Strahlen an spiegelnden Oberflächen, die Szenographie, die nicht allein mit der Erstellung von Theaterdekorationen verbundene praktische Fragen, sondern auch die allgemeine Lehre der Perspektive umfaßte, und endlich die Dioptrik als die Lehre der optischen Messungen. Auch die Erscheinung der Brechung des Lichtes war den Griechen wohlvertraut, doch setzte ihre genauere Untersuchung erst verhältnismäßig spät ein, wobei sie bald der Optik, bald der Katoptrik zugewiesen wurde.

Von den Ansichten der älteren Philosophen über die Natur des

Sehens war bei der Darstellung der betreffenden Lehren die Rede. Aristoteles tat einen bedeutenden Schritt voran, indem er annahm, daß die von uns gesehenen Objekte durch ein vermittelndes Medium auf das Auge wirken. Dieses Medium, als das sowohl die Luft wie auch das Wasser und zahlreiche der festen Körper fungieren konnten, nannte Aristoteles das »Durchsichtige« (διαφανές). Das Licht ist gleichsam die Aktualisierung dieses »Durchsichtigen«. Wo es nur der Möglichkeit nach existiert, herrscht Dunkelheit. Die Farbe eines Gegenstandes ist das bewegende Element des aktuellen durchsichtigen Milieus. Diese Farbe ändert das »Durchsichtige« in der Weise, daß es auf das Auge zu wirken beginnt. Farblose Gegenstände rufen keine derartige Wirkung hervor und können daher durch das Auge nicht erfaßt werden. Die sichtbaren Farben stellen Verbindungen zweier Grundfarben – des Weißen und des Schwarzen – in unterschiedlichen Mischungsverhältnissen dar. Über den Mechanismus der Entstehung des sichtbaren Bildes im Auge teilt Aristoteles nichts mit, obgleich ihm der Bau des Auges in den Grundzügen bekannt war.

Die Bedeutung der Theorie des Aristoteles lag vor allem darin, daß sie die Rolle des vermittelnden Mediums unterstrich, das sich zwischen dem gesehenen Gegenstand und dem Auge befand. Die Verbindung dieser Theorie mit den Anschauungen der Atomisten leistete die Lehre des *Straton,* nach der sich die Farben von den Körpern (wie die »Bildchen« des Demokrit) ablösen und ihre jeweilige Umgebung färben, die anschließend auf das Auge wirkt.

Eine interessante Vorwegnahme der Wellentheorie des Lichtes finden wir in der physikalischen Lehre der Stoiker. Die Ansicht der Stoiker über die Natur des Sehens läuft im wesentlichen auf folgendes hinaus: Von der aus πνεῦμα bestehenden Seele löst sich das »Sehpneuma« ab, das in die Pupille gerät und die Ursache einer Art von Wellen ist. Diese Wellen breiten sich im Inneren eines Kegels aus, dessen Spitze sich in der Pupille befindet. Wenn die Wellen auf das Objekt aufprallen, kehren sie zum Auge zurück und rufen dort einen Druck hervor, der die Entstehung der Gesichtswahrnehmungen bedingt. Dieser Prozeß vollzieht sich allein in der erhellten Luft. Die dunkle Luft setzt den Wellen einen so großen Widerstand entgegen, daß sie sich darin nicht ausbreiten können.

In der Spätantike kam es auf diesem Gebiet nicht zur Formulierung neuer Gedanken. Beachtliche Erfolge erzielte dagegen zu eben dieser Zeit die geometrische Optik. Die grundlegenden Gesetzmäßigkeiten der Reflexion des Lichtes waren bereits Platon bekannt. Aristoteles formuliert das Reflexionsgesetz praktisch in der heutigen Form. Die älteste auf uns gekommene Abhandlung über die Optik wird *Euklid* zugeschrieben. Er hält darin an den alten pythagoreischen Vorstellungen fest, wonach das Sehen mit Hilfe von Sichtstrahlen geschieht, die sich geradlinig aus dem Auge ausbreiten und das Objekt gleichsam abtasten. Diese Vorstellungen waren für die Herleitung der Grundthesen der geometrischen Optik und der Theorie der Perspektive vollkommen ausreichend. Im Grunde genommen stellt Euklids »Optik« nichts anderes als eine Abhandlung über die Theorie der Perspektive dar. Sie leitet die Gesetze der Perspektive aus vierzehn Grundannahmen ab, die das Ergebnis optischer Beobachtungen sind. Das Reflexionsgesetz setzt Euklid als bekannt voraus: Es ist nach seinen Worten in der »Katoptrik« bewiesen.

Die »Katoptrik« des Euklid ist nicht überliefert. Der Text, der ihm unter diesem Titel zugeschrieben wird, ist wohl eine spätere Kompilation. Offenbar war das Werk bereits im Altertum von der umfangreichen »Katoptrik« des *Archimedes* verdrängt, die eine exakte Darstellung aller Ergebnisse der griechischen geometrischen Optik enthielt (auch sie ist verloren). Archimedes ist auf dem Gebiet der Optik nicht allein ein bedeutender Theoretiker, sondern auch ein hervorragender Beobachter, wie die von ihm beschriebene Methodik der Messung des sichtbaren Durchmessers der Sonne bezeugt, die wir im Abschnitt über die Astronomie besprochen haben.

Von den späteren Erfolgen der griechischen Optik, die mit den Namen des Heron und des Ptolemaios verbunden sind, wird im folgenden die Rede sein.

Die biologischen Wissenschaften

Aus dem Vorangehenden wird deutlich, daß die alexandrinische Epoche eine Zeit der außergewöhnlichen Blüte der mathematischen Wissenschaften war. Die beschreibende Naturwissenschaft der Zeit hatte demgegenüber kaum wesentliche Fortschritte zu verzeichnen. Gewiß wurde in Spezialarbeiten über Landbestellung, Gartenbau, Bienenzucht und andere angewandte Disziplinen menschlicher Tätigkeit eine Fülle von Beobachtungen zusammengetragen und ein umfangreiches Faktenmaterial beschrieben, doch boten diese Arbeiten in wissenschaftlicher Hinsicht im Vergleich zu den biologischen Arbeiten des Aristoteles oder den botanischen Arbeiten des Theophrastos nichts Neues. Auf den Schriften des Aristoteles beruht der Vogelkatalog, den im 3. Jahrhundert v. u. Z. der Dichter und

Literarhistoriker *Kallimachos* zusammenstellte, wie der zoologische Sammelband des alexandrinischen Grammatikers *Aristophanes* aus Byzanz (Ende des 3. bis Anfang des 2. Jahrhunderts v. u. Z.), wobei beide Autoren bereits jene Neigung zum Wunderbaren und Fabelhaften verraten, die einen solch abträglichen Einfluß auf die Entwicklung der Naturwissenschaft der Spätantike haben sollte.

Erheblich größere Fortschritte wurden zur gleichen Zeit auf dem Gebiet der Anatomie erzielt, wozu in nicht geringem Maße die Aufgabe der alten religiösen Vorurteile beitrug, welche die Sektion menschlicher Leichname verboten. Als Begründer der wissenschaftlichen Anatomie gilt *Herophilos* aus Kalchedon, der Schüler des Arztes Praxagoras von Kos. Er wirkte im Anfang des 3. Jahrhunderts v. u. Z. in Alexandreia und war der Autor einer Anzahl nicht überlieferter Schriften, unter denen die antiken Quellen eine umfangreiche Arbeit über die »Anatomie« und Einzelstudien »Über die Augen«, »Über den Puls« usw. nennen.

Indem er sich vor allem auf die Beobachtung und die Erfahrung stützte, vermochte sich Herophilos von einer Reihe eingewurzelter Dogmen zu befreien und der Wissenschaft neue Wege zu weisen. Seine bedeutendsten Arbeiten auf dem Gebiet der Anatomie betrafen den Bau und die Funktion des Nervensystems. Sorgfältig untersuchte er die Nervenzentren und die Einzelnerven und stellte endgültig fest, daß das Gehirn das Zentrum der Geistestätigkeit des Menschen ist. Aus der allgemeinen Anzahl der Nerven gliederte er die Gefühlsnerven aus, die von der Peripherie des menschlichen Körpers zum Rückenmark und zum Gehirn verlaufen. Er nahm als erster die klare Scheidung zwischen Venen und Arterien vor und stellte fest, daß die Arterien ihr Blut aus dem Herzen erhalten. Mit Hilfe der Klepsydra untersuchte er den Puls und versuchte die rhythmischen Gesetzmäßigkeiten der Musiktheorie auf den Pulsschlag zu übertragen. Als erster erkannte er die Bedeutung des Pulses als eines wichtigen diagnostischen Mittels. Er stellte eine enge Verbindung zwischen dem Puls und dem Atemmechanismus fest, wobei er den Atemzyklus in vier Phasen unterteilte: die Einatmung der frischen Luft, die Verteilung dieser Luft über den ganzen Körper, die Absaugung der verbrauchten Luft aus dem Körper und endlich den Ausstoß der verbrauchten Luft durch die Ausatmung. Überdies gab Herophilos eine detaillierte Beschreibung der Anatomie des Auges, der Leber, der Geschlechtsorgane und anderer Körperteile und verglich den anatomischen Bau von Mensch und Tier.

Auf dem Gebiet der praktischen Medizin befaßte sich Herophilos eingehend mit der Wirkung der Heilmittelpräparate, dabei vor allem derjenigen, die aus Kräutern hergestellt wurden. Daneben unterstrich er die Bedeutung einer rationalen Diät und gymnastischer Übungen. Als Abkömmling der Ärzteschule von Kos vertrat er die Lehre von den vier Säften. Eingehend beschäftigte er sich mit dem Studium der Werke des Hippokrates und schrieb zu einigen von ihnen einen Kommentar.

Der zweite herausragende Mediziner der Epoche war *Erasistratos* von Keos. Er studierte in Athen und auf der Insel Kos und begab sich darauf nach Alexandreia, wo er um die Mitte des 3. Jahrhunderts v. u. Z. große Berühmtheit erlangte. Eine Zeitlang war er Leibarzt des syrischen Herrschers Seleukos, gab jedoch in den letzten Jahren seines Lebens die ärztliche Tätigkeit auf, um sich ausschließlich der wissenschaftlichen Arbeit zu widmen. In dieser Zeit entstand offenbar sein anatomisches Hauptwerk »Über Sektionen«.

Erasistratos setzte die anatomischen Studien des Herophilos, dabei insbesondere die Untersuchung des Nervensystems, fort. Er teilte die Nerven in Gefühls- und Bewegungsnerven, stellte den Unterschied zwischen Groß- und Kleinhirn fest und lenkte die Aufmerksamkeit auf die Gehirnwindungen von Mensch und Tier. Er erkannte den Zusammenhang zwischen der Anzahl der Gehirnwindungen und dem Niveau der intellektuellen Entwicklung. In der Untersuchung des Blutkreislaufs ging Erasistratos in einigen Punkten über Herophilos hinaus, wenngleich er in Einzelfragen zu falschen Ansichten gelangte. So behauptete er, daß das Blut allein in den Venen zirkuliere, während die Arterien mit Luft gefüllt seien. Diese Ansicht stützte sich auf die Beobachtung an Leichnamen, deren Arterien leer sind. Als den eigentlichen Motor von Blut und Luft im Körper erkannte Erasistratos das Herz. Zugleich nahm er an, daß das Organ, das das Blut erzeugt, die Leber sei. Außer Sektionen von Leichnamen nahm Erasistratos nach einigen Quellen Vivisektionen an Verbrechern vor, die ihm der Herrscher zur Verfügung stellte.

In seiner ärztlichen Tätigkeit befolgte Erasistratos andere Prinzipien als Herophilos. Er polemisierte gegen die Humoralpathologie der Hippokratiker und betrachtete die Heilmittel mit Skepsis. Da er als Ursache aller Krankheiten eine unangemessene Ernährung ansah, hielt er die Diät für das grundlegende Heilmittel. Die theoretischen Anschauungen des Erasistratos zeichneten sich durch die Verquickung atomistischer Vorstellungen mit der von den Stoikern entwickelten Lehre über das Pneuma aus.

Neben diesen beiden herausragenden Vertretern der medizinischen Wissenschaft waren in der besprochenen Zeit andere talentierte Ärzte tätig. Unter ihnen nennen die antiken Quellen einen *Eudemos*, der die Funktion einer Reihe von Organen des menschlichen Organismus entdeckte und beschrieb.

In hellenistischer Zeit bildeten sich mehrere medizinische Schulen heraus, von denen im folgenden Kapitel die Rede sein wird. An dieser Stelle wollen wir allein die Schule der sogenannten Empiriker erwähnen, die von den Nachfolgern des Herophilos begründet wurde. Diese Schule leugnete die Bedeutung aller theoretischen Systeme für die Medizin und stellte allem anderen die unvoreingenommene Beobachtung voran. In dieser Haltung betrachteten sich die Empiriker als die wahren Hüter der ursprünglichen Prinzipien der hippokratischen Lehre.

V. Die Wissenschaft zur Zeit des römischen Imperiums

Der Verfall der hellenistischen Wissenschaft und seine Ursachen

Im 2. und 1. Jahrhundert v. u. Z. zeichnet sich der Verfall der alexandrinischen und überhaupt der griechischen Wissenschaft ab. Die von den Nachfolgern Alexanders des Großen gegründeten hellenistischen Staaten erschöpften sich in wechselseitigen kriegerischen Auseinandersetzungen und fielen einer nach dem anderen unter den Schlägen der römischen Legionäre. Antiocheia, Pella und Pergamon verloren ihre Bedeutung als politische und zugleich kulturelle Zentren. Mit dem Ende des Mäzenatentums erstirbt in ihnen auch das wissenschaftliche Leben. Gewiß blieb Alexandreia weiterhin die wissenschaftliche Hauptstadt der damaligen Welt, doch erlitt sie durch den Brand, der während des »alexandrinischen Krieges« des Iulius Caesar (49. v. u. Z.) einen Teil der Schätze der Bibliothek vernichtete, einen empfindlichen Verlust. Auch das Museion erlebte einen allmählichen Niedergang und verlor seine frühere Bedeutung.

Wenig später, bereits zu Beginn der neuen Ära, als alle Länder des Mittelmeerraums unter der Herrschaft des römischen Imperiums vereint waren, zeichnete sich ein neuer Aufschwung ab. In das 2. Jahrhundert u. Z. fällt die Tätigkeit des nach Hippokrates größten Arztes der Antike, des Klaudios Galenos, und des bedeutenden Astronomen Klaudios Ptolemaios. Die Römer selbst jedoch hatten daran keinen Anteil. Der praktischen Ausrichtung des römischen Geistes war das Streben nach theoretischer Erkenntnis, das charakteristische Merkmal des griechischen wissenschaftlichen Denkens, fremd. Es ist bezeichnend, daß aus der Mitte der Römer kein einziger bedeutender Gelehrter hervorging, obwohl Rom eine Reihe hervorragender Dichter, tiefsinniger Moralisten, bemerkenswerter Historiker und glänzender Rhetoren hervorgebracht hat. Wir kennen jedoch nicht einen einzigen Philosophen, der auch nur annähernd Platon oder Aristoteles gleichkäme, und keinen einzigen römischen Mathematiker, der auch nur andeutungsweise Eudoxos, Euklid oder Apollonios von Perge zu vergleichen wäre. Cicero kann als der wohl größte Kopf gelten, den die nationale römische

Kultur hervorgebracht hat, doch besteht sein Verdienst, wie es Aleksandr Blok treffend formulierte, lediglich darin, daß er »die kläglichen Reste des Honigs von den duftenden Blüten des grandiosen griechischen Denkens sammelte, den Blüten, die von dem großen Rad des römischen Wagens unbarmherzig zerdrückt worden waren« (»Catilina. Eine Seite aus der Geschichte der Weltrevolution«, 1919).

Dem Mangel an originellen wissenschaftlichen Arbeiten suchte man in Rom durch Kompilationen zu begegnen, die den Charakter populärer Enzyklopädien hatten und zuweilen in Versform abgefaßt waren. Unter den Werken dieser Gattung erlangte die nicht erhaltene Enzyklopädie in neun Büchern aus der Feder des *M. Terentius Varro* (1. Jahrhundert v. u. Z.) Berühmtheit, welche die Grammatik, die Logik, die Rhetorik, die Geometrie, die Arithmetik, die Astronomie, die Musiktheorie, die Medizin und die Architektur umfaßte. Eine ähnliche Enzyklopädie wurde im folgenden Jahrhundert von *Cornelius Celsus* zusammengestellt. Enzyklopädischen Charakter hat auch das berühmte Lehrgedicht »De rerum natura« des *Lucretius Carus,* in dem der Autor auf der Grundlage der epikureischen Lehre vom Standpunkt der Atomistik die unterschiedlichsten Fragen der Naturwissenschaft behandelt. Das gleiche gilt für die vielbändige »Naturalis historia« *Plinius des Älteren.*

Es wäre zu erwarten, daß der römische Pragmatismus die Entwicklung der angewandten Wissenschaften förderte. Dazu kam es in der Tat, doch geschah auch dies nur unvollkommen. So ist uns eine große Anzahl von Schriften in lateinischer Sprache überliefert, die der Landwirtschaft, dem Kriegswesen, der Architektur usw. gewidmet sind. Die Technik im engeren Sinne, die den Produktivkräften der Gesellschaft zugrunde liegt, verharrte jedoch auf dem Niveau, das sie zur Zeit des Archimedes erreicht hatte; ja, in einigen Bereichen der Technik, z. B. der Schiffbaukunst, ist sogar ein gewisser Rückschritt festzustellen. Die Gründe für diese Entwicklung lagen in der auf Sklavenarbeit gegründeten Organisation der Wirtschaft, die in der Zeit des römischen Imperiums ihre höchste Entfaltung erlebte. Die Masse der Sklaven, die den römischen Sklavenhaltern aus den eroberten Gebieten geliefert wurden, paralysierten alle Anreize zu technischen Erfindungen und Verbesserungen. Die billige Arbeitskraft der Sklaven war der Hauptfaktor, der die Entwicklung der Produktivkräfte behinderte und die Stagnation und den Verfall der römischen Gesellschaft verursachte. Nachdem die inneren Auseinandersetzungen und die Einfälle der barbarischen Völkerstämme zum Untergang des römischen Imperiums geführt hatten, entstanden auf seinen Trümmern halbbarbarische Staaten, die keinerlei Interesse an Wissenschaft oder Technik hatten. Einzig Byzanz blieb in gewissem Grade die Hüterin der wissenschaftlichen Traditionen der Antike, konnte jedoch aufgrund einer Reihe spezifischer Bedingungen diese Traditionen lediglich bewahren, ohne sie schöpferisch umzugestalten und zu entwickeln.

Die Geographie

Am Wendepunkt der hellenistischen zur römischen Zeit steht die eigentümliche Gestalt des Stoikers *Poseidonios* (um 135–50 v. u. Z.), der zu Apameia in Syrien geboren wurde, später jedoch auf die Insel Rhodos übersiedelte, wo der größere Teil seiner wissenschaftlichen Tätigkeit verlief. Gegen Ende seines Lebens begab sich Poseidonios nach Rom, wo er der Lehrer Ciceros wurde und sein Leben beschloß. Ähnlich wie Aristoteles war Poseidonios bestrebt, die gesamte Wissenschaft seiner Zeit zu erfassen, doch geht sein Universalismus mit einer gewissen Oberflächlichkeit einher. Im Unterschied zu seinen Vorgängern aus der stoischen Schule beschäftigte er sich ausführlich mit der Mathematik, und sein Kommentar zu Platons »Timaios« führte zu einer Wiederbelebung des Interesses an der pythagoreischen Zahlenmystik, der er selbst im Einklang mit dem Zeitgeist ebenso wie der Astrologie keineswegs gleichgültig gegenüberstand. Er verfügte offenbar über außergewöhnliche astronomische Kenntnisse, baute ein Planetarium in der Art des archimedischen und schrieb auch eine Abhandlung über die Größe und die Entfernung der Sonne. Überdies war er ein bedeutender Historiker, der das berühmte Werk des Polybios fortsetzte.

Die größte Eigenständigkeit bewies Poseidonios jedoch offenbar auf dem Gebiet der geographischen Wissenschaft. In seiner Schrift »Über den Ozean« beschrieb er die Beobachtungen, die er während einer Reise in die westlichen Länder Europas gesammelt hatte. Während eines einmonatigen Aufenthalts in Cadiz studierte er die Gezeiten und entwickelte im Anschluß die Gedanken des Seleukos über den Zusammenhang zwischen Ebbe und Flut und der Stellung des Mondes am Himmelsgewölbe fort. Nach der Ansicht des Poseidonios beeinflußt der Mond nicht allein die Gezeiten, sondern vieles andere mehr, darunter das Wachstum der Bäume, die Entwicklung der Mollusken und den Blutkreislauf des Menschen. Der Gedanke des wechselseitigen Zusammenhangs und der geheimen Harmonie aller Erscheinungen der Natur diente Poseidonios zur Erklärung der klimatischen und anderer Besonderheiten verschiedener Länder. In der Beschreibung dieser Länder teilte Poseidonios neben zutreffenden Nachrichten bereitwillig phantastische Fabeln und Märchen aller Art mit. Er schrieb auch über Erdbeben, über Meteorologie und viele andere Fragen.

In der Nachfolge des Eratosthenes unternahm Poseidonios den Versuch, die Ausmaße der Erdkugel zu bestimmen. Er benutzte im Prinzip das gleiche Verfahren, nahm als Bezugspunkt jedoch nicht die Sonne, sondern den hellen südlichen Stern Kanopus (Alpha des Sternbildes Argo). Wenn dieser Stern für einen Beobachter, der sich auf Rhodos befindet, den Horizont berührt, so steht er in Alexandreia auf einer Höhe von $^1/_{48}$ des Kreises, d. h. von 7,5°. Anhand der Entfernung zwischen den Beobachtungspunkten, die von Seeleuten auf 5000 Stadien geschätzt wurde, berechnete Poseidonios den Erdumfang auf 240000 Stadien. Leider wissen wir nicht, welches Stadion er seinen Berechnungen zugrunde legte. Handelte es sich wie bei Eratosthenes um das ägyptische Stadion von 157,5 m, so liegt das Resultat des Poseidonios erheblich unter dem tatsächlichen Wert. Es ist jedoch nicht ausgeschlossen, daß der Fehler des Poseidonios in der Folgezeit zur Entdeckung Amerikas beitrug, da Kolumbus in seinen Berechnungen von einem Erdumfang ausging, der gleichfalls beträchtlich unterhalb des wirklichen Betrages lag.

Von den Schriften des Poseidonios ist keine einzige erhalten, doch erlangten sie in der Antike weite Verbreitung. Zahlreiche Bezugnahmen auf seine Arbeiten finden sich vor allem bei Strabon, Geminos, Manilius, Kleomenes und anderen Autoren.

Reiches Material aus dem Bereich der Geographie und der Ethnographie ist in einer Anzahl historischer Werke der Zeit enthalten. Es genügt, auf die »Weltgeschichte« des Polybios (2. Jahrhundert v. u. Z.), die »Historische Bibliothek« des Diodoros, die »Römische Altertumskunde« des Dionysios von Halikarnassos (1. Jahrhundert v. u. Z.) usw. sowie unter den in lateinischer Sprache geschriebenen Werken auf die Schriften »Ab urbe condita« des Titus Livius (Ende des ersten Jahrhunderts v. u. Z. bis Anfang des ersten Jahrhunderts u. Z.), »De bello Gallico« des Iulius Caesar sowie auf die späteren Werke des Tacitus, des Ammianus Marcellinus und anderer Autoren zu verweisen.

Die bedeutendsten unter den geographischen Schriften beschreibenden Charakters waren ohne Zweifel die Arbeiten des Strabon und des Pausanias. Die 17 Bücher der berühmten »Geographika« des *Strabon* (65 v. u. Z.–21 u. Z.) stellten eine wahre Enzyklopädie der geographischen Kenntnisse der Zeit dar. Ihr Autor war aus Amaseia, der Hauptstadt der pontischen Herrscher, gebürtig. Er studierte in Pergamon und möglicherweise in Alexandreia. Im Laufe seines Lebens unternahm er mehrere ausgedehnte Reisen, doch beruht der größte Teil seines Werkes nicht auf eigenen Beobachtungen, sondern auf den Schriften früherer Autoren. Die beiden ersten Bücher der »Geographika« nahmen allgemeine Erörterungen und die Auseinandersetzung mit den vorangehenden Schriftstellern ein. Die eigentliche geographische Beschreibung beginnt mit dem dritten Buch. Acht Bücher des Werkes (III–X) sind Europa, sechs (XI–XVI) Asien und eines (XVII) Afrika gewidmet.

Insgesamt stellen die »Geographika« des Strabon eine grandiose Kompilation dar, die nach dem Plan des Autors nicht zu speziell sein sollte und für einen breiten Kreis gebildeter Leser bestimmt war. Astronomie und Mathematik gegenüber verhielt sich Strabon eher ablehnend. So maß er im Unterschied zu Hipparchos zuverlässigen Angaben von Reisenden und Seeleuten größere Bedeutung bei als auf die Beobachtung der Sterne gegründeten Bestimmungen und mathematischen Berechnungen. Strabon übernimmt die Angaben des Eratosthenes über die Ausmaße der Erdkugel, gibt jedoch keine Darstellung der Methode ihrer Gewinnung, da er diese als eine zu spezielle Aufgabe ansieht, die mit der eigentlichen Geographie nichts gemein hat. Ferner finden sich bei Strabon Überlegungen über die Verfahrensweisen der Kartographie, doch beweist er auf diesem Gebiet keine nennenswerte Kompetenz. Er interessiert sich für Erdbeben, Vulkane, Flußanschwemmungen und ähnliche Phänomene. Seine Schriften enthalten überdies eine ausgearbeitete Konzeption der klimatischen Zonen der Erdkugel. All dies ist jedoch mit Exkursen in den Bereich der Mythologie und Rückgriffen auf die Autorität Homers verwoben.

Das zweite Werk des Strabon, von dem nur einzelne Fragmente auf uns gekommen sind, waren die »Historischen Kommentare« in 43 Büchern, die als Ergänzung der »Weltgeschichte« des Polybios geschrieben waren.

Über das Leben des Reisenden und Schriftstellers *Pausanias* (2. Jahrhundert v. u. Z.) ist nichts Verläßliches bekannt. Er verfaßte eine »Beschreibung von Hellas« in zehn Büchern, deren jedes einer bestimmten Gegend der Balkanhalbinsel gewidmet ist. Das Werk enthält eine Fülle von Nachrichten über Geschichte und Mythologie, Volksüberlieferungen und -legenden, Kunst- und Architekturdenkmäler usw., und darin liegt sein größter Wert für den Erforscher der altgriechischen Kultur. Doch auch unter dem Gesichtspunkt der topographischen Details kann die »Beschreibung von

Hellas« bis auf den heutigen Tag als Führer durch viele Orte Griechenlands dienen.

In scharfem Kontrast zu den Werken des Strabon und des Pausanias steht die »Geographie« des *Klaudios Ptolemaios* (erste Hälfte des 2. Jahrhunderts u. Z.). Strenggenommen ist sie eher als »Kartographie« zu bezeichnen, da sie im wesentlichen der Darlegung der Verfahrensweisen der wissenschaftlichen Kartographie gewidmet ist und auf diesem Gebiet die Traditionen des Hipparchos fortsetzt. Die beschreibende Geographie interessiert Ptolemaios nicht, ja er steht ihr mit deutlicher Verachtung gegenüber. Geographische Namen nennt er nur, um die Koordinaten jedes Ortes anzugeben (insgesamt enthält das Werk etwa 8000 solcher Ortsbestimmungen). Bei der Erklärung der Methodik des Kartographierens beruft sich Ptolemaios auf seinen Vorgänger Marinos von Tyros, dessen Lebensdaten uns nicht näher bekannt sind. Ptolemaios fügte seinem Werk 27 Karten bei, die nicht in ursprünglicher Gestalt auf uns gekommen sind. Sie bildeten die gesamte zu jener Zeit bekannte Ökumene von den Kanarischen Inseln (von wo Ptolemaios wie vor ihm Marinos mit der Zählung der Längen begann) bis nach China ab. Diese Karten waren nicht frei von Fehlern. So nahm Ptolemaios etwa an, daß die Ostküste Afrikas in der Nähe des Äquators nach Osten abbiegt, um sich mit den Küsten Südostasiens zu vereinen, so daß der Indische Ozean zu einem zweiten Mittelmeer wurde. Ungeachtet mancher anderer Fehler übertrafen seine Karten jedoch in vieler Hinsicht sowohl die Karten seiner Vorgänger als auch alle später entstandenen Karten des Mittelalters.

Die Römer befaßten sich nur wenig mit der Geographie als eigenständiger Wissenschaft. Die erste geographische Arbeit in lateinischer Sprache war eine Schrift in drei Büchern aus der Feder des *Pomponius Mela* (1. Jahrhundert u. Z.). Die Abhandlung trug den Titel »Über Ortsbeschreibungen« und stellte eine lakonische Zusammenstellung aus den Arbeiten griechischer Autoren übernommener Daten dar. Auf das Werk des Mela greift *Plinius* ausführlich in seiner »Naturalis historia« zurück. Die geographischen Angaben, die in diesem Werk enthalten sind, stellen eine Sammlung der unterschiedlichsten Nachrichten dar, die ohne den geringsten Versuch eines kritischen Herangehens oder Verständnisses angeführt werden. Den gleichen Mangel an Eigenständigkeit verraten die »Naturwissenschaftlichen Fragen« des *Seneca*, wenngleich der Philosoph und Enzyklopädist die geographischen Theorien seiner Zeit systematischer als Plinius darzulegen verstand. Die allgemeinen wissenschaftlichen Anschauungen, denen Seneca in dieser Arbeit folgt, sind zum überwiegenden Teil von Aristoteles und Poseidonios übernommen.

Nach Ptolemaios hat die Spätantike auf dem Gebiet der geographischen Wissenschaft keinen einzigen bedeutenden Namen hervorgebracht. Erwähnenswert ist allenfalls *Markianos* aus dem pontischen Herakleia. Er lebte um 400 und schrieb einige kompilatorische Werke in griechischer Sprache, von denen einzelne Bruchstücke auf uns gekommen sind. Ein zweifellos hervorragender Gelehrter war *Stephanos* von Byzantion, der Autor der umfangreichen »Ethnika« in 60 Büchern, doch fällt sein Leben auf die Wende des 6. und 7. Jahrhunderts und kann daher nicht mehr der Antike zugerechnet werden.

Die Mathematik

Im vorangehenden Kapitel haben wir bereits auf die auffallende Tatsache hingewiesen, daß in der hellenistischen Mathematik nach Apollonios von Perge kein einziger großer Name mehr begegnet. Etwa ein Jahrhundert lang dauerte die Epoche der »Epigonen«. Dann folgte eine Unterbrechung von zwei Jahrhunderten, als ob sich zu dieser Zeit niemand mit der Mathematik befaßt hätte. Ein neuer Aufschwung zeichnet sich erst gegen Ende des ersten Jahrhunderts v. u. Z., d. h. bereits zur Zeit des römischen Imperiums ab. Die beiden herausragenden Mathematiker dieser Zeit waren Heron und Menelaos, beide aus Alexandreia.

Heron ist vor allem als begabter Ingenieur und Erfinder bekannt, worauf wir jedoch erst weiter unten eingehen werden. Sein Interesse an der Mathematik bezeugt vor allem der Umstand, daß er einen Kommentar zu den »Elementen« des Euklid schrieb. Allerdings galt dieses Interesse in erster Linie den angewandten Aspekten der Mathematik. Überliefert sind die »Metrika« (Meßkunst) des Heron, die die verschiedenartigsten Formeln für die Messung und Berechnung geometrischer Figuren enthalten. Es findet sich darin u. a. der Beweis der Formel für die Bestimmungen der Fläche des Dreiecks anhand seiner drei Seiten, die heutzutage in jedem Lehrbuch der Geometrie als die »Heronische Dreiecksformel« angeführt wird. Es gibt allerdings Hinweise, daß diese Formel bereits Archimedes bekannt war. Außer exakten Formeln führt Heron eine Reihe von Näherungsregeln an. So benutzte er zum Ziehen der Quadratwurzel eine Regel, die offenbar der babylonischen Mathematik entnommen

Abb. 13: Zum Transversalensatz des Menelaos in der Ebene

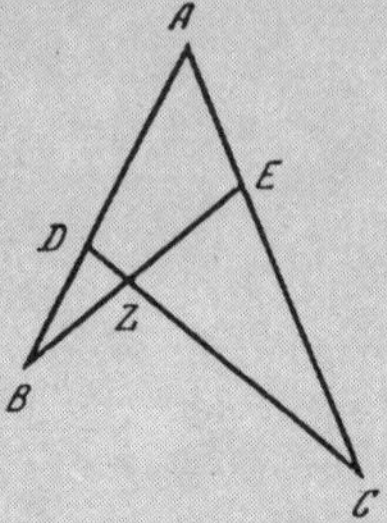

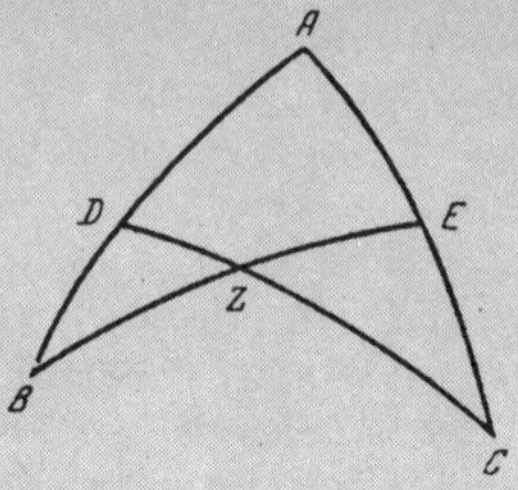

Abb. 14: Zum Transversalensatz des Menelaos auf der Kugeloberfläche

ist. Sie lautet in heutiger Schreibweise

$$\sqrt{N} \simeq a + \tfrac{b}{2}a, \text{ wobei } N = a^2 + b.$$

Darin bedeutet a^2 das größte ganze Quadrat, das kleiner als N ist. Heron gibt auch eine Regel zur Ziehung kubischer Wurzeln. Diese und viele andere Regeln formuliert er ohne Beweis und erläutert sie lediglich durch Zahlenbeispiele.

Ein Mathematiker ganz anderer Natur war *Menelaos* aus Alexandreia. Auf dem Gebiet der Trigonometrie stand er in der Tradition des Hipparchos. Aus seiner Feder stammt eine heute verlorene Abhandlung über die Berechnung von Sehnen, die der Berechnung von Sinus und Cosinus entspricht. Außerdem schuf er die Grundlagen einer neuen Disziplin, der sphärischen Trigonometrie. In arabischer Übersetzung ist seine »Sphärik« erhalten, die in drei Bücher gegliedert ist. In den beiden ersten Büchern werden verschiedene Lehrsätze über sphärische Dreiecke, darunter der Gleichheitslehrsatz bewiesen. Das dritte Buch beginnt mit dem nach Menelaos benannten Transversalensatz, der auf folgendes hinausläuft:

Gegeben sind zwei Geraden AB und AC, auf ihnen zwei beliebige Punkte D und E und der Schnittpunkt Z der Geraden CD und BE (vgl. Abb. 13). Nun kann man zeigen, daß zwischen den Strekken der resultierenden Figur die folgenden Verhältnisse bestehen:

$$\frac{CE}{AE} = \frac{CZ}{DZ} \times \frac{BD}{AB} \text{ und } \frac{CA}{AE} = \frac{CD}{DZ} \times \frac{BZ}{BE}.$$

Durch Projektion aus dem Zentrum überträgt Menelaos diese Verhältnisse auf die Kugel (vgl. Abb. 14). Wenn ADB, AEC, CZD und BZE größte Kreise der Kugel darstellen, ergeben sich für die Sehnen die Verhältnisse:

$$\frac{\text{Sehne (2CE)}}{\text{Sehne (2AE)}} = \frac{\text{Sehne (2CZ)}}{\text{Sehne (2DZ)}} \times \frac{\text{Sehne (2BD)}}{\text{Sehne (2AB)}}$$

und

$$\frac{\text{Sehne (2CA)}}{\text{Sehne (2AE)}} = \frac{\text{Sehne (2CD)}}{\text{Sehne (2DZ)}} \times \frac{\text{Sehne (2BZ)}}{\text{Sehne (2BE)}}$$

Aus dem Transversalensatz leitete Menelaos eine Reihe von Formeln der sphärischen Trigonometrie ab.

Der von Menelaos bewiesene Transversalensatz wurde in der Folge in weitem Umfang von Ptolemaios verwendet. Überhaupt wurde dieser Zweig der Mathematik zu jener Zeit in erster Linie als mathematisches Hilfsmittel der Astronomie entwickelt. Nichtsdestoweniger stellt das Buch des Menelaos auch unter rein mathematischem Gesichtspunkt eine bedeutende Leistung dar.

Auch *Klaudios Ptolemaios* war ohne Zweifel ein hervorragender Mathematiker, obgleich ihn die Mathematik in der Hauptsache als Mittel zur Lösung astronomischer und kartographischer Probleme interessierte. Er scheute vor der rein mathematischen Problematik jedoch keineswegs zurück, wie seine Schrift über die Parallelen und das fünfte Postulat des Euklid beweist, von der der Neuplatoniker Proklos berichtet. Der Text dieses Werkes ist verloren, und wir besitzen keine auch nur einigermaßen verläßlichen Kenntnisse über seinen Inhalt. Proklos führt den angeblich von Ptolemaios stammenden Beweis des fünften Postulats des Euklid in einer Form an, die einen groben Fehler enthält.

Es ist festzuhalten, daß Ptolemaios in seinem »Almagest« das von den Babyloniern übernommene Sechzigersystem benutzte, das er nicht allein auf den Kreisbogen, sondern auch auf Strecken und Flächen anwandte. So werden die »Minuten« und »Sekunden« usw. bei ihm zu abstrakten Zahlen, die mit keiner bestimmten Art geometrischer Größen verbunden sind. Bemerkenswert ist überdies, daß in seiner Bezeichnung der Brüche das Symbol *o* (Omikron) begegnet, das zur Bezeichnung der Abwesenheit einer der Sechzigerreihen diente: Es ist dies das erste Zeugnis der Null in der europäischen mathematischen Literatur.

In der Gestalt des *Diophantos* von Alexandreia, des bedeutendsten Mathematikers des 3. Jahrhunderts u. Z., tritt uns eine neue, algebraische Richtung der antiken Mathematik entgegen, die in keinem Zusammenhang mit der traditionellen griechischen Geometrie steht. Im Lichte neuer Funde auf dem Gebiet der Orientalistik kann es als wahrscheinlich gelten, daß die Ursprünge der Algebra des Diophantos wie der Näherungsregeln des Heron auf die babylonische Mathematik zurückgehen. Leider besitzen wir keinerlei Zwischenglieder, die es uns erlauben würden, den Prozeß der Übernahme der algebraischen Methoden auf griechischen Boden nachzuvollziehen.

Über das Leben und die Person des Diophantos wissen wir nichts, wenn man von einer in die Form eines Versepigramms gekleideten Aufgabe absieht, aus der hervorgeht, daß er 84 Jahre alt wurde. Das Hauptwerk des Diophantos, die »Arithmetika«, ist einem »allerehrwürdigsten Dionysios« gewidmet. Nun wissen wir, daß um die Mitte des 3. Jahrhunderts ein Dionysios Bischof von Alexandreia war. Sollte sich die Widmung auf ihn beziehen, so wäre dies nahezu der einzige Anhaltspunkt für die Lebenszeit des Diophantos, über den wir verfügen.

Die »Arithmetika« bestanden aus 13 Büchern, von denen nur sechs erhalten sind. Bereits der Aufbau des Werkes unterscheidet sich grundlegend von der deduktiv-axiomatischen Darstellungsweise, deren sich die klassische griechische Mathematik bediente. Die »Arithmetika« stellen eine Sammlung von Aufgaben dar, die unabhängig voneinander gelöst werden. Diese Lösungen sind mitunter äußerst scharfsinnig, wenngleich sie offenbar keinen Anspruch auf Allgemeingültigkeit erheben. Es wäre jedoch verfehlt anzunehmen, daß Diophantos keine allgemeinen Methoden gekannt hätte oder ihre Bedeutung unterschätzte. Im ersten Buch des Werkes behandelt der Autor Aufgaben, die zu bestimmten quadratischen Gleichungen führen. Dem Anschein nach verstand er diese Aufgaben nicht schlechter zu lösen als die Babylonier und die Inder, wobei es zur Zeit des Diophantos offenbar bereits eine eingebürgerte Tradition zur Lösung solcher Aufgaben gab.

Vom zweiten Buch des Werkes an behandelt Diophantos vor allem unbestimmte Gleichungen, zunächst zweiten, darauf auch höheren Grades. Dem neuzeitlichen Europa wurden die »Arithmetika« im 16. Jahrhundert bekannt, und die von Diophantos entwikkelten Verfahren zur Lösung unbestimmter Gleichungen waren von großem Einfluß auf die Arbeiten von Viète und Fermat. Diese Verfahren stehen im gleichen Verhältnis zur späteren Algebra und Zahlentheorie, in dem die archimedischen Methoden der Berechnung von Flächen- und Rauminhalten zur Analyse der unendlich kleinen Größen stehen.

Zur Bezeichnung der algebraischen Ausdrücke führte Diophantos als erster eine Buchstabensymbolik ein, die einen wichtigen Fortschritt gegenüber der Zahlenalgebra der Babylonier wie gegenüber der geometrischen Algebra der Griechen der klassischen Zeit darstellt. In seinem Werk findet die Algebra zum erstenmal den ihr eigenen und angemessenen Ausdruck. Gewiß unterscheidet sich dieser Ausdruck erheblich von der algebraischen Symbolik unserer Zeit. So kennt Diophantos noch nicht das Zeichen »+«. Wo es mehrere Summanden zu addieren gilt, schreibt er sie einfach hintereinander. Für die Subtraktion verwendet er dagegen das Zeichen $\pitchfork$. Dabei bleibt unklar, ob dieses Symbol als Bezeichnung negativer Zahlen anzusehen ist. Der Ausdruck $x^3 + 8x - (5x^2 + 1)$ beispielsweise hat in der Aufzeichnung des Diophantos die folgende Gestalt:

$$K^{\bar{\upsilon}}\bar{\alpha}\varsigma\varsigma\bar{\eta} \pitchfork \Delta^{\bar{\upsilon}}\bar{\varepsilon}M^{\circ}\bar{\alpha}.$$

Der letzte bedeutende Mathematiker der alexandrinischen Schule war *Pappos* von Alexandreia, der Ende des 3. und Anfang des 4. Jahrhunderts lebte. Er verfaßte einen Kommentar zu den »Elementen« des Euklid, zum »Almagest« des Ptolemaios und zu einigen anderen Werken. Sein Hauptwerk jedoch waren die »Sammlungen« (Συναγωγή). Sie bestanden aus sieben Büchern, die zum größten Teil erhalten sind. In diesem Werk trug Pappos alles zusammen, was er an Interessantem in den Werken seiner Vorgänger fand. Aus diesem Grunde stellen die »Sammlungen« eine unschätzbare Quelle von Nachrichten über den Inhalt verlorener Schriften des Euklid, des Apollonios und anderer griechischer Mathematiker dar. Außerdem führt Pappos in einer Reihe von Fällen eigene Resultate an, die zeigen, daß er nicht allein ein kompetenter Kompilator, sondern auch ein hervorragender und origineller Forscher war. Die größte Bedeutung haben die von ihm bewiesenen Lehrsätze, welche die Erforschung der Kurven auf dem Torus und auf anderen Oberflächen betreffen. Einige der Lehrsätze des Pappos, die im 17. Jahrhundert von Desargues und Pascal erneut bewiesen wurden, legten das Fundament der projektiven Geometrie als eines besonderen Zweigs der mathematischen Wissenschaft.

Gegen Ende des 4. Jahrhunderts lebte in Alexandreia der Mathematiker *Theon*, der einen Kommentar zum »Almagest« des Ptolemaios schrieb und die »Elemente« des Euklid erneut herausgab. Er ist vor allem als der Vater der berühmten Mathematikerin und Philosophin *Hypatia* bekannt, deren tragischer Tod – sie wurde von christlichen Fanatikern ermordet – das Ende der wissenschaftlichen Schule von Alexandreia symbolisierte. Hypatia ist die einzige Frau in der Geschichte der antiken Wissenschaft. Von ihren Werken ist allein so viel bekannt, daß sie sich mit der platonischen Philosophie beschäftigte und Kommentare zu Apollonios und Diophantos schrieb.

Im 5. Jahrhundert konnte sich das mathematische Denken noch in Athen behaupten. So schrieb der Neuplatoniker *Proklos* einen Kommentar zum ersten Buch der »Elemente« des Euklid, der deswegen von Interesse ist, weil er einen kurzen Abriß der Geschichte der Geometrie von Thales bis Euklid enthält. Erwähnenswert ist endlich *Eutokios* (6. Jahrhundert), der Autor bedeutender Kommentare zu Archimedes und Apollonios, deren Werke bis auf den heutigen Tag mit seinen Erläuterungen ediert werden.

Die Astronomie

Wie für die Mathematik, so waren auch für die Astronomie die beiden Jahrhunderte, die auf den Tod des Hipparchos folgten, eine überaus unfruchtbare Periode, die keinen einzigen bedeutenden Namen hervorbrachte. Man kann jedoch nicht behaupten, daß die Beschäftigung mit der Astronomie in dieser Zeit aufgehört hätte. Sie blieb im Gegenteil eine der populärsten Wissenschaften. Wir wissen, daß zu jener Zeit der Enzyklopädist *Poseidonios*, der kein professioneller Astronom war, Berechnungen der relativen Ausmaße von Erde, Sonne und Mond und ihrer wechselseitigen Entfernungen anstellte, mit denen er an die Traditionen des Aristarchos und des Hipparchos anknüpfte.

Zur gleichen Zeit kamen Popularisatoren der Astronomie wie *Geminos* (1. Jahrhundert v. u. Z.) und *Kleomenes* (1. Jahrhundert u. Z.) zu Ansehen, deren erhaltene Werke eine Fülle von Informationen über die Geschichte der antiken Astronomie enthalten. Von dem astronomischen Interesse der Zeit zeugt insbesondere die große Popularität des didaktischen Lehrgedichts des *Aratos* über die »Himmelserscheinungen«, das wir bereits erwähnt haben. Bemerkenswerterweise ist dieses Gedicht von Autoren wie Varro, Cicero und Caesar Germanicus ins Lateinische übersetzt worden.

Ein auch nur geringer Fortschritt der eigentlichen astronomischen Wissenschaft ist dagegen in dieser Zeit nicht festzustellen. Anhaltspunkte dafür, daß die astronomischen Forschungen nicht gänzlich versiegten, liegen erst aus dem Ende des ersten Jahrhunderts vor. In dieser Zeit, einer Periode der Stabilisierung des römischen Imperiums, erlebte die astronomische Wissenschaft eine Wiedergeburt. Doch war dies bereits eine andere Wissenschaft, die sich grundlegend von der Astronomie der Blütezeit der alexandrinischen Wissenschaft unterschied. Die wesentlichen Merkmale der spätantiken Astronomie bestanden in folgendem:

Zum einen kam es zur vollständigen Aneignung der Errungenschaften der babylonischen Astronomie. Dies kommt nicht allein in der Nutzung der babylonischen Beobachtungsdaten und der Aneignung des Sechzigersystems, sondern auch darin zum Ausdruck, daß die babylonischen Rechenmethoden, die auf der Operation mit linearen Zahlendifferenzen basierten, in die griechische Wissenschaft eindrangen. Erheblich primitiver als die geometrischen Methoden der Griechen, treten die babylonischen Rechenverfahren neben diese, um in der Folgezeit zunehmende Verbreitung zu finden.

Zum anderen wurden die klaren Wasser der astronomischen Wissenschaft, wie sie durch die Arbeiten des Eudoxos, des Aristarchos und anderer hervorragender Gelehrter der Epoche geschaffen worden war, durch die trüben Fluten der aus dem Osten einströmenden Astrologie verunreinigt. Besonderen Einfluß erlangte die Astrologie bei den Römern, die für jede Art von Aberglauben und Vorurteilen empfänglich waren. Dabei erhält die Astrologie auf griechisch-römischem Boden grundlegend andere Funktionen als in den Ländern des Alten Orients. Dort hatten die Beobachtungen von Himmelserscheinungen wie Sonnen- und Mondfinsternissen, Erscheinungen von Kometen, ungewöhnlichen Konstellationen der Gestirne usw. das Ziel, günstige oder – häufiger – verderbenbringende Ereignisse vorauszusagen, als deren Vorboten diese Erscheinungen angesehen wurden: Sieg oder Niederlage im Kampf, Hunger, Überschwemmung, Dürre und ähnliches mehr. Nun aber wurden die Bewegungen der Himmelskörper mit den individuellen Schicksalen der Menschen verbunden. Zur wesentlichen und im Grunde einzigen Aufgabe der Astrologie wird die Erstellung von Horoskopen, wobei die bedeutendsten Gelehrten genötigt waren, sich mit diesem Geschäft zu befassen. Mehr noch, das Interesse an der Astrologie war der wichtigste Faktor für die Wiederbelebung der astronomischen Wissenschaft.

Ein hervorragender Astronom war gegen Ende des ersten Jahrhunderts *Menelaos* von Alexandreia, über den wir bereits im Abschnitt über die Mathematik gesprochen haben. Es gibt Nachrichten, daß Menelaos während seines Aufenthalts in Rom die Verdekkung der Sterne durch den Mond studierte. Ähnliche Beobachtungen führte etwa zur gleichen Zeit ein gewisser Agrippa in Bithynien durch. Diese Beobachtungen wurden von Ptolemaios benutzt, der sie mit den Erkenntnissen, die zu seiner Zeit von Timocharis und später von Hipparchos erzielt wurden, sowie mit seinen eigenen Daten verglich und auf dieser Grundlage die Verschiebung (Präzession) des Äquinoktiums berechnete.

Aufschlußreich für den Charakter der astronomischen Vorstellungen der gebildeten Kreise der Zeit ist die Abhandlung des Plutarch »Über das Gesicht im Mond« (Anfang des 2. Jahrhunderts). *Plutarch* beschrieb den Mond als einen Körper von gleicher Art wie die Erde, doch von geringerer Größe, auf dem es Berge gibt, die tiefe Schatten werfen. Diese Vorstellungen hatten bereits grundlegend anderen Charakter als die Anschauungen, die zu Zeiten Platons und Aristoteles' herrschten.

Als Höhepunkt und zugleich als die letzte bedeutende Leistung der antiken Astronomie ist das Hauptwerk des *Klaudios Ptolemaios* anzusehen, das den Titel Μαθηματική σύνταξις (»Mathematisches System«) trägt, später als Μεγίστη (μεγάλη) σύνταξις (»Größtes [großes] System«) bezeichnet und endlich unter der davon abgeleiteten arabischen Bezeichnung »Almagest« bekannt wurde. In diesem Werk verwirklichte Ptolemaios das Programm des Hipparchos, das in der Erstellung eines geozentrischen Weltsystems bestand, in dem die sichtbaren Bewegungen des Mondes, der Sonne und der fünf Planeten mit Hilfe exzentrischer Kreise und Epizyklen erklärt wurde.

Über das Leben des bedeutendsten Astronomen der Antike besitzen wir so gut wie keine Kenntnis. Wir wissen lediglich, daß die erste im »Almagest« beschriebene Beobachtung im Jahre 125, die letzte im Jahre 151 angestellt wurde. Während dieser Zeit lebte und arbeitete Ptolemaios in Alexandreia. Dort ist er offenbar auch gestorben (um 170). Von den astronomischen Werken des Ptolemaios kennen wir außer dem »Almagest« zwei: zwei Bücher »Über die Planeten«, in denen die Ptolemäische Theorie der Planetenbewegung in gekürzter Form dargelegt wird, und ein Buch über die Position der Sterne, das eine Tabelle des Auf- und Untergangs der Gestirne für fünf Punkte auf verschiedenen Breiten vom Schwarzen Meer bis nach Syene (Assuan) enthielt. Von seiner astrologischen Schrift »Tetrabiblos« wird weiter unten die Rede sein.

Für die Konzeption seiner Theorie der Planetenbewegung mußte Ptolemaios zwei Aufgaben lösen: zum einen die Bestimmung der Bewegung des Zentrums des Epizykels auf dem exzentrischen Kreis (dem sogenannten Deferenten), zum anderen die Bestimmung der Bewegung des Planeten auf dem Epizykel. Zur Lösung der ersten Aufgabe mußte man den Planeten in den Momenten beobachten, in denen er auf einer Geraden liegt, die den Mittelpunkt des Epizykels mit der Erde verbindet. Nach dem Grundprinzip der Epizykeltheorie zeigt der Radius des Epizykels, an dessen Ende sich der Planet befindet, stets in die gleiche Richtung wie der Radius der Sonnenbahn, an dessen Ende sich die Sonne befindet. Das Problem der Aufgabe bestand in der Annahme, daß sich die Sonne auf einer Kreisbahn nicht um die Erde, sondern um ein Epizentrum bewegte (vgl. Abb. 15). Daher fiel der Moment, in dem der Planet sich dem Zentrum des Epizykels gegenüber befand, nicht mit dem Moment zusammen, in dem er in Opposition zur Sonne stand. All dies erforderte die Durchführung einer großen Anzahl von Beobachtungen, die Ptolemaios mit Hilfe eines Instrumentes mit graduierten Kreisen vornahm, das er ἀστρολάβος (Astrolabium) nannte und im fünften Buch des »Almagest« beschrieb. Dabei wurde eine weitere Schwierigkeit behoben. Wir wissen bereits, daß das Zentrum des Epizykels des Planeten einen exzentrischen Kreis beschreiben sollte, dessen Mittelpunkt außerhalb der Erde lag. Es stellte sich nun heraus, daß die Theorie nur dann den Beobachtungen entsprach, wenn das Zentrum des Epizykels eine gleichmäßige Bewegung in bezug nicht auf das Zentrum seiner Umlaufbahn, sondern auf einen zweiten Punkt, das sogenannte Punctum aequans, beschrieb, das in der gleichen Entfernung vom Zentrum der Umlaufbahn wie in der entgegengesetzten Richtung die Erde lag (vgl. Abb. 16). Das bedeutete, daß das Zentrum des Epizykels sich auf seiner Umlaufbahn faktisch nicht gleichmäßig bewegte: im Perigäum, d. h. in der größten Entfernung vom Punctum aequans, bewegt es sich schneller als im Apogäum, d. h. in der größten Nähe zum Punctum aequans. Ein ebensolches Punctum aequans mußte Ptolemaios auch für die Bewegung des Mondes annehmen. Er gibt keine Erklärung, wie er auf den Gedanken des Punctum aequans verfiel, sondern begnügt sich mit der Feststellung: »Wir fanden, daß ...«

Die zweite der genannten Aufgaben bestand in der Bestimmung der Ausmaße des Epizykels. Dazu war die Beobachtung des Planeten in dem Moment erforderlich, in dem er vom Punkt der Opposition zur Sonne entfernt ist. Auch hier war eine große Anzahl von Beobachtungen für jeden einzelnen Planeten erforderlich. Dabei erwies sich, daß die Epizykeltheorie die sichtbaren Bewegungen der drei äußeren Planeten – Mars, Jupiter und Saturn – sehr genau zu beschreiben vermochte. Erheblich schlechter war die Situation im Falle des Merkur und der Venus. Um an der Theorie festhalten zu können, mußte Ptolemaios periodische Veränderungen der Ebene des Epizyklen dieser Planeten gegenüber der Ebene ihrer Deferenten annehmen, ganz davon zu schweigen, daß er für alle – äußere wie innere – Planeten die Möglichkeit einer Neigung der Ebene des

Abb. 15: Das Verhältnis der Bewegungen der Sonne und eines Planeten nach Ptolemaios

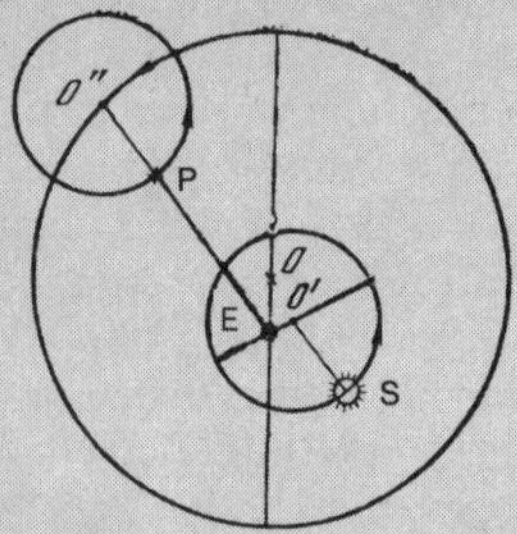

S: Sonne, E: Erde, P: Planet, O: Mittelpunkt des Deferenten, O′: Mittelpunkt der Sonnenbahn, O″: Mittelpunkt des Epizykels

Abb. 16: Die Bewegung des Mittelpunkts O′ des Epizykels erscheint als gleichmäßig, wenn sie nicht vom Mittelpunkt O des Deferenten, sondern vom Punctum aequans PA aus betrachtet wird

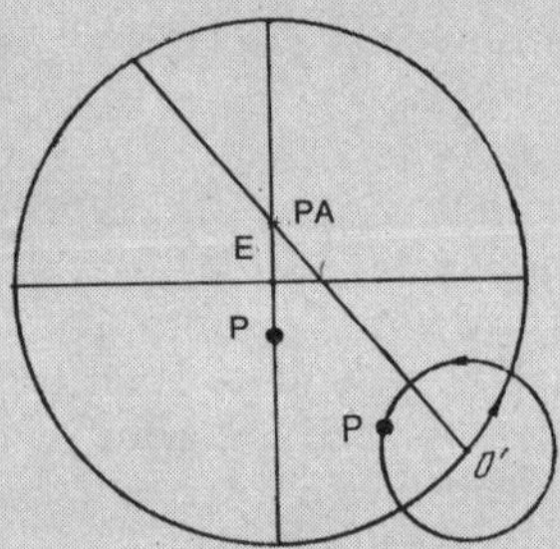

Deferenten gegenüber der Ebene der Ekliptik einräumte. Diese »Schaukelbewegungen« machten das System vollends kompliziert. Offenbar empfand Ptolemaios selbst den prinzipiell unbefriedigenden Charakter einer so komplizierten Theorie, wenn er im dreizehnten (letzten) Buch des »Almagest« schreibt: »Niemand, der sich der Unvollkommenheit unserer menschlichen Erfindungen bewußt ist, sollte die hier vorgelegten Hypothesen für allzu künstlich halten. Wir sollen das Menschliche nicht mit dem Göttlichen vergleichen ... Insbesondere kann man die Himmelserscheinungen nicht vom Standpunkt dessen betrachten, was wir als einfach bzw. kompliziert bezeichnen, da bei uns alles willkürlich und veränderlich, bei den Himmelskörpern dagegen alles streng und unveränderlich ist, so daß man sich ihre Bewegungen auf ihren Umlaufbahnen nicht als erzwungen und schwierig vorstellen darf.«

In seiner Epizykeltheorie benutzte Ptolemaios neben den eigenen Beobachtungen und den Daten des Hipparchos und anderer Vorgänger die überreichen Ergebnisse der jahrhundertelangen Arbeit der babylonischen Astronomen, auf die er vielfach und unmittelbar Bezug nimmt. Auf diese Weise kam es im »Almagest« zur organischen Verbindung der griechischen theoretischen Astronomie mit den Errungenschaften der östlichen Wissenschaft. Zugleich ist der eigene Beitrag des Ptolemaios zur Methodik der astronomischen Beobachtungen und Berechnungen nicht zu unterschätzen. Wenn die Bewegung der Planeten vordem – so auch bei den Babyloniern – allein in bezug auf die Länge untersucht wurde, so begann Ptolemaios ihre Bewegung auch in bezug auf die Breite zu berücksichtigen. Die von ihm entwickelte Methodik wurde später nahezu vollständig von Kopernikus übernommen. Im Rahmen der Genauigkeit mit bloßem Auge vorgenommener Beobachtungen lieferte sie befriedigende Ergebnisse.

Doch auch Ptolemaios war ein Kind seiner Zeit. Neben der wissenschaftlichen Astronomie beschäftigte er sich eingehend mit der Astrologie und schrieb darüber ein grundlegendes Buch, die sogenannte »Tetrabiblos« (Abhandlung in vier Büchern). Mehr als alles andere charakterisiert diese Tatsache die widersprüchliche Lage, in der sich die antike Wissenschaft zur Zeit ihres Niedergangs befand.

Die Mechanik

Über die Entwicklung der Mechanik zur Zeit der Spätantike können wir vor allem anhand der Arbeiten des *Heron* von Alexandreia urteilen. Heron selbst ist eine in höchstem Grade rätselhafte Gestalt. Wir besitzen keinerlei biographische Kenntnisse über ihn, und lange Zeit stritten die Gelehrten selbst darüber, welchem Jahrhundert seine Tätigkeit zuzuweisen sei. Berücksichtigt man jedoch eine Reihe geringfügiger Details, die sich in seinen Werken finden, so kann man mit großer Wahrscheinlichkeit annehmen, daß Heron in der zweiten Hälfte des ersten Jahrhunderts und vielleicht bis in den Beginn des zweiten lebte.

Das wissenschaftliche Hauptwerk des Heron ist die »Mechanik«, die allein in arabischer Übersetzung auf uns gekommen ist. Sie besteht aus drei Büchern. Das erste Buch bespricht theoretische Fragen – die Addition der Geschwindigkeiten nach dem Parallelogrammgesetz, die Verteilung der Last zwischen den Auflagepunkten, die Ermittlung des Schwerpunktes usw., in deren Behandlung Heron im wesentlichen Archimedes folgt. Im zweiten Buch werden fünf einfache Vorrichtungen – der Hebel, die Winde, der Keil, die Schraube und der Block – beschrieben und ihre Wirkungsweise erklärt. Heron selbst weist darauf hin, daß er die Hebeltheorie nach der Schrift des Archimedes »Über das Gleichgewicht« darlegt. Das dritte Buch enthält die Beschreibung von Mechanismen für das Heben von Lasten und von Pressen, die auf der Kombination einfacher Maschinen beruhen.

In griechischer Sprache sind uns drei Traktate des Heron erhalten, die unterschiedlichen Problemen der Mechanik gewidmet sind: die »Pneumatik«, die durch erwärmte oder komprimierte Luft bzw. Dampf betriebene Mechanismen beschreibt, die Schrift »Über Automaten«, die eine Beschreibung von Konstruktionen der verschiedenartigsten selbsttätigen Vorrichtungen enthält, und endlich die »Verfertigung von Wurfgeräten« (Βελοποιϊκά), die der Konstruktion von Kriegsgeräten, dabei vorab ballistischer Vorrichtungen, gewidmet ist.

Wenngleich die uns bekannten Werke des Heron im wesentlichen kompilativen Charakter haben und auf den Ergebnissen früherer Autoren, vor allem des Archimedes und des Philon, beruhen, so enthalten sie doch auch grundlegend neue Erkenntnisse. So geht Heron bei der Behandlung theoretischer Fragen in vielem von den rein statischen Verfahrensweisen des Archimedes ab und bedient sich in weitem Maße der Methode der Untersuchung von Verschiebungen, die zur Störung des Gleichgewichtszustandes führen. Indem er in die berücksichtigten Größen auch die Zeit einbezog, formulierte er das folgende, bereits rein dynamische Prinzip: »Die Größe der bewegenden Kraft verhält sich umgekehrt proportional zur Zeit der Ortsveränderung.« Bei der Darstellung der pneumatischen Vorrichtungen beschrieb Heron eine Kugel, die durch Dampf in rotierende Bewegung versetzt wurde: den ersten Prototyp der Dampfturbine. Dabei ist von Interesse, daß er den Druck von Luft und Dampf aus den Aufschlägen der feinsten Teilchen erklärte, aus denen diese Gase bestehen. Zugleich muß man sich jedoch vor Augen halten, daß der Hauptzweck der mitunter sehr komplizierten und scharfsinnigen technischen Konstruktionen des Heron mit Ausnahme der Kriegsgeräte und einiger anderer, bereits von früheren Autoren beschriebener Vorrichtungen – der Feuerspritze, der Wasserorgel usf. – der Bau von Automaten war, die der Unterhaltung und dem Vergnügen dienten. An Maschinen, die die physische

Arbeit des Menschen ersetzen und ihre Produktivität erhöhen konnten, hatte die Sklavenhaltergesellschaft der Spätantike augenscheinlich keinen Bedarf.

Problemen der Mechanik war auch das letzte (achte) Buch der »Sammlungen« des *Pappos* gewidmet, von dem wir bereits im Abschnitt über die Mathematik gesprochen haben. In diesem Buch sind verschiedenartige Kenntnisse aus dem Bereich der Mechanik zusammengetragen, die in der Mehrzahl aus früheren Quellen übernommen sind. Darüber hinaus enthält das Buch auch einige eigene Ergebnisse des Autors, z. B. die Lehrsätze über den Rauminhalt von Drehkörpern, die durch die Länge des Kreises bezeichnet werden, den der Schwerpunkt der gedrehten Figur beschreibt (die sogenannte Guldinsche Regel). Beachtung verdient die klare Unterscheidung, die Pappos zwischen der Mechanik als theoretischer Wissenschaft und der Mechanik als praktischer Kunstfertigkeit trifft.

Unter den Werken der römischen Autoren finden wir keines, daß ein theoretisches Interesse an der Mechanik verriete. Dafür ist eine Anzahl lateinischer Werke auf uns gekommen, die praktischen Fragen der Architektur, des Bauwesens, der Kriegstechnik und der Hydrotechnik gewidmet sind. Unter ihnen sind vorab die »Zehn Bücher über Architektur« des *Vitruvius* (1. Jahrhundert v. u. Z.) zu nennen, von denen die drei letzten der Hydraulik, dem Bau verschiedenartiger Uhrentypen und einer Anzahl von Problemen der angewandten Mechanik, darunter Kriegsgeräten, gewidmet sind. Vitruvius berücksichtigt vor allem die Bedürfnisse des Bauwesens und gibt eine detaillierte Beschreibung der Mechanismen, die zu seiner Zeit zum Heben von Lasten dienten.

Eine Beschreibung der römischen Wasserleitungen bietet die Schrift des Geometers und Hydrotechnikers *Frontinus* »De aquis urbis Romae«, die im ersten Jahrhundert entstand. *Iulius Caesars* »De bello Gallico« enthält eine sehr detaillierte, wenngleich nicht in allen Punkten eindeutige Beschreibung einer Pfahlbrücke, die auf Befehl des Autors über den Rhein geschlagen wurde. Im 4. Jahrhundert verfaßte *Flavius Vegetius* ein Handbuch der Militärwissenschaften (»Epitoma rei militaris«), in dem eine Fülle technischer Fragen behandelt ist, die das Kriegswesen betreffen: das Aufschlagen von Lagern, den Festungsbau, die Anfertigung von Ortsskizzen usw. Der Inhalt aller dieser Werke entspricht der rein praktischen Ausrichtung des römischen Geistes.

Endlich ist von einem grundlegend neuen Schritt in der Entwicklung der theoretischen Dynamik zu berichten, die seit den Zeiten des Aristoteles im Grunde genommen keine Weiterentwicklung erfahren hatte. Diesen Schritt tat an der Wende zum Mittelalter Ioannes Philoponos, eine so eigenartige Persönlichkeit, daß ihr ausführlichere Beachtung gebührt.

Ioannes Philoponos – der Name bedeutet in wörtlicher Übersetzung »der Arbeitsame«, der Autor trug überdies den Beinamen »Grammatikos« – wurde offenbar gegen Ende des 5. Jahrhunderts geboren und verbrachte den größten Teil seines Lebens in Alexandreia. Dort hörte er die Vorlesungen des Ammonios, der die wenig zuvor ins Leben gerufene alexandrinische Philosophenschule leitete, nahm jedoch später das Christentum an und wurde endlich zum Bischof ernannt. Außer einer großen Anzahl von Werken über Grammatik, Philosophie und Theologie, von denen nur wenige erhalten sind, schrieb Philoponos Kommentare zu mehreren Abhandlungen des Aristoteles. Von besonderem Interesse sind seine Erläuterungen zur »Physik«, in denen er verschiedene Annahmen der aristotelischen Naturphilosophie einer Revision unterzog.

So widersprach Philoponos bei der Behandlung der Bewegung des geworfenen Körpers der Auffassung des Aristoteles, daß sich die anhaltende Bewegung des Körpers, der sich bereits von der Quelle der Bewegung – etwa der Hand, die den Stein anstößt – gelöst hat, aus der umgebenden Luft erklärt. Nach Auffassung des Philoponos teilt die Quelle der Bewegung dem bewegten Körper eine innere Kraft mit, die seine Bewegung über eine gewisse Zeit hinweg aufrechterhält. Diese Kraft ist körperlos und kann daher nichts mit der Luft oder einem anderen Medium gemein haben. Die Geschwindigkeit des bewegten Körpers wird von der Größe dieser Kraft bestimmt. Der Widerstand des Mediums, in dem sich der Körper bewegt, kann diese Geschwindigkeit lediglich vermindern, während sie im leeren Raum ihren höchsten Wert annimmt. Als Beispiel einer durch keinen Widerstand behinderten Bewegung führt Philoponos die gleichmäßige, kreisförmige Bewegung der Himmelskörper an.

In der mittelalterlichen Literatur erhielt die innere Kraft, die dem bewegten Körper mitgeteilt wird, die Bezeichnung *impetus* (»Antrieb«). Heute wissen wir, daß der Gedanke des Impetus eine erste Vorwegnahme des Begriffs des Impulses und der kinetischen Energie darstellt.

Philoponos kritisierte auch die aristotelische Konzeption des Falls. Nach Aristoteles ist die Kraft, mit der die Körper ihrem »natürlichen« Ort – bei schweren Körpern dem Zentrum, bei leichten Körpern der Peripherie des Kosmos – zustreben, von ihrer Größe abhängig. Andererseits verhält sich die Geschwindigkeit des fallenden oder aufstrebenden Körpers umgekehrt proportional zum Widerstand des Mediums, in dem sich der Körper bewegt. Daraus folgte, daß die Körper ohne ein solches Medium, d. h. im leeren Raum, mit unendlich großer Geschwindigkeit fallen oder aufsteigen. Nach der Auffassung des Philoponos fällt der Körper dagegen auch im leeren Raum mit endlicher Geschwindigkeit, die durch sein Gewicht bedingt ist. Der Widerstand des umgebenden Mediums kann seine Geschwindigkeit nur vermindern. Mit anderen Worten ersetzte Philoponos das aristotelische Gesetz $v \sim P/R$, worin v die Geschwindigkeit des Körpers, P sein Gewicht und R den Widerstand des Mediums bezeichnet, durch das Gesetz $v \sim P - R$, nach dem die Geschwindigkeit des fallenden Körpers gleich Null, niemals aber unendlich groß werden kann.

Philoponos stützt seine Erwägungen durch Bezugnahme auf die Fakten. Es ist durchaus möglich, daß er den Fall der Körper in unterschiedlichen Medien anhand von Experimenten studierte.

Auch in anderen Fragen bewies Ioannes Philoponos die Originalität und Selbständigkeit seines Denkens. Insbesondere behauptete er, daß der Kosmos nicht ewig ist und daß die Himmelskörper die gleiche Natur haben wie die Dinge der Welt »diesseits des Mondes«. Auch in theologischen Fragen äußerte Philoponos, nachdem er Christ geworden war, Anschauungen, die vielfach in Widerspruch zu den Dogmen der christlichen Religion standen.

Die Optik

Im Vergleich zu den optischen Traktaten des Euklid und des Archimedes enthält die »Katoptrik« des *Heron*, die früher für ein Werk des Ptolemaios angesehen wurde, eine Reihe neuer Momente. In dieser Schrift begründet Heron die Geradlinigkeit der Lichtstrahlen mit ihrer unendlichen Ausbreitungsgeschwindigkeit. Ferner führt er einen Beweis des Reflexionsgesetzes an, der auf der Annahme beruht, daß der vom Licht zurückgelegte Weg der kürzeste aller möglichen sein müsse. Es ist dies ein Sonderfall des Prinzips, das gewöhnlich mit dem Namen Fermats verbunden wird. Im 6. Jahrhundert sollte Olympiodoros dieses Prinzip damit begründen, daß die Natur nichts Überflüssiges duldet und daher für die Ausbreitung des Lichtes allein den kürzesten Weg zuläßt. Im Anschluß an das Reflexionsgesetz betrachtet Heron verschiedene Arten von Spiegeln. Besondere Aufmerksamkeit widmet er den zylindrischen

Spiegeln und den von ihnen hervorgerufenen Verzerrungen des Spiegelbildes. Zum Abschluß führt die Schrift Beispiele für die Anwendung von Spiegeln, darunter für Theateraufführungen, an.

Für die Entwicklung der Meßtechnik ist eine andere Abhandlung des Heron von Interesse, die den Titel »Über die Dioptra« trägt. Als Dioptra bezeichnet Heron ein univerales Visiergerät, das die Funktionen des späteren Theodoliten und Sextanten vereinigt. Die Ausrichtung der Dioptra geschah durch Drehung um zwei Achsen – der vertikalen und der horizontalen. Zur genaueren Justierung diente eine Mikrometerschraube, die in diesem Werk zum erstenmal beschrieben wird.

Das Phänomen der Brechung wurde von Heron noch nicht behandelt, obwohl es den Griechen seit alters bekannt war. Eine systematische Untersuchung dieser Erscheinung wurde zuerst von *Ptolemaios* vorgenommen. In seiner »Optik« beschreibt er seine Erfahrungen mit der Messung der Winkel der Lichtbrechung beim Übertritt des Lichtes von einem durchsichtigen Medium in das andere und führt die von ihm erzielten Werte an, die für die damalige Zeit als außerordentlich genau gelten können. Ptolemaios entdeckte auch die Erscheinung der vollständigen inneren Reflexion. Es gibt jedoch keinerlei Anhaltspunkte dafür, daß er eine Formulierung des Brechungsgesetzes versucht hätte.

In der Problematik der Reflexion des Lichtes und der Natur des Sehens ging Ptolemaios über seine Vorgänger nicht hinaus. So basierte auch seine Optik noch auf der Annahme vom Auge ausgehender Sehstrahlen.

Beachtung verdienen einige Überlegungen, die in *Plutarchs* Schrift »Über das Gesicht im Mond« angestellt werden. Indem er die Einwände anführt, die gegen die Ansicht erhoben wurden, daß der Mond die Sonnenstrahlen reflektiere, weist Plutarch darauf hin, daß in diesem Falle aufgrund der Unebenheiten der Mondoberfläche keine Reflexion von der Art der Reflexion eines glatten Spiegels zu erwarten ist. Die Oberfläche des Mondes reflektiert das Licht in alle Richtungen wie eine große Anzahl ungeordnet aufgestellter Spiegel. Zur Veranschaulichung bemerkt der Autor, daß beispielsweise die Milch im Unterschied zum Wasser aufgrund der rauhen Natur der Haut, die sich auf ihrer Oberfläche bildet, ebenfalls kein Spiegelbild abgibt. Daraus schließt er, daß die Oberfläche des Mondes der der Erde gleicht. Diese Überlegungen zeigen, daß Plutarch bereits mit dem Phänomen der Streuung des Lichts vertraut war.

Damit ist die Geschichte der antiken Optik im wesentlichen beschlossen. Von den Leistungen der späteren Zeit ist ein erhaltenes

Fragment aus dem Werk des *Anthemios* aus Tralleis, des Erbauers der Hagia Sophie von Konstantinopel (6. Jahrhundert), erwähnenswert, das die exakte Formulierung der Gesetzmäßigkeiten der Reflexion an Parabolspiegeln enthält.

Die biologischen Wissenschaften – die Medizin

Für die beschreibende Naturwissenschaft der Spätantike ist es bezeichnend, daß diejenigen ihrer Zweige, die keine unmittelbar praktischen Auswirkungen hatten, verfielen und degenerierten, während Disziplinen, die von praktischem – insbesondere medizinischem – Nutzen waren, sich weiterhin entfalteten und gediehen. Zu den Disziplinen der ersteren Art zählte insbesondere die Zoologie, die seit dem Erscheinen der Tiergeschichte des Aristoteles einen augenscheinlichen Rückschritt erlebt und allmählich die Wesensmerkmale einer wirklichen Wissenschaft verloren hatte. Zoologische Schriften wurden zunehmend als unterhaltende Lektüre angesehen, was nicht ohne Auswirkungen auf ihren Inhalt wie auf ihre Form bleiben konnte.

Ein treffliches Beispiel dieser Literaturgattung war die Schrift »Über die Tiere« des *Alexandros* aus Myndos (1. Jahrhundert u. Z.), eine Art zoologischer Enzyklopädie, die sich lange Zeit großer Popularität erfreute. Aus Aristoteles und anderen ernsthaften Autoren geschöpfte Kenntnisse waren darin in wundersamer Weise mit Informationen märchenhaften und phantastischen Charakters vermischt.

Angesichts der Neigung der Römer zu populärwissenschaftlicher Literatur enzyklopädischen Charakters ist zu erwarten, daß Werke dieser Art auch in lateinischer Sprache erschienen. In der Tat stellt die »Naturalis historia« des römischen Feldherrn und wissenschaftlichen Dilettanten *Gaius Plinius Secundus d. Ä.* (23–79) eine in ihrem Umfang unübertroffene Sammlung der verschiedenartigsten Raritäten und interessanten Nachrichten dar. Das grandiose Werk besteht aus 37 Büchern, die größtenteils (Buch VIII–XXXII) der Beschreibung der Tier- und Pflanzenwelt verschiedener Länder und Zonen gewidmet sind. Sie enthalten überdies Rezepte für die Zubereitung und die Anwendung aller nur denkbaren Arzneimittel. Im Gegensatz zu Aristoteles' »Tiergeschichte« beruht das Material, das in den Büchern des Plinius zusammengetragen ist, nur zum allergeringsten Teil auf den eigenen Beobachtungen des Autors. Im wesentlichen stellt es eine unkritische Kompilation von Angaben dar, die einer Unzahl literarischer Quellen entnommen sind. Plinius selbst teilt in der Einleitung des Werkes mit, daß er vor der Niederschrift annähernd 2000 Bücher gelesen habe, aus denen er etwa 20000 Auszüge anfertigte. Die Popularität und der Einfluß der »Naturalis historia« waren enorm, und das nicht allein in römischer Zeit, sondern auch im Verlauf des gesamten Mittelalters bis in die Zeit der Renaissance.

Weiter noch ging in der Suche nach dem Interessanten im 3. Jahrhundert der Sophist *Claudius Aelianus*, der, obgleich aus der italienischen Stadt Praeneste (heute Palestrina) gebürtig, in griechischer Sprache schrieb. Von seinen Werken ist eine Schrift »Über die Tiere« erhalten. Sie stellt eine bunte Sammlung von Anekdoten und Wundergeschichten dar, die keinerlei Systematik des Vortrags und keinerlei kritische Einstellung zu dem behandelten Material verrät.

Beträchtlich besser war es um die Botanik bestellt, weil diese die Grundlage der zeitgenössischen Pharmakologie bildete. Noch zu Beginn des ersten Jahrhunderts v. u. Z. gab *Krateuas*, der Hofarzt des Herrschers Mithridates VI. Eupator, ein Buch über Heilkräuter heraus, dessen Text von hervorragend ausgeführten farbigen Illustrationen begleitet war. Über die Qualität dieser Illustrationen können wir uns anhand späterer Kopien eine Vorstellung machen. Zur Ergänzung dieses Buches schrieb Krateuas eine Abhandlung über Heilmittel, die in der Folge in weitem Umfang von Dioskurides und Plinius d. Ä. benutzt wurde.

Zu erwähnen ist ferner die Schrift »Über die Materie«, (Περὶ ὕλης) aus der Feder des römischen Philosophen *Sextius Niger*, dessen Tätigkeit in die Regierungsjahre des Iulius Caesar und des Augustus fällt. In dieser Schrift, die vor allem der Botanik und der Pharmakologie gewidmet ist, sucht Niger eine Begründung der vegetarischen Lebensweise zu geben, als deren Anhänger und Propagandist er auftrat.

Höchsten Ruhm erlangte in der Epoche der Spätantike das botanisch-pharmakologische Werk des *Dioskurides* aus Anazarbos in Kilikien (1. Jahrhundert), der als Militärarzt in den Diensten des Imperators Claudius stand und sich später in Rom niederließ. In seiner Schrift »Über Arzneistoffe« (Περὶ ὕλης ἰατρικῆς), die aus fünf Büchern bestand, bot Dioskurides eine genaue und einigermaßen systematische Beschreibung von 600 Heilpflanzen. Das Ansehen dieser Schrift blieb während des gesamten Mittelalters im westlichen Europa wie bei den Arabern ungeschmälert.

Der allgemeine Verfall der antiken Kultur in den ersten Jahrhunderten unserer Zeitrechnung hatte keine Auswirkungen auf die

Lage der Medizin. Als Leibärzte an den Höfen der Monarchen genossen die Ärzte noch zur Zeit der Diadochen großes Ansehen und erwarben beträchtliche Reichtümer. Rom bot den griechischen Ärzten ein weites Betätigungsfeld. Ein Wesensmerkmal der Medizin des römischen Imperiums ist die Konkurrenz verschiedener Schulen – der Empiriker, der Methodisten, der Pneumatiker usf. –, die sich sowohl in ihren theoretischen Anschauungen als auch in ihren praktischen Heilmethoden unterscheiden.

Ungeachtet der Auseinandersetzungen, die die Vertreter dieser Schulen untereinander führten, erkannten sie einhellig Hippokrates als den Begründer und Klassiker der medizinischen Wissenschaft an und schrieben Kommentare zu einzelnen Werken des hippokratischen Corpus.

Unter den medizinischen Abhandlungen, die von römischen Autoren in lateinischer Sprache geschrieben wurden, verdient eine kleine Schrift des *Cornelius Celsus* (1. Jahrhundert) »Über die Medizin« Erwähnung, eine Art Nachschlagewerk, das Teil einer nicht erhaltenen Enzyklopädie ist. Der Wert des Buches liegt nicht so sehr in der Originalität seines Inhalts wie in der Klarheit und Knappheit der Darstellung – in Zügen, die die römischen Autoren im allgemeinen auszeichnen.

Die Blüte der medizinischen Wissenschaft zur Zeit des römischen Imperiums mußte einen hervorragenden Geist hervorbringen, dessen Tätigkeit die Synthese aller Leistungen der vorangegangenen Epoche bedeutete. Er fand sich in der Gestalt des *Klaudios Galenos* (129–199), eines bedeutenden Arztes, Anatomen und Physiologen, der eine Fülle von Schriften über unterschiedliche Zweige der zeitgenössischen Wissenschaft hinterließ. Galenos war für die antike Medizin, was für die antike Astronomie sein älterer Zeitgenosse und Namensvetter Ptolemaios war. Jeder von ihnen wurde auf seinem Gebiet zur unangefochtenen Autorität und behielt sein Ansehen bis in die Zeit der Renaissance. Ihre Gemeinsamkeit kam auch darin zum Ausdruck, daß ihr Einfluß auf die Wissenschaft der Folgezeit nicht so sehr durch den schöpferischen Charakter ihres Geistes wie durch ihr Talent zur Systematisierung und Ordnung einer riesigen Datenfülle beruhte. Machte der »Almagest« des Ptolemaios das Studium der astronomischen Arbeiten der vorangehenden Zeit überflüssig, so wurden nach Galenos die medizinischen Traktate seiner Vorgänger obsolet.

Galenos stammte aus Pergamon. Im Hause seines Vaters, eines Architekten, erhielt er eine vielseitige und nach den Maßstäben der Zeit solide Ausbildung. Darauf studierte er Philosophie und Medizin in Smyrna, Korinth und Alexandreia, arbeitete in Pergamon und begab sich im Jahre 162 nach Rom, wo er mit kurzen Unterbrechungen bis zu seinem Tode lebte. Als Gelehrter war Galenos nahezu universell, als Autor war er ungewöhnlich fruchtbar. Allein auf medizinischem Gebiet belief sich die Anzahl seiner Schriften auf etwa 150, von denen um die 80 erhalten sind, während das Gesamtwerk des Galenos etwa 250 Titel umfaßt. Gewiß hatte diese Produktivität auch ihre Schattenseiten. Die Schriften des Galenos sind in der Mehrzahl zu weitschweifig und mitunter nicht allzu originell. Als Mensch war Galenos offenbar nicht gerade anziehend: Seine Kritiker vermerken seine Überheblichkeit, seine geradezu kindische Eitelkeit und seine Karrieresucht. Diese Mängel können seine Verdienste als Gelehrter jedoch nicht schmälern.

Vor allem war Galenos ein hervorragender Anatom, wodurch er sich vorteilhaft von der Mehrzahl der »Empiriker«, der »Methodisten«, der »Pneumatiker« und der »Eklektiker« unterschied, von denen im vorangehenden die Rede war. Er studierte die Anatomie nicht allein des Menschen, sondern auch verschiedener Tiere (Stiere, Schafe, Schweine, Hunde usw.). Den Anstoß zu diesen Forschungen gab der Umstand, daß die Sektion menschlicher Leichname in Rom, wie vordem in Griechenland, verboten war. So hinderlich dieses Verbot auf der einen Seite für die ärztliche Tätigkeit war, so sehr begünstigte es auf der anderen die Entwicklung der vergleichenden Anatomie der Tiere. Insbesondere stellte Galenos die weitgehende Übereinstimmung der Anatomie des Menschen und des Affen fest. Eine zu seiner Zeit in Südwesteuropa beheimatete kleine Affenart diente ihm als Objekt, an dem er – unter anderem mit Hilfe der Vivisektion – Muskeln, Knochen und andere Körperorgane studierte.

Die physiologischen Anschauungen des Galenos basierten im wesentlichen auf der hippokratischen Theorie der Säfte. Galenos war ein hervorragender Kenner der Werke seines großen Vorgängers, die er nicht allein unter medizinischem, sondern auch unter sprachlichem und textkritischem Gesichtspunkt kommentierte. Großen Einfluß auf die mittelalterliche Medizin hatte die Lehre des Galenos von den »Urkräften« der einzelnen Organe, die im Körper nach einer weisen Einrichtung der Natur verteilt sind. In dieser Lehre kamen die teleologischen Aspekte der Weltanschauung des Autors zum Ausdruck. Einer detaillierten Untersuchung unterzog Galenos das zentrale und das periphere Nervensystem. Insbesondere suchte er den Zusammenhang der Nerven des Rückenmarks mit dem Atemprozeß und dem Herzschlag festzustellen. Der tatsächliche Mechanismus der Herztätigkeit und des Blutkreislaufs blieb ihm jedoch verborgen. Neben Luft- und Wassertherapie sowie Diätvorschriften spielen in seiner Heilpraxis vor allem Heilpräparate eine Rolle, die mitunter außerordentlich kompliziert sind und eine große Anzahl von Ingredienzien, darunter Gifte und mitunter unerwartete und unappetitliche Stoffe, enthalten. Gewiß enthielten die Rezepturen des Galenos Elemente einer vorwissenschaftlichen Quacksalberei, doch konnte das ihre Popularität zu seiner Zeit wie im Verlauf des Mittelalters nur erhöhen.

Wie wir sehen, war Galenos eine durchaus widersprüchliche Gestalt. Neben fortschrittlichen Momenten kamen in seiner Theorie und in seiner medizinischen Praxis auch Züge zum Ausdruck, die für den Verfall der antiken Kultur charakteristisch sind. Auch in dieser Hinsicht steht er Ptolemaios mit seiner »Tetrabiblos« und seinen astrologischen Beschäftigungen nahe.

Nach Galenos beginnt der Niedergang auch der medizinischen Wissenschaft der Antike. Darunter ist keine Verkümmerung der rein praktischen Aspekte der ärztlichen Tätigkeit zu verstehen, die erst später eintritt. Im Gegenteil behaupteten sich im 3. und 4. Jahrhundert die Chirurgie, die Opthalmologie und die Stomatologie auf hohem Niveau. Dafür kam jedoch die Behandlung theoretischer Probleme der Medizin, wie der Anatomie, der Physiologie und anderer zugehöriger Disziplinen, nahezu vollständig zum Erliegen. Erwähnenswert ist allenfalls eine interessante Gestalt, die auf dem Gebiet der Medizin ein ebensolches Bindeglied zwischen der antiken und der mittelalterlichen Wissenschaft darstellt, wie es Ioannes Philoponos auf dem Gebiet der Mechanik war.

Es handelt sich um *Oreibasios* aus Pergamon, einen bedeutenden Arzt des 4. Jahrhunderts, der nahezu zweihundert Jahre nach Galenos lebte (326–403). Oreibasios studierte Medizin in Alexandreia und begab sich darauf nach Athen, wo er mit dem späteren Kaiser Iulianus (Apostata) bekannt wurde. Zwischen beiden entwickelte sich eine aufrichtige Freundschaft, die möglicherweise auf der gemeinsamen Verehrung der antiken Religion beruhte. Im Laufe der kurzen Regierungszeit des Iulianus war Oreibasios dessen Leibarzt. Er begleitete den Kaiser auf seinem unglücklichen persischen Feldzug, auf dem dieser am 26. Juni 363 im Alter von 32 Jahren den Tod fand. Nach dem Untergang des Iulianus wurde Oreibasios von den christlichen Nachfolgern des Kaisers verfolgt, konnte sich jedoch – wohl durch die Annahme des Christentums – am Ende rehabilitieren. Sein Hauptwerk war eine medizinische Enzyklopädie: Σοναγωγαὶ ἰατρικαί (»Medizinische Sammlungen«) in siebzig Bänden, die er im Auftrage des Iulianus niederschrieb und in der er in systematischer Form die Gesamtheit der in den sechs Jahrhunderten von Hippokrates bis zu Galenos angesammelten medizinischen Kenntnisse ausbreitete. Etwa ein Drittel dieser Enzyklopädie ist auf uns gekommen und erlaubt uns über die Gewissenhaftigkeit zu urteilen, mit der diese grandiose Arbeit ausgeführt war.

Ausblick

Wir haben die Geschichte der Entwicklung der antiken Wissenschaft von ihrer Entstehung bis zu ihren letzten Lebensäußerungen verfolgt, die dem 5. und 6. Jahrhundert angehören. Diese Geschichte stellt einen einheitlichen Prozeß dar, wobei die Unterschiede ihrer einzelnen Etappen, wie wesentlich sie immer sein mögen, diese Einheit lediglich unterstreichen. Der Entwicklung eines lebenden Organismus entsprechend, kann man die frühgriechische Wissenschaft »von der Natur«, die hellenistische Wissenschaft und die Wissenschaft der Zeit des römischen Imperiums als die Jugend, die Reifezeit und das Alter der antiken Wissenschaft ansehen. Chronologisch fällt die Geschichte der antiken Wissenschaft mit der Geschichte der antiken Kultur im ganzen zusammen und kann als ihr integrierender Bestandteil betrachtet werden.

Damit sind jedoch die Fragen, die der Vergleich der antiken Wissenschaft mit der Wissenschaft der Neuzeit aufwirft, noch keineswegs beantwortet. Auch in der Entwicklung der letzteren sind mehrere Phasen oder Etappen festzustellen, die sich grundlegend voneinander unterscheiden. Die mittelalterliche Wissenschaft des 12. und 13. Jahrhunderts, die Wissenschaft der Renaissance, die große wissenschaftliche Revolution des 16. und 17. Jahrhunderts, die Wissenschaft der Epoche des Industriekapitalismus und endlich die wissenschaftlich-technische Revolution des 20. Jahrhunderts sind die Etappen, in denen die Kontinuität der Entwicklung der europäischen Wissenschaft deutlich zum Ausdruck kommt. In dieser Entwicklung entdecken wir nicht die geringsten Spuren eines Niedergangs oder Verfalls. Kulturepochen sinken dahin, es wechseln die sozioökonomischen Verhältnisse, doch die Wissenschaft entwickelt sich in zunehmend schnellerem Tempo, und nichts deutet darauf hin, daß sich diese Entwicklung in absehbarer Zukunft verlangsamen wird. Dieses Merkmal unterscheidet die Wissenschaft der Neuzeit grundlegend von der Wissenschaft der Antike.

Ein zweites Wesensmerkmal der neuzeitlichen Wissenschaft besteht darin, daß ihr Fortschritt einen tiefgreifenden und im Laufe der Zeit zunehmenden Einfluß auf die Entwicklung der Produktivkräfte und folglich auf alle Bereiche des menschlichen Lebens ausübt. Wir sagen häufig, daß die Wissenschaft in unserer Zeit zur unmittelbaren Produktivität der Gesellschaft geworden ist, doch erkennen wir nicht immer die ganze Bedeutung dieser Wahrheit. Was wären in der Tat unsere Ökonomie, unsere Lebensbedingungen, überhaupt das ganze Leben des heutigen zivilisierten Menschen ohne die Errungenschaften der Physik, der Chemie, der Mechanik, der Geologie und anderer Wissenschaften? Wir gewöhnen uns rasch an die Früchte dieser Errungenschaften und verlieren dabei mitunter aus den Augen, in welchem Maße wir der schöpferischen Arbeit vieler Generationen von Wissenschaftlern verpflichtet sind.

Nichts dergleichen kennt die Antike. Ungeachtet der glänzenden Leistungen der griechischen Wissenschaft, von denen in diesem Buch die Rede ist, übte sie nahezu keinen Einfluß auf das Leben der Menschen aus. Die Lebensbedingungen der athenischen Bürger hätten sich kaum wesentlich geändert, wenn in ihren Mauern kein Anaxagoras oder Platon gelebt hätte, die Siege Alexanders des Großen sind in keiner Weise durch die wissenschaftliche Tätigkeit des Aristoteles beeinflußt, und wir können uns vorstellen, daß die Diadochenkämpfe ohne das Museion ebenso verlaufen wären, wie sie sich tatsächlich abgespielt haben. Die Wissenschaft war kein notwendiger Bestandteil der Sklavenhaltergesellschaft, die ebensogut ohne sie ausgekommen wäre.

Sie war aber ein Bestandteil der antiken Kultur. Und wenn die griechische Wissenschaft bis zu jener Zeit nicht gekannte Höhen erklomm, so muß man die Wurzeln ihrer Leistungen in den Besonderheiten der antiken Kultur, ihre Eigentümlichkeit im Weltverständnis des antiken Menschen suchen.

In der Tat wurden diese Besonderheiten von den Vorstellungen der Wirklichkeit geprägt, die sich in der Entstehungszeit der griechischen Stadtstaaten herausbildeten. Wesentlichen Einfluß auf die Ausformung dieser Vorstellungen hatten die griechische Religion und das griechische Epos. Die Wissenschaft half, diese Vorstellungen zu durchdenken und zu systematisieren. Als Ergebnis entstand das Weltbild, das für das Zeitalter der Antike – und nur für dieses – charakteristisch ist. Es erschöpft sich nicht in dem platonisch-aristotelischen Modell des Kosmos, wie mitunter angenommen wird. Es ließ vielmehr vielgestaltige Variationen zu und trat bei verschiedenen Denkern in verschiedener Ausprägung auf. Die Atomistik Demokrits und Epikurs entwarf ein Bild der Welt, das sich grundlegend von dem pythagoreischen oder dem peripatetischen unterschied, doch auch sie blieb innerhalb des Rahmens der antiken Auffassung der Wirklichkeit.

Die antike Wissenschaft vermochte diesen Rahmen nicht zu überschreiten. Es ist kein Zufall, daß die geometrische Algebra der Griechen nicht in die gewöhnliche Algebra einzumünden vermochte, die in unseren Tagen jedes Schulkind von der ersten Klasse an erlernt. Es erscheint uns heute erstaunlich, daß die Griechen jener Zeit ungeachtet der bedeutenden Erfolge der hellenistischen Mathematik nicht imstande waren, solche, wie es scheint, einfachen Begriffe wie den Begriff der Null oder der negativen Größe zu erarbeiten, die zuerst – in noch durchaus unklarer Gestalt – bei Ptolemaios und Diophantos aufkamen. Ungeachtet der Entwicklung der militärischen, insbesondere der ballistischen Technik, waren die Griechen außerstande, die uns augenfällig erscheinenden Gesetze der Dynamik des geworfenen Körpers zu formulieren. Trotz der Konzeption einer ausgearbeiteten Theorie der Kegelschnitte auf der einen, der Erfolge der astronomischen Beobachtungen auf der anderen Seite kam es keinem Griechen in den Sinn, daß sich die Planeten nicht auf kreisförmigen, sondern auf elliptischen Bahnen bewegen könnten. Die griechischen Mathematiker operierten mit einem sehr begrenzten Inventar von Funktionen und gelangten nicht einmal zum allgemeinen Begriff der Funktion. Diese Beispiele ließen sich vermehren.

Dabei ist es keineswegs so, daß es in der griechischen Wissenschaft keine Tendenzen zur Überwindung des antiken Weltbildes gegeben hätte. Tendenzen dieser Art finden wir bei Aristarchos wie bei Archimedes, bei Diophantos wie selbst bei Pappos. Doch kamen diese Tendenzen nicht zum Durchbruch. Gleich Keimen auf ungünstigem Boden verkümmerten sie, ehe es ihnen gelang, sich zu entfalten. Zu ihrer Entwicklung bedurfte es einer anderen Weltauffassung, die auf einer anderen Gesellschaftsstruktur basierte. Ohne die sozioökonomischen Stimuli zu ihrer weiteren Entwicklung begann die antike Wissenschaft, nachdem sie ihre inneren Möglichkeiten erschöpft hatte, zu verkümmern und zu degenerieren.

Als unzutreffend erweist sich demnach die Anschauung, nach der sich der Untergang der antiken Wissenschaft aus dem Einfall der barbarischen Völkerstämme oder aus dem Sieg des Christentums erklärt. Gewiß hatten die Barbaren keinerlei Beziehung zur Wissenschaft, und gewiß verhielten sich die Kirchenväter ihr gegenüber eher ablehnend, doch waren dies nicht mehr als äußere Faktoren, welche die Krise der antiken Kultur und damit der antiken Wissenschaft, die sich über mehrere Jahrhunderte hinzog, offen zum Ausbruch brachten. Diese Krise aber hatte innere Ursachen, von denen bereits die Rede war.

Literaturverzeichnis

Becker, O.: Das mathematische Denken der Antike, Göttingen 1957
Berger, H.: Geschichte der wissenschaftlichen Erdkunde der Griechen, 2. Aufl., Leipzig 1903
Boekh, A.: Philolaos des Pythagoräers Lehren nebst den Bruchstücken seines Werkes, Berlin 1819
Bollack, J.: Empédocle. Introduction á l'ancienne physique, Paris 1965
Burkert, W.: Weisheit und Wissenschaft. Studien zu Pythagoras, Philolaos und Platon, Nürnberg 1962
Burnet, J.: Early Greek Philosophy, 4. Aufl., London 1940
Cantor, G.: Vorlesungen über Geschichte der Mathematik, Bd. I, 4. Aufl., Leipzig 1922
Cohen, M. A. / Drabkin, I. E.: A Source Book in Greek Science, Cambridge, Mass. 1966
Cuvier, G.: Histoire des sciences naturelles, Paris 1841
Dicks, D. R.: Early Greek Astronomy to Aristotle, Ithaka, N. Y. 1970
Diels, H.: Antike Technik, 3. Aufl., Leipzig 1924
ders.: Die Fragmente der Vorsokratiker, 10. Aufl., Berlin 1960
Dijksterhuis, E. J.: Die Mechanisierung des Weltbildes, Berlin / Göttingen / Heidelberg 1956
Dreyer, J. L. E.: History of the Planetary Systems from Thales to Kepler, 2. Aufl., Cambridge 1953
Frank, E.: Plato und die sogenannten Pythagoreer. Halle 1923, 2. Aufl. Darmstadt 1962
von Fritz, K.: Grundprobleme der Geschichte der antiken Wissenschaft, Berlin / New York 1971
Gerland, E.: Geschichte der Physik, München / Berlin 1913
Gilbert, O.: Die meteorologischen Theorien des griechischen Altertums, Leipzig 1907
Gomperz, Th.: Griechische Denker, Bd. I–III, Leipzig 1903–1909
Heiberg, J. L.: Geschichte der Mathematik und Naturwissenschaften im Altertum, München 1925
Kollesch, J. / Nickel, D.: Antike Heilkunst. Ausgewählte Texte aus dem medizinischen Schrifttum der Griechen und Römer, Leipzig 1979
Lévi-Strauss, C.: La pensée sauvage, Paris 1962
Lloyd, G. E. R.: Polarity and Analogy. Two Types of Argumentation in Early Greek Thought, Cambridge 1966
Luria, S.: Die Infinitesimaltheorie der antiken Atomisten, Quellen und Studien zur Geschichte der Mathematik, Astronomie und Physik, Abt. B, Bd. 2, Berlin 1933

Neugebauer, O.: The History of Ancient Mathematical Astronomy, Bd. I–III, Berlin 1975
ders.: The Exact Sciences in Antiquity, 2. Aufl., Princeton 1957
Reidemeister, K.: Das exakte Denken der Griechen, Hamburg 1959
Rožanskij, I. D.: Anaksagor. U istokov antičnoj nauki. Moskva 1972
Sambursky, S.: The Physical World of the Greeks, London 1956
ders.: The Physical World of the Late Antiquity, London 1962
ders.: Das physikalische Weltbild der Antike, Zürich 1965
Sarton, G.: A History of Science. Ancient Science Through the Golden Age of Greece, Cambridge, Mass. 1952
ders.: A History of Science. Hellenistic Science and Culture in the Last Three Centuries B. C. Cambridge, Mass. 1959
Snell, B.: Die Entdeckung des Geistes. 3. Aufl., Göttingen 1955
Solnsen, F.: Aristotle's System of the Physical World, Cornell, Ithaka, N. Y. 1960
Tannery, P.: Pour l'histoire de la science hellène, 2. Aufl., Paris 1930
Taton, R. (Hrsg.): Histoire générale des sciences, Bd. I: La science antique et médiévale, Paris 1957
Vernant, J.-P.: Les origines de la pensée grècque, Paris 1962
Vogel, C.: Pythagoras and Early Pythagoreanism, Assen 1966
Wedberg, A.: Plato's Philosophy of Mathematics, Stockholm 1955
van der Waerden, B. L.: Erwachende Wissenschaft, Basel/Stuttgart 1956
West, M. L.: Early Greek Philosophy and the Orient, Oxford 1971
Wussing, H.: Mathematik in der Antike, Leipzig 1962

Personenregister

Z

Serie Piper

Franz Alt Frieden ist möglich. SP 284
Jürg Amann Franz Kafka. SP 260
Günter Ammon Psychoanalyse und Psychosomatik. SP 70
Stefan Andres Positano. SP 315
Stefan Andres Wir sind Utopia. SP 95
Hannah Arendt Macht und Gewalt. SP 1
Hannah Arendt Rahel Varnhagen. SP 230
Hannah Arendt Über die Revolution. SP 76
Hannah Arendt Vita activa oder Vom tätigen Leben. SP 217
Hannah Arendt Walter Benjamin – Bertolt Brecht. SP 12
Atomkraft – ein Weg der Vernunft? Hrsg. v. Philipp Kreuzer/Peter Koslowski/Reinhard Löw. SP 238
Alfred J. Ayer Die Hauptfragen der Philosophie. SP 133
Ingeborg Bachmann Anrufung des Großen Bären. SP 307
Ingeborg Bachmann Frankfurter Vorlesungen: Probleme zeitgenössischer Dichtung. SP 205
Ingeborg Bachmann Die gestundete Zeit. SP 306
Ingeborg Bachmann Die Hörspiele. SP 139
Ingeborg Bachmann Das Honditschkreuz. SP 295
Ingeborg Bachmann Die Wahrheit ist dem Menschen zumutbar. SP 218
Ernst Barlach Drei Dramen. SP 163
Giorgio Bassani Die Gärten der Finzi-Contini. SP 314
Wolf Graf von Baudissin Nie wieder Sieg. Hrsg. von Cornelia Bührle/Claus von Rosen. SP 242
Max Beckmann Leben in Berlin. SP 325
Hans Bender Zukunftsvisionen, Kriegsprophezeiungen, Sterbeerlebnisse. SP 246
Bruno Bettelheim Gespräche mit Müttern. SP 155
Bruno Bettelheim/Daniel Karlin Liebe als Therapie. SP 257
Klaus von Beyme Interessengruppen in der Demokratie. SP 202
Klaus von Beyme Parteien in westlichen Demokratien. SP 245
Klaus von Beyme Das politische System der Bundesrepublik Deutschland. SP 186
Norbert Blüm Die Arbeit geht weiter. SP 327

SERIE PIPER

Tadeusz Borowski Bei uns in Auschwitz. SP 258
Alfred Brendel Nachdenken über Musik. SP 265
Raymond Cartier Der Zweite Weltkrieg. Band I SP 281, Band II SP 282, Band III SP 283
Horst Cotta Der Mensch ist so jung wie seine Gelenke. SP 275
Dhammapadam – Der Wahrheitpfad. SP 317
Hilde Domin Von der Natur nicht vorgesehen. SP 90
Hilde Domin Wozu Lyrik heute. SP 65
Fjodor M. Dostojewski Der Idiot. SP 400
Hans Eggers Deutsche Sprache im 20. Jahrhundert. SP 61
Irenäus Eibl-Eibesfeldt Liebe und Haß. SP 113
Einführung in pädagogisches Sehen und Denken. SP 222
Jürg Federspiel Museum des Hasses. SP 220
Joachim C. Fest Das Gesicht des Dritten Reiches. SP 199
Iring Fetscher Herrschaft und Emanzipation. SP 146
Iring Fetscher Überlebensbedingungen der Menschheit. SP 204
Iring Fetscher Der Marxismus. SP 296
Asmus Finzen Die Tagesklinik. SP 158
Andreas Flitner Spielen – Lernen. SP 22
Fortschritt ohne Maß? Hrsg. Reinhard Löw/Peter Koslowski/Philipp Kreuzer. SP 235
Viktor E. Frankl Die Sinnfrage in der Psychotherapie. SP 214
Friedenserziehung in der Diskussion Hrsg. von Christoph Wulf. SP 64
Richard Friedenthal Diderot. SP 316
Richard Friedenthal Goethe. SP 248
Richard Friedenthal Leonardo. SP 299
Richard Friedenthal Luther. SP 259
Walther Gerlach/Martha List Johannes Kepler. SP 201
Albert Görres Kennt die Religion den Menschen? SP 318
Goethe – ein Denkmal wird lebendig. Hrsg. von Harald Eggebrecht. SP 247
Erving Goffman Wir alle spielen Theater. SP 312
Helmut Gollwitzer Was ist Religion? SP 197
Martin Greiffenhagen Das Dilemma des Konservatismus in Deutschland. SP 162

Serie Piper

Norbert Greinacher Die Kirche der Armen. SP 196
Grundelemente der Weltpolitik Hrsg. von Gottfried-Karl Kindermann. SP 224
Albert Paris Gütersloh Sonne und Mond. SP 305
Olaf Gulbransson Es war einmal. SP 266
Olaf Gulbransson Und so weiter. SP 267
Wolfram Hanrieder Fragmente der Macht. SP 231
Bernhard Hassenstein Instinkt Lernen Spielen Einsicht. SP 193
Bernhard und Helma Hassenstein Was Kindern zusteht. SP 169
Elisabeth Heisenberg Das politische Leben eines Unpolitischen. SP 279
Werner Heisenberg Tradition in der Wissenschaft. SP 154
Jeanne Hersch Karl Jaspers. SP 195
Werner Hilgemann Atlas zur deutschen Zeitgeschichte. SP 328
Elfriede Höhn Der schlechte Schüler. SP 206
Peter Hoffmann Widerstand gegen Hitler. SP 190
Hospitalisierungsschäden in psychiatrischen Krankenhäusern.
Hrsg. von Asmus Finzen. SP 82
Peter Huchel Die Sternenreuse. SP 221
Aldous Huxley Die Kunst des Sehens. SP 216
Aldous Huxley Moksha. SP 287
Aldous Huxley Narrenreigen. SP 310
Aldous Huxley Die Pforten der Wahrnehmung – Himmel und Hölle. SP 6
Joachim Illies Kulturbiologie des Menschen. SP 182
François Jacob Das Spiel der Möglichkeiten. SP 249
Karl Jaspers Die Atombombe und die Zukunft des Menschen. SP 237
Karl Jaspers Augustin. SP 143
Karl Jaspers Chiffren der Transzendenz. SP 7
Karl Jaspers Einführung in die Philosophie. SP 13
Karl Jaspers Kant. SP 124
Karl Jaspers Kleine Schule des philosophischen Denkens. SP 54
Karl Jaspers Die maßgebenden Menschen. SP 126
Karl Jaspers Philosophische Autobiographie. SP 150
Karl Jaspers Der philosophische Glaube. SP 69
Karl Jaspers Plato. SP 147

Serie Piper

Karl Jaspers Die Schuldfrage – Für Völkermord gibt es keine Verjährung. SP 191
Karl Jaspers Spinoza. SP 172
Karl Jaspers Strindberg und van Gogh. SP 167
Karl Jaspers Vom Ursprung und Ziel der Geschichte. SP 298
Karl Jaspers Wahrheit und Bewährung. SP 268
Karl Jaspers/Rudolf Bultmann Die Frage der Entmythologisierung. SP 207
Walter Jens Fernsehen – Themen und Tabus. SP 51
Walter Jens Momos am Bildschirm 1973–1983. SP 304
Walter Jens Die Verschwörung – Der tödliche Schlag. SP 111
Walter Jens Von deutscher Rede. SP 277
Louise J. Kaplan Die zweite Geburt. SP 324
Milko Kelemen Klanglabyrinthe. SP 208
Leszek Kolakowski Der Himmelsschlüssel. SP 232
Leszek Kolakowski Der Mensch ohne Alternative. SP 140
Christian Graf von Krockow Gewalt für den Frieden? SP 323
Christian Graf von Krockow Mexiko. SP 85
Christian Graf von Krockow Sport, Gesellschaft, Politik. SP 198
Hans Küng Die Kirche. SP 161
Hans Küng 24 Thesen zur Gottesfrage. SP 171
Hans Küng 20 Thesen zum Christsein. SP 100
Hans Lenk Wozu Philosophie? SP 83
Konrad Lorenz Die acht Todsünden der zivilisierten Menschheit. SP 50
Konrad Lorenz Das Wirkungsgefüge der Natur und das Schicksal des Menschen. SP 309
Konrad Lorenz/Franz Kreuzer Leben ist Lernen. SP 223
Lust am Denken Hrsg. von Klaus Piper. SP 250
Franz Marc Briefe aus dem Feld. Neu hrsg. von Klaus Lankheit/Uwe Steffen. SP 233
Yehudi Menuhin Ich bin fasziniert von allem Menschlichen. SP 263
Christa Meves Verhaltensstörungen bei Kindern. SP 20
Alexander Mitscherlich Auf dem Weg zur vaterlosen Gesellschaft. SP 45
Alexander und Margarete Mitscherlich Eine deutsche Art zu lieben. SP 2
Alexander und Margarete Mitscherlich Die Unfähigkeit zu trauern. SP 168

Margarete Mitscherlich Das Ende der Vorbilder. SP 183
Christian Morgenstern Werke in vier Bänden. Band I SP 271, Band II SP 272, Band III SP 273, Band IV SP 274
Ernst Nolte Der Weltkonflikt in Deutschland. SP 222
Leonie Ossowski Zur Bewährung ausgesetzt. SP 37
Pier Paolo Pasolini Gramsci's Asche. SP 313
Pier Paolo Pasolini Teorema oder Die nackten Füße. SP 200
Pier Paolo Pasolini Vita Violenta. SP 240
P.E.N.-Schriftstellerlexikon Hrsg. von Martin Gregor-Dellin/Elisabeth Endres. SP 243
Ludwig Rausch Strahlenrisiko!? SP 194
Fritz Redl/David Wineman Steuerung des aggressiven Verhaltens beim Kind. SP 129
Rupert Riedl Die Strategie der Genesis. SP 290
Ivan D. Rožanskij Geschichte der antiken Wissenschaft. SP 292
Hans Schaefer Plädoyer für eine neue Medizin. SP 225
Wolfgang Schmidbauer Heilungschancen durch Psychotherapie. SP 127
Wolfgang Schmidbauer Sensitivitätstraining und analytische Gruppendynamik. SP 56
Robert F. Schmidt/Albrecht Struppler Der Schmerz. SP 241
Hannes Schwenger Im Jahr des Großen Bruders. SP 326
Gerd Seitz Erklär mir den Fußball. SP 5002
Sozialdemokraten im Kampf um die Freiheit Hrsg. von Gert Gruner/Manfred Wilke. SP 226
Robert Spaemann Rousseau – Bürger ohne Vaterland. SP 203
Die Stimme des Menschen Hrsg. von Hans Walter Bähr. SP 234
Alan J. P. Taylor Bismarck. SP 228
Hans Peter Thiel Erklär mir die Erde. SP 5003
Hans Peter Thiel Erklär mir die Tiere. SP 5005
Hans Peter Thiel/Ferdinand Anton Erklär mir die Entdecker. SP 5001
Ludwig Thoma Heilige Nacht. SP 262
Ludwig Thoma Moral. SP 297
Ludwig Thoma Der Wilderer. SP 321

Serie Piper

Giuseppe Tomasi di Lampedusa Der Leopard. SP 320
Karl Valentin Die Friedenspfeife. SP 311
Cosima Wagner Die Tagebücher. Bd. 1 SP 251, Bd. 2 SP 252, Bd. 3 SP 253, Bd. 4 SP 254
Richard Wagner Mein Denken. Hrsg. von Martin Gregor-Dellin. SP 264
Paul Watzlawick Wie wirklich ist die Wirklichkeit? SP 174
Der Weg ins Dritte Reich. SP 261
Johannes Wickert Isaac Newton. SP 215
Wolfgang Wickler Die Biologie der Zehn Gebote. SP 236
Wolfgang Wickler/Uta Seibt männlich weiblich. SP 285
Wolfgang Wieser Konrad Lorenz und seine Kritiker. SP 134
Wilhelm Worringer Abstraktion und Einfühlung. SP 122
Heinz Zahrnt Aufklärung durch Religion. SP 210
Dieter E. Zimmer Der Mythos der Gleichheit. SP 212
Dieter E. Zimmer Die Vernunft der Gefühle. SP 227